Drogas para adultos

Carl Hart

Drogas para adultos

Tradução:
Pedro Maia Soares

2ª reimpressão

Copyright © 2020 by Carl L. Hart

Grafia atualizada segundo o Acordo Ortográfico da Língua Portuguesa de 1990, que entrou em vigor no Brasil em 2009.

Título original
Drug Use for Grown-Ups: Chasing Liberty in the Land of Fear

Capa
Celso Longo + Daniel Trench

Revisão técnica
Júlio Delmanto

Preparação
Diogo Henriques

Índice remissivo
Probo Poletti

Revisão
Ana Maria Barbosa
Adriana Bairrada

Dados Internacionais de Catalogação na Publicação (CIP)
(Câmara Brasileira do Livro, SP, Brasil)

Hart, Carl, 1966-
 Drogas para adultos / Carl Hart ; tradução Pedro Maia Soares. — 1ª ed. — Rio de Janeiro : Zahar, 2021.

 Título original: Drug Use for Grown-Ups: Chasing Liberty in the Land of Fear.
 ISBN 978-65-5979-005-0

 1. Drogas 2. Drogas – Legalização 3. Drogas – Leis e legislação – Brasil I. Título.

21-60732   CDD: 362.29162

Índice para catálogo sistemático:
1. Drogas : Legalização : Problemas sociais 362.29162

Aline Graziele Benitez – Bibliotecária – CRB-1/3129

Todos os direitos desta edição reservados à
EDITORA SCHWARCZ S.A.
Praça Floriano, 19, sala 3001 — Cinelândia
20031-050 — Rio de Janeiro — RJ
Telefone: (21) 3993-7510
www.companhiadasletras.com.br
www.blogdacompanhia.com.br
facebook.com/editorazahar
instagram.com/editorazahar
twitter.com/editorazahar

*Para Parker e incontáveis outros pretos de verdade —
que seguraram minha barra e tornaram possível que
um falso cara da quebrada se transformasse
num membro legítimo do mundo acadêmico.*

Se você quiser chegar ao cerne do problema das drogas, legalize-as... [A proibição é] uma lei, em vigor, que só pode ser usada contra os pobres.

James Baldwin

Sumário

Nota do autor 11

Prólogo: Hora de crescer 13

1. A guerra contra nós: como entramos nessa encrenca 31
2. Saiam do armário: parem de se comportar como crianças 60
3. Para além dos danos causados pela redução de danos 80
4. A dependência de drogas não é uma doença cerebral 107
5. Anfetaminas: empatia, energia e êxtase 135
6. Novas substâncias psicoativas: em busca da pura felicidade 159
7. Cannabis: fazendo germinar as sementes da liberdade 187
8. Psicodélicos: somos a mesma coisa 210
9. Cocaína: todo mundo ama a luz do sol 229
10. A ciência das drogas: a verdade sobre os opioides 257

Epílogo: A jornada 285

Agradecimentos 297
Notas 299
Índice remissivo 318

Nota do autor

Este não é um livro que promove o uso de drogas, nem é um livro de "como fazer". Hoje, mais de 30 milhões de americanos relatam o uso habitual de drogas ilegais. As drogas não precisam de um defensor.

Escrevi este livro para apresentar uma imagem mais realista do típico usuário de drogas: um profissional responsável que ocasionalmente usa drogas em sua busca pela felicidade. Além disso, queria lembrar ao público que nenhum governo benevolente deveria proibir adultos autônomos de alterar seus estados de consciência, a menos que com isso violem os direitos de outras pessoas.

Uso histórias pessoais e pesquisas científicas, minhas e de outros, para dissipar os mitos sobre as drogas e ilustrar os muitos benefícios potenciais do seu uso responsável. Também compartilho histórias que envolvem outros indivíduos, inclusive parentes e amigos. Os nomes e locais foram alterados, num esforço para protegê-los de repercussões negativas.

Depois de ler este livro, espero que seja menos provável que você difame outras pessoas pelo simples fato de usarem drogas. Esse tipo de pensamento levou a um número incalculável de mortes e a uma enorme quantidade de sofrimento. Espero que você termine a leitura com um apreço pelo prodigioso bem potencial derivado do uso de drogas e com uma compreensão mais profunda do motivo que leva tantos adultos responsáveis a adotarem esse comportamento.

Prólogo
Hora de crescer

> Se as pessoas deixarem o governo decidir quais alimentos devem ingerir e quais remédios devem tomar, seus corpos logo estarão num estado tão deplorável quanto o das almas daqueles que vivem sob a tirania.
>
> THOMAS JEFFERSON*

SOU UM USUÁRIO não apologista de drogas. Usar drogas faz parte da minha busca pela felicidade, e elas funcionam. Sou uma pessoa mais feliz e melhor por causa delas. Também sou cientista e professor de psicologia especializado em neurociência na Universidade Columbia, conhecido por meu trabalho sobre abuso e dependência de drogas. Levei mais de duas décadas para sair do armário quanto ao meu uso pessoal de substâncias. Dito de modo simples, fui um covarde.

O filósofo John Locke disse certa vez que buscar a felicidade é "o fundamento da liberdade".[1] Essa ideia está no cerne da Declaração de Independência dos Estados Unidos, o docu-

---

* Reconheço que Thomas Jefferson e outras figuras históricas reverenciadas escravizaram os negros. Isso era repreensível até mesmo naquela época. Mas a hipocrisia cruel das ações desses indivíduos não nega os ideais nobres e a visão articulada em seus escritos. Esses princípios consagrados nos dão objetivos aos quais continuamos aspirando.

mento que deu origem à nossa nação. A Declaração afirma que cada um de nós é dotado de certos "direitos inalienáveis", entre eles os de "vida, liberdade e busca da felicidade", e que os governos são criados com o objetivo de proteger esses direitos. Na minha opinião, pode-se dizer que o uso de drogas na busca da felicidade é um ato que o governo é obrigado a salvaguardar.

Por que nosso governo prende centenas de milhares de americanos a cada ano por usarem drogas, por buscarem o prazer e a felicidade? A resposta curta é que se trata de uma história muito longa. A resposta longa é o livro que você está começando a ler. O regime das drogas nos Estados Unidos é uma confusão monstruosa e incoerente.

PARA ENTENDER COMO CHEGAMOS a esse ponto e o que podemos fazer a respeito, eu gostaria de começar contando algo sobre minha vida e meu trabalho como cientista do "abuso de drogas". No outono de 1999, consegui meu emprego dos sonhos, o de professor assistente e pesquisador na Faculdade de Médicos e Cirurgiões da Universidade Columbia. Minha pesquisa envolvia dar milhares de doses de drogas, inclusive crack, maconha e metanfetamina, para uma variedade de pessoas, a fim de estudar seus efeitos. Eu acreditava que meu trabalho contribuiria para nossa compreensão da dependência de drogas, e receberia subsídios multimilionários do National Institute on Drug Abuse (Nida) para realizar essa pesquisa. Além disso, seria convidado a participar de algumas das comissões de maior prestígio na área da neuropsicofarmacologia. Foi uma época emocionante.

Vinte anos depois — vinte anos durante os quais estudei as interações entre cérebro, drogas e comportamento e observei como o julgamento moral do uso de drogas se manifesta na política social —, minha euforia inicial deu lugar a ceticismo, cinismo e desilusão. Nos meus tempos de ingênuo estudante de pós-graduação, eu julgava estar fazendo o trabalho de Deus ao dizer às pessoas para ficar longe das drogas. Eu acreditava que a pobreza e o crime que atormentavam minha comunidade da infância eram consequência direta do uso e da dependência de drogas. Hoje, sei que dizer às pessoas para evitar as drogas não é mais divino do que a Igreja proibir minha esposa católica de usar métodos contraceptivos, mas é igualmente paternalista, uma maneira de restringir a liberdade e a autonomia.

E o que dizer da noção de que as drogas levavam à pobreza e ao crime no meu bairro? Ora, isso é apenas uma fantasia vil, mas com certeza incrivelmente eficaz — e não apenas porque grandes segmentos do público americano ainda acreditam nela, mas também porque aparentemente fornece uma solução simples para os problemas complicados que as pessoas pobres e desesperadas enfrentam. Muitos outros fatores complexos são responsáveis pela turbulência observada nos lugares da minha juventude e em outras comunidades. Mas levei muito tempo para ver isso com clareza. Estive ocupado demais por tempo demais em ser um soldado do regime, a serviço da causa de "provar" que o uso de drogas é perigoso.

EU TINHA O EMPREGO mais legal do mundo. Fazia pessoas ficarem chapadas todos os dias.

Instruí o homem branco de 25 anos a acender o cigarro de maconha, que deveria ser fumado através de uma piteira de plástico para que o conteúdo não ficasse visível. Ele inalou por cinco segundos, depois manteve a fumaça nos pulmões por mais dez segundos antes de expirar. Repetiu o gesto mais duas vezes, com um intervalo de quarenta segundos entre cada baforada. Chamávamos esse procedimento de exalação ritmada. Nós o utilizávamos para padronizar, da melhor maneira possível, a quantidade de droga inalada.

Embora eu não tivesse certeza se ele estava recebendo placebo ou THC, o principal ingrediente psicoativo da maconha, pude notar pelos seus olhos vermelhos vidrados e pelo sorriso sereno no rosto corado de menino que ele tinha gostado do que experimentara. Assentindo devagar e com a voz mais grave do que o habitual, ele disse: "Sim, é isso aí". Também pude ver que era um fumante experiente: precisou de apenas três tragadas para sugar quase três quartos do cigarro de um grama. A fumaça da maconha encheu a pequena sala esterilizada.

O fumante, que chamarei de John, participava de um dos estudos da minha pesquisa. E lá estava eu, um jovem cientista negro com dreadlocks, tentando esconder a eterna ansiedade que me acometia ao sentir o cheiro forte e característico da maconha no meu cabelo por mais um dia inteiro de trabalho. Eu temia que, ao pegar o elevador de um andar para outro ou me sentar para assistir a uma palestra ou participar de uma reunião, algum moralista pudesse pensar, depreciativamente: "Mais normal impossível, um rasta fumando durante o trabalho". Não importava que a maconha nunca tivesse sido minha principal droga de escolha. Não importava que eu tivesse uma regra pessoal, por medo de influenciar meus resultados, de nunca usar a substância que estivesse estudando no momento. O ano era 2000.

Nesse experimento em particular, eu estava tentando entender como a cannabis afetava o funcionamento e o comportamento do cérebro de usuários habituais. Eu havia recebido uma bolsa do Nida para realizar o estudo. Meu esforço e meu comprometimento estavam finalmente sendo recompensados. Ao iniciar o estudo, eu acreditava, assim como a maioria das pessoas, que a maconha prejudica temporariamente os processos mentais, de modo que os fumantes apresentam problemas de memória e outras perturbações cognitivas. Existem com certeza muitos relatos anedóticos que corroboram essa visão. Mas é óbvio que anedotas não são prova de nada. É por isso que fazemos ciência. Contudo, existem dados científicos que sugerem que a maconha diminui temporariamente a capacidade de memória de curto prazo em usuários pouco frequentes.[2] Mas isso não chega a surpreender, pois muitas drogas — álcool, Ambien e Xanax, entre outras — perturbam temporariamente os processos mentais seletivos em pessoas que têm menos experiência com aquela droga específica.[3]

Mas o impacto negativo do assim chamado uso recreativo de drogas no funcionamento mental de usuários *habituais e experientes* é menos claro, pelo menos na literatura científica. Assim, eu estava procurando determinar os efeitos cognitivos prejudiciais da maconha em pessoas que consumiam a droga quase todos os dias. Queria saber como elas se sairiam em testes mentais após o uso para determinar se a droga produziria disfunção cerebral generalizada, mesmo que apenas por pouco tempo.

John era um participante típico. Fumava vários baseados quase todos os dias. Era afável, inteligente, curioso, ambicioso e tinha curso superior. Era um artista, um ator entre temporadas de espetáculos. Por isso, tinha tempo para participar do meu estudo ambulatorial em três sessões sobre a maconha, que pagava uns duzentos dólares. Nem ele nem os outros participantes da pesquisa se encaixavam nas imagens estereotipadas divulgadas pela mídia do maconheiro que pouco faz além de ficar sentado no sofá comendo cheetos e jogando videogame.

Ao longo do experimento, mesmo sob a influência da cannabis, John foi lúcido e apresentou um comportamento social apropriado, assim como os outros participantes. Nenhum deles deixou de aparecer porque havia esquecido a hora ou o dia da consulta agendada. Ninguém abandonou o estudo porque os testes eram difíceis ou entediantes demais. Ninguém reclamou que a erva era muito fraca. E absolutamente nenhum dos participantes se tornou violento. Todos cumpriram as regras rigorosas do estudo, que impunham exigências de horários, requeriam que os participantes fizessem um planejamento considerável, inibissem comportamentos potencialmente incompatíveis com o cumprimento dos requisitos do cronograma do estudo (por exemplo, uso de drogas que não fossem maconha) e adiassem a gratificação imediata.

Na época, nem cheguei a registrar o impressionante grau de responsabilidade demonstrado pelos participantes da pesquisa. Acho que, apesar dos meus melhores esforços, eu os via principalmente como "maconheiros" e "doidões", qualquer coisa menos "adultos responsáveis". Mas, ao longo da minha carreira, ao trabalhar com todos os tipos de usuários de drogas, eu logo descobriria que eles eram algumas das pessoas mais responsáveis que já havia conhecido.

"Onde você arranja a erva?", perguntou John enquanto me devolvia a ponta. Ele pareceu agradavelmente surpreso ao saber que a maconha que acabara de fumar era fornecida pelo governo federal. De fato, existe apenas um fornecedor de cannabis para pesquisadores nos Estados Unidos: o programa de cultivo de maconha da Universidade do Mississippi, financiado pelo Nida.

Com um sorriso enorme estampado no rosto e um brilho nos olhos, ele disse: "Porra, nunca tive tanto orgulho do meu governo". Nós dois rimos, mas a piada também me levou a um lugar sério. Ninguém que eu conhecesse havia pronunciado a palavra "orgulho" ao falar sobre o governo americano e a maconha. Consideremos o fato de que o governo federal lista atualmente a maconha no Anexo I da Lei Federal de Substâncias Controladas. Isso significa que ela é vista como "sem uso médico aceitável em tratamentos", sendo, portanto, proibida no país, exceto para fins limitados de pesquisa.

Essa classificação é hipócrita, embora apenas recentemente eu tenha chegado a essa conclusão. Uma grande quantidade de dados demonstra hoje a utilidade médica da maconha. Sabemos, por exemplo — com base nas pesquisas de dezenas de cientistas, inclusive eu —, que ela estimula o apetite em pacientes soropositivos, o que pode ser um salva-vidas para quem sofre da debilitante aids, e que é útil no tratamento de dor neuropática, dor crônica e espasticidade causadas pela esclerose múltipla.[4] A lista de condições para as quais a maconha é considerada útil cresce a cada ano.

Benefícios terapêuticos como esses levaram os cidadãos a votar várias vezes nas últimas duas décadas a favor da legalização da maconha para uso medicinal em seus estados. Hoje, 33 estados, além dos territórios de Guam e Porto Rico e do Distrito de Columbia, permitem que pacientes a utilizem para condições médicas específicas. Além disso, desde 1976 o governo fornece maconha a um grupo seleto de pacientes como parte de seu tratamento médico, por meio do programa federal de maconha medicinal. E, no entanto, a lei federal ainda proíbe tecnicamente o uso da maconha para fins medicinais. A inconsistência das leis federais com essas iniciativas e programas e com o crescente número de estudos que demonstram a utilidade medicinal da substância realça a hipocrisia do nosso governo e, sem dúvida, diminui a confiança das pessoas na administração federal quando se trata de regular outras drogas.

Não só a confiança nas agências reguladoras governamentais foi corroída em consequência da maneira como elas tratam determinadas drogas como também um número cada vez maior de pessoas começou a questionar a objetividade dos cientistas que estudam drogas financiados pelo governo. Basta ver as frequentes declarações feitas por alguns desses cientistas, inclusive a dra. Nora Volkow, diretora do Nida, que enfatizam os possíveis perigos neurológicos e psiquiátricos do uso de drogas — inclusive a cannabis — enquanto praticamente ignoram os potenciais efeitos medicinais ou outros efeitos benéficos dessas substâncias.

Nora e outros cientistas se apressaram a advertir que a maconha, por exemplo, é uma "porta de entrada" para drogas mais pesadas, mas nunca mencionam os mais de 500 mil americanos que são presos a cada ano principalmente pela simples posse da droga, para não falar da vergonhosa discriminação racial constatada nessas prisões. No nível estadual, os negros têm quatro vezes mais probabilidade de serem presos por posse de maconha do que os brancos.[5] No nível federal, os hispânicos representam três quartos dos indivíduos detidos por violações das leis sobre maconha.[6] Isso ocorre apesar de negros, hispânicos e brancos consumirem a droga em proporções semelhantes,[7] e de tenderem a comprá-la de indivíduos de seus próprios grupos raciais.[8]

Eu descobriria mais tarde que a teoria da porta de entrada da maconha exagera grosseiramente as evidências ao confundir correlação com causalidade. É verdade que a maioria dos usuários de cocaína e heroína começou primeiro com maconha. Mas a vasta maioria daqueles que a fumam nunca passa às assim chamadas drogas mais pesadas. Dizer que a maconha é uma "porta de entrada" para drogas "mais pesadas" não tem fundamento: a correlação, um mero elo entre fatores, não significa que um fator seja a causa do outro.

Eu mesmo, durante muito tempo, fui culpado de me concentrar quase exclusivamente nos efeitos nocivos produzidos pelas drogas, inclusive a maconha. No experimento citado antes, por exemplo, não cheguei a considerar que a cannabis talvez não produzisse efeitos negativos no desempenho mental, que dirá que pudesse ter efeitos positivos. Em junho de 2000, fui convidado a dar uma palestra numa reunião da Behavioral Pharmacology Society. Meu estudo ainda não estava concluído, mas dados preliminares mostravam que a droga praticamente não produzia efeitos perturbadores nas habilidades mentais complexas (por exemplo, raciocínio e abstração) de usuários habituais e que até melhorara seu desempenho num teste de vigilância. E, em termos de humor, produzia euforia e sentimentos agradáveis.

Não importa: na conclusão da minha palestra, praticamente ignorei quaisquer efeitos benéficos e especulei que, se tivesse dado aos participantes vários cigarros de maconha antes de testar seu funcionamento mental, talvez tivesse observado mais perturbações cognitivas. O dr. Jack Bergman, psicobiólogo da Faculdade de Medicina de Harvard, me fez uma pergunta razoável: "É possível que a maconha, em doses eufóricas, não tenha efeito sobre a flexibilidade cognitiva, o cálculo mental e o raciocínio, pelo menos nesse grupo de pessoas?". Eu estava tão concentrado nos efeitos nocivos das drogas que não via isso como uma possibilidade, mesmo que fosse exatamente o que os dados estavam mostrando. Perplexo, consegui balbuciar sobre a possibilidade de incluir indicadores mais complicados em estudos futuros.

A pergunta de Jack continuaria a me perturbar. Comecei a perceber, cada vez mais, que os cientistas que pesquisam o abuso de drogas, sobretudo os financiados pelo governo, se concentram quase exclusivamente nos efeitos prejudiciais delas, mesmo que estes sejam, de fato, minoritários. Isso teve um impacto danoso na forma como as assim chamadas drogas recreativas são reguladas e, inevitavelmente, na nossa própria decisão de consumi-las ou não.

Eis o ponto principal da questão: nos meus mais de 25 anos de carreira, descobri que, na maioria dos casos, o uso de drogas causa pouco ou nenhum dano, e que, em alguns casos, seu uso responsável é na verdade benéfico para a saúde e o funcionamento humano. Mesmo as drogas "recreativas" podem melhorar a vida cotidiana, e de fato melhoram. Vários grandes estudos científicos demonstraram que o consumo moderado de álcool, por exemplo, está associado à diminuição do risco de derrame e doenças cardíacas, as principais causas de morte nos Estados Unidos todos os anos.[9] Como você descobrirá, vários efeitos benéficos foram observados também em outras substâncias. Pela minha própria experiência — a combinação de meu trabalho científico e meu consumo pessoal de drogas —, aprendi que as drogas recreativas podem ser usadas com segurança para aprimorar muitas atividades humanas vitais.

COM ALGUMA INQUIETUDE, registro neste livro, pela primeira vez, o meu despertar como cidadão-cientista que tenta conscientizar as pessoas sobre esses fatos. Também descrevo minha luta para convencer outros pesquisadores da área de que atuamos sob alguns vieses importantes, que em alguns casos são mais prejudiciais do que as próprias drogas e nos impedem de explorar novos tratamentos e políticas humanas mais saudáveis. Ofereço estratégias detalhadas que você, como usuário *adulto responsável*, pode adotar a fim de realçar os efeitos positivos da substância, e ao mesmo tempo minimizar os negativos. São estratégias idênticas às que uso em minha pesquisa financiada pelo governo para manter os participantes em segurança.

Um ponto que preciso enfatizar é que este é um livro para gente crescida. Com isso, quero dizer adultos saudáveis, autônomos, responsáveis, funcionando bem. Indivíduos que cumprem suas obrigações parentais, ocupacionais e sociais; que usam drogas de maneira bem planejada, a fim de minimizar quaisquer perturbações nas atividades cotidianas; que dormem o suficiente, se alimentam de forma nutritiva e se exercitam regularmente; que não colocam a si ou aos outros em situações fisicamente perigosas em consequência do uso de drogas. Todas essas são atividades de gente adulta.

Crescer é difícil e não é garantido. Em outras palavras, nem este livro nem o uso de drogas são para todos. São para aqueles que conseguiram crescer.

Reconheço que pessoas com doenças mentais ou que estejam passando por crises emocionais agudas (por exemplo, a morte de um ente querido ou um divórcio) também podem se interessar pelas ideias expressas nestas páginas. Mas, como correm um risco maior de sofrer efeitos negativos relacionados a drogas, seria irresponsável da minha parte incentivar o uso por esses grupos sem detalhar cada ressalva associada a qualquer substância e transtorno psiquiátrico específico — o que, francamente, ultrapassa o escopo deste livro.

Uma questão relacionada é a dependência de drogas. *Drogas para adultos*, assumidamente, não é sobre dependência. Mas, como uso os termos "dependente" e "dependência" ao longo de todo o livro, cabe a mim defini-los com clareza. O simples fato de sabermos que uma pessoa usa uma droga, ainda que de maneira habitual, não nos fornece informações suficientes para que possamos dizer que ela é "dependente", e tampouco significa que ela tenha um uso problemático. De acordo com a definição psiquiátrica de dependência mais amplamente aceita — a da quinta edição do *Manual diagnóstico e estatístico de transtornos mentais* (DSM-5, na sigla em inglês) —, é preciso que uma pessoa esteja perturbada pelo uso de drogas para ser considerada dependente. Esse uso deve interferir em importantes funções da vida, como parentalidade, trabalho e relacionamentos íntimos, consumir demasiado tempo e energia mental e se mostrar persistente mesmo diante de repetidas tentativas de parar ou reduzir. Entre os outros sintomas que a pessoa pode apresentar estão a necessidade de mais droga para obter o mesmo efeito (tolerância) e os sintomas de abstinência quando o uso cessa repentinamente.

Meu uso do termo "dependência" ao longo deste livro é compatível com o de "transtorno de uso de substâncias" do *DSM-5*, que sempre significa uso problemático, do tipo que interfere no funcionamento — e não apenas a ingestão habitual de uma substância.

Com muita frequência, a conversa sobre o uso recreativo de drogas é monopolizada por pregadores da patologia, como se o vício fosse inevitável para todos que fazem uso delas. Não é. Setenta por cento ou mais dos usuários de drogas — seja álcool, cocaína, medicamentos prescritos ou outras — não atendem aos critérios que definem a dependência. Com efeito, pesquisas mostram repetidamente que esses problemas afetam apenas de 10% a 30% daqueles que usam até mesmo as drogas mais estigmatizadas, como heroína e metanfetamina.[10] Essa observação chama a atenção para dois pontos importantes. O primeiro é o foco flagrante e desproporcional da sociedade no vício quando o tema é abordado. A dependência representa uma minoria dos efeitos das drogas, mas recebe quase toda a atenção, e certamente a atenção da mídia. Pense por um momento. Você já leu um artigo de jornal ou viu um filme sobre heroína cujo foco não fosse o vício? Imagine se você estivesse interessado em aprender mais sobre carros ou sobre como dirigi-los e só conseguisse encontrar informações sobre acidentes de trânsito ou como consertar um automóvel após um acidente. Isso seria ridículo.

O segundo ponto é o seguinte: se a maioria dos usuários de determinada droga não se torna dependente, então não podemos culpar a droga pela dependência. Seria como culpar os alimentos pelo vício em comida. Não seria ridículo nos imaginar travando uma guerra contra o cheesecake ou o bife? Você já deve ter visto manchetes histriônicas culpando certas drogas por seus extraordinários "poderes viciantes", como se elas tivessem qualidades mágicas. Drogas são substâncias inertes. As evidências nos dizem que devemos olhar além da própria droga ao tentar ajudar pessoas que estão passando por uma dependência de drogas. De fato, no que diz respeito à porcentagem relativamente pequena de indivíduos que se tornam de fato dependentes, distúrbios psiquiátricos concomitantes — como ansiedade excessiva, depressão e esquizofrenia — e fatores socioeconômicos — como comunidades carentes de recursos e desemprego ou subemprego — são responsáveis por uma proporção substancial desses comportamentos.[11]

Reconheço também que, hoje em dia, é quase impossível entrar numa discussão sobre drogas sem abordar seu suposto impacto negativo no cérebro. Você descobrirá nestas páginas que os cientistas por vezes supervalorizaram e distorceram muitos desses efeitos. Para piorar as coisas, "descobertas cerebrais" equivocadas são depois amplificadas por uma cobertura midiática pouquíssimo cuidadosa. Ao olhar criticamente para além das belas imagens produzidas por aparelhos de ressonância magnética e tomografia, contestarei a noção de que as drogas recreativas causam disfunções cerebrais. Você verá que as imagens divulgadas com tanta frequência por alguns neurocientistas raramente mostram dados reais, mas que isso não atenua as alegações infundadas que são feitas sobre os efeitos prejudiciais das drogas no cérebro. Esse comportamento irresponsável, como se verá, contribuiu para políticas inadequadas que levaram à discriminação racial, à marginalização de grupos e a mortes evitáveis.

Um argumento mais amplo que defendo nestas páginas é o de que os adultos deveriam ter o direito legal de vender, comprar e consumir as drogas recreativas de sua preferência, assim como têm o direito de se envolver em comportamentos sexuais consensuais, dirigir automóveis e até comprar e usar armas. Obviamente, todas essas atividades apresentam algum nível de risco, inclusive de morte. Porém, em vez de proibir o sexo, os carros ou as armas, estabelecemos requisitos de idade e competência, além de outras estratégias de segurança, que minimizam os danos e realçam os aspectos positivos associados a essas atividades. Isso já é feito com o álcool, uma droga recreativa amplamente consumida. Depois de ler este livro, espero que você chegue à conclusão inevitável de que o mesmo deve ser feito com outras drogas recreativas.

O uso recreativo de drogas é uma atividade a que milhões de adultos enrustidos se entregam em todo o mundo. Agora que aprendi que consumir drogas para alterar o estado de consciência de alguém não é tão perigoso quanto me ensinaram, compartilho minha história numa tentativa de encorajar outras pessoas, sobretudo profissionais bem-sucedidos em situação de menor risco do que os que estão às margens da sociedade, a sair do armário quanto ao seu uso. Assim, mais pessoas verão que existem muito mais usuários de drogas respeitáveis do que nosso regime de justiça criminal e cultura popular nos fazem crer.

A cobertura da mídia sobre a atual crise dos opioides é apenas um exemplo claro da disseminação generalizada de informações erradas sobre as drogas e as pessoas que as consomem. Esse tipo de cobertura tornou quase impossível para adultos racionais reconhecer publicamente seu uso recreativo de opioides. De acordo com a tradição, uma pessoa tem que estar sentindo uma dor insuportável, ter uma doença mental ou estar extremamente perturbada para usar opioides, porque se diz que qualquer uso é acompanhado por um alto risco de dependência, overdose e morte. O mesmo foi dito sobre a metanfetamina no início dos anos 2000 e o crack no final da década de 1980. Tenho vergonha de contar que aprendi que essas afirmações simplesmente não são verdadeiras não com a análise crítica de meus dados de pesquisa, mas com meu próprio uso pessoal de drogas.

A heroína e outros opioides, como a oxicodona e a morfina, me trazem uma tranquilidade agradável, assim como o álcool pode funcionar para quem é submetido a situações sociais desconfortáveis. Os opioides são excelentes produtores de prazer; estou entrando agora no meu quinto ano como usuário habitual de heroína. Não tenho nenhum problema com o uso de drogas. Nunca tive. Todos os dias, cumpro minhas responsabilidades parentais, pessoais e profissionais. Pago meus impostos, sirvo habitualmente como voluntário em minha comunidade e contribuo para a comunidade global como um cidadão informado e engajado. O uso de drogas me torna uma pessoa melhor.

Mas também sou pai de um adolescente e de jovens adultos. Então você talvez pergunte: como eu, em sã consciência, posso assumir o uso de algumas de nossas drogas mais difamadas, ainda mais agora, quando o país passa por uma "crise" de opioides? Não estou preocupado com o que meus filhos vão pensar? Não tenho medo de que o reconhecimento público de meu consumo de drogas aumente a probabilidade de meus próprios filhos as usarem? Além disso, e não menos importante, não estou infringindo a lei ao usar heroína?

As respostas a essas perguntas estão na minha história e na ciência, que falam ambas sobre como a sociedade é constantemente enganada a respeito das drogas e como isso leva não só a inúmeras mortes evitáveis, mas também a políticas que obrigam os adultos a se comportarem como crianças e a convenções sociais que impõem moratórias ridículas ao uso recreativo de drogas que alteram o estado mental. Ao explorar os mitos e as forças sociais que moldam nossos pontos de vista sobre drogas e políticas, podemos acabar com a desinformação que, essa sim, conduz às chamadas crises de drogas e nos concentrar na atividade vital de buscar a felicidade.

1. A guerra contra nós: como entramos nessa encrenca

> Pode-se julgar o grau de civilização de uma sociedade visitando suas prisões.
>
> Fiódor Dostoiévski

"Ei, Carl! Caaarrrl!", gritou uma mulher atrás de mim, enquanto eu atravessava o pitoresco campus de Columbia num dia frio de fevereiro. Eu estava a caminho da Penitenciária de Sing Sing para ministrar um curso sobre drogas e comportamento humano. Toda sexta-feira à noite, durante o semestre da primavera, eu fazia uma viagem de uma hora e meia da universidade até a prisão, levando comigo uma série de emoções conflitantes, que iam de muita tristeza a orgulho e cumplicidade.

Com meus fones com cancelamento de ruído, não ouvi o chamado da mulher. Estava perdido na potente voz de baixo barítono de Isaac Hayes cantando "Soulsville", sua canção de 1971. A seu modo, Hayes citava as principais forças que dificultavam a mobilidade econômica dos negros há cinquenta anos. "Any kind of job is hard to find",* cantava ele. Isso me levou ao passado. Enquanto eu crescia, lembro-me de minha mãe enfatizar: "Se você

---

* "Qualquer tipo de trabalho é difícil de encontrar." (N. T.)

não tem um emprego, não é um homem". As semelhanças entre as condições que Hayes descrevia *naquela época* e as enfrentadas pelos meus alunos de Sing Sing décadas depois são tão dolorosas, em parte, por serem tão óbvias e reparáveis.

A mulher que gritava meu nome enfim me alcançou e então recebeu toda a minha atenção. Era Ruth, uma colega de faculdade que eu respeitava e conhecia havia pelo menos uma década. "Fui a Sing Sing ontem à noite!", exclamou, com um sorriso enorme que ia de orelha a orelha. Não era um sorriso polido e sem convicção; era autêntico, espontâneo e borbulhante, chegava a ser eufórico. Ela estava extremamente satisfeita consigo mesma por ter ido a Sing Sing.

Ruth explicou que dera sua primeira palestra lá na noite anterior e queria compartilhar comigo seu entusiasmo. "Foi ótimo!", disse ela. Eu sabia que não era a intenção, mas ela parecia estar descrevendo uma experiência num acampamento de verão.

Eu realmente queria sentir a mesma alegria dela, mas não conseguia. Nos três anos em que havia lecionado em Sing Sing, não me lembro de ter pensado "foi ótimo" depois de uma aula naquele espaço desumano. Isso não quer dizer que não tive uma sensação de realização subversiva ao ensinar meus alunos a pensar, a identificar a hipocrisia e os padrões duplos que contribuíam para que fossem subjugados. Mas vejamos o que acontece quando se chega lá à noite. Depois de se certificar de que você não carrega nenhum dispositivo eletrônico ou qualquer outra coisa que não seja seu documento de identidade, um guarda que o cumprimenta com gélida indiferença faz com que você espere do lado de fora, às vezes num frio intenso, às vezes enquanto termina lentamente sua refeição, às vezes verificando devagar a mesma identificação que já viu várias vezes antes.

Por fim, você é chamado a entrar no prédio e recebe ordens para tirar os sapatos, o cinto e outros itens para inspeção. Em seguida, passa por um detector de metais. Tudo é esquadrinhado sob o olhar atento dos principais supervisores brancos: o governador Andrew Cuomo, o chefe da polícia Anthony Annucci e o diretor Michael Capra. Fotos grandes desses homens estão penduradas na parede logo abaixo da seguinte inscrição, em letras enormes:

BEM-VINDO À PENITENCIÁRIA DE SING SING
SOMOS UMA EQUIPE UNIDA
DEDICADA A SERVIR COM HONRA,
INTEGRIDADE E PROFISSIONALISMO

Depois de aprovado, você é trancado numa cela de três metros por três, com três bancos de madeira gastos, um telefone público e uma caixa de sugestões de madeira pendurada numa parede de tijolos. Na parede oposta, um quadro de avisos contém materiais comemorativos do Mês da História Negra e citações inspiradoras de pessoas como Martin Luther King. Você pode ser deixado nessa jaula por apenas quinze minutos ou por cerca de uma hora antes de pegar um ônibus que demora noventa segundos para chegar ao prédio da sala de aula. O tempo de espera fica a critério do guarda responsável.

Quase todos os outros professores eram brancos e do sexo feminino; os alunos eram homens e predominantemente negros. Eu enterrava a cabeça nas minhas anotações de aula, fingindo não estar prestando atenção nas conversas que aconteciam ao meu redor. A maioria dos professores falava demais e não parecia nada preocupada com o fato de estar presa numa jaula em Sing Sing. Eu, não. Eu vivia perpetuamente inquieto, temendo o dia em que um guarda dissesse que "me encaixo na descrição" e deveria permanecer trancado atrás das grades.

Na minha terceira ida a Sing Sing, fiquei com o coração partido. Ao entrar na sala de aula, fui saudado por uma voz inesperada: "E aí, primo?". As palavras foram seguidas por um aperto de mão forte e um abraço caloroso. Era Robert, o filho mais velho da minha prima Sandra. Estava de calça e moletom verdes, o uniforme dos presidiários de Sing Sing. Fiquei chocado. Não sabia que ele estava preso, muito menos ali.

Eu não via Rob desde que ele era criança, mas tinha uma vaga lembrança de histórias de família sobre sua criação caótica. Ele e os irmãos haviam sido retirados da custódia da mãe antes da adolescência, e as coisas não melhoraram desde então.

Fiquei sabendo que Rob havia matado um homem, um traficante de drogas rival, e cumpria pena de prisão perpétua, com chance de obter liberdade condicional após 25 anos. Segundo seu relato, ele só se adiantara aos eventos: o rival tinha armado um complô para matá-lo porque Rob vinha tomando grande parte de seu território.

Enquanto Rob se afastava, me senti desanimado e me perguntei como iria vencer as próximas duas horas de aula. Fiquei lá, sozinho, procurando respostas naquela sala vazia, fria e silenciosa. Lembrei-me do meu senso de obrigação, do meu sentimento de dever cívico. Lembrei-me do orgulho sincero nos olhos de um aluno ao me dizer que nunca havia conhecido um autor antes de frequentar meu curso, muito menos um autor negro. Eu tinha uma profunda admiração pelo entusiasmo dos meus alunos e pela maneira intelectualmente apaixonada com que abordavam o conteúdo do curso, até porque alguns deles tinham um interesse pessoal no assunto. Vários estavam cumprindo pena por crimes relacionados a drogas.

A guerra contra nós

É impossível falar sobre drogas sem falar sobre o elefante na sala (ou, melhor dizendo, a corrente em volta do pescoço de grupos específicos): *a guerra às drogas*. O pretenso objetivo dessa campanha liderada pelo governo dos Estados Unidos é erradicar certas drogas psicoativas. Hoje, o contribuinte americano gasta cerca de 35 bilhões de dólares por ano para travar essa guerra.[1] No entanto, as drogas em questão permanecem tão abundantes, se não mais, do que eram em 1981, quando o orçamento anual de combate a elas era de apenas 1,5 bilhão de dólares.[2] O que mudou é que agora, a cada ano, dezenas de milhares de americanos morrem de overdose relacionada a drogas. A noção popular é de que os opioides são os principais culpados, mas, como veremos, não é tão simples assim.

TENDO EM VISTA O RETORNO SOCIAL e o aumento de vinte vezes no nosso orçamento para o combate às drogas, poderíamos concluir razoavelmente que essa guerra foi um fracasso total.

Não foi. Do contrário, não teríamos continuado a persistir nela década após década. É verdade que a guerra às drogas não teve sucesso na tarefa impossível e irrealista de livrar a sociedade das drogas recreativas. Apenas crianças e adultos ingênuos acreditam honestamente que esse era um objetivo real ou realizável. Um objetivo vital mas não declarado da guerra às drogas é sustentar os orçamentos das autoridades policiais e prisionais, e também organizações parasitas como centros de tratamento para usuários de drogas e laboratórios de análise de urina. As entidades policiais recebem o grosso do dinheiro.

Eis um exemplo de como tudo acontece: unidades policiais especializadas são destacadas para bairros pobres, geralmente de maioria negra, efetuam prisões excessivas relacionadas a drogas e sujeitam as comunidades-alvo a tratamentos desumanos. O argumento de que essas comunidades estão expostas ao "aumento da presença policial" a pedido dos moradores é ingênuo ou falso; são os mesmos moradores que pediram, e de fato exigiram muitas vezes, melhores escolas, mais empregos e o fim da brutalidade policial, além de uma longa lista de outras reivindicações razoáveis.

A questão é simples: mais prisões por drogas equivalem a mais horas extras, mais "pessoas descartáveis" na prisão e orçamentos maiores. Essas práticas garantem trabalho para alguns poucos, como policiais e autoridades penitenciárias. A guerra às drogas tem sido um benefício financeiro para esses indivíduos, bem como para certas regiões que dependem da economia prisional. A maioria das prisões do estado de Nova York, por exemplo, está localizada em comunidades rurais e brancas. A prisão é geralmente o principal empregador da área. E como grande parte dos presos vem de lugares a muitos quilômetros de distância, seus entes queridos precisam frequentar restaurantes, hotéis e outros negócios locais quando os visitam. E, em estados como a Pensilvânia, um preso é contado como residente da jurisdição onde sua prisão se localiza para fins de alocação de recursos financeiros do estado, uma nova e grotesca distorção da cláusula dos três quintos original da Constituição americana.* Não é difícil ver como a guerra às drogas tem sido extremamente benéfica para alguns.

Ao longo do caminho, no entanto, muitas comunidades minoritárias foram devastadas. Forças econômicas e sociais complexas são costumeiramente reduzidas a "problemas com drogas", e os recursos são direcionados para a polícia e não para as necessidades reais dos bairros, como criação de empregos, melhor educação ou serviços de atendimento a dependentes voltados a salvar vidas (discutidos no capítulo 3). É assim que toda a "crise das drogas" se desenrola até hoje. Em essência, a guerra às drogas não é uma guerra às *drogas*: é uma guerra contra *nós*.

Uma mudança virá... ou não

Na sala de aula em Sing Sing, estávamos no meio de uma discussão acalorada sobre como a guerra às drogas seria conduzida durante a atual "crise dos opioides". "Nunca desperdice uma crise séria", observou certa vez Rahm Emanuel, "e o que quero dizer com isso é que ela é uma oportunidade de

---

* A cláusula diz: "O número de representantes, assim como os impostos diretos, serão fixados, para os diversos estados que fizerem parte da União, segundo o número de habitantes, que será determinado acrescentando-se ao número total de pessoas livres, incluídas as pessoas em estado de servidão por tempo determinado, e excluídos os índios não taxados, três quintos de todas as outras pessoas". (N. T.)

fazer coisas que antes você achava que não podia." De acordo com essa visão, a crise dos opioides talvez possa realmente oferecer uma oportunidade de pressionar por um movimento significativo de regulamentação de todas as drogas, assim como conseguimos regulamentar o álcool ou a maconha (em alguns estados). A regulamentação de fato reduziria o número de mortes causadas por drogas contaminadas. Reduziria também as detenções e daria aos indivíduos adultos a liberdade para tomar decisões razoáveis sobre o seu consumo de substâncias. Por outro lado, a crise atual talvez torne a situação pior — levando a intervenções que restrinjam ainda mais a liberdade individual e criando mais um motivo para prender certos americanos em grande número — sem ajudar a resolver o suposto problema.

"Eu odeio dizer isso", afirmou Hakeem com relutância, "mas a crise dos opioides é no fim das contas uma coisa boa." Segundo ele, uma vez que os americanos brancos são vistos como os principais usuários, o uso de opioides — e de outras drogas, por extensão — não seria mais tratado como um crime, mas como um problema de saúde, uma abordagem que seria benéfica para todos, independente da raça.

Vários outros alunos concordaram. Eles destacaram a percepção pública de que há um grande número de americanos brancos enfrentando problemas relacionados ao uso de opioides, inclusive overdoses fatais e dependência. Alguns achavam que essa percepção havia gerado uma compaixão sem precedentes da comunidade pelos usuários de drogas. Em 2017, Donald Trump chegou inclusive a proclamar que o problema era uma emergência nacional. Seu anúncio parecia consolidar uma mudança definitiva na maneira como o país vê certos usuários. Agora eles são pacientes que precisam de nossa ajuda e compreensão, em vez de criminosos que merecem desprezo e encarceramento.

Os sinais dessa mudança já eram evidentes em janeiro de 2014. O governador de Vermont, Peter Shumlin, dedicou todo o seu discurso de início de ano à "crise da heroína", e instou seu eleitorado esmagadoramente branco a lidar com a dependência "como uma crise de saúde pública, fornecendo tratamento e apoio em vez de apenas distribuir punições, declarar vitória e passar à próxima condenação".[3] Políticos americanos de ambos os partidos reagiram a esses sentimentos, e, em 2018, o Congresso aprovou uma lei bipartidária destinando bilhões de dólares para o enfrentamento de problemas relacionados aos opioides (H.R.6).

O que parece ser uma guinada radical para uma política de combate às drogas mais compassiva — mais centrada no tratamento (e em outras formas de apoio) que no encarceramento — incentivou vários de meus alunos, assim como muitos outros, a esperar que estejamos entrando numa era com muito menos prisões e mortes relacionadas a drogas do que em décadas anteriores.

Mas uma parte dos alunos não estava tão otimista. Mike, por exemplo, refutou com firmeza os comentários de Hakeem. "Não, eu discordo", disse ele. "Branco ainda significa vítima, e negro e hispânico ainda significam dependente e criminoso."

Depois de vários minutos discutindo, eles quiseram saber minha opinião. Queriam saber de que lado do debate eu estava.

"É claro que apoio uma abordagem mais favorável ao tratamento que ao encarceramento", falei. Mas essas não são as únicas opções. Existem várias outras possibilidades, inclusive a remoção de sanções criminais para adultos que consomem drogas com responsabilidade. Atualmente, a simples posse de qualquer substância controlada pode levar um infrator primário à prisão por até um ano. Além disso, é preciso pagar uma multa não inferior a mil dólares. A lei se torna consideravelmente mais cruel com as violações subsequentes ou quando há acusação de tráfico ou fabricação. Portanto, oferecer tratamento em vez de encarceramento é o mínimo que devemos fazer ao lidar com indivíduos em luta contra a dependência. Mas, historicamente, não é o que temos feito por *todos* os cidadãos.

Pedi aos alunos que se lembrassem de uma aula anterior, quando discutimos a "crise do crack" do final dos anos 1980. "Vocês podem imaginar", perguntei retoricamente, "o governador George Wallace, do Alabama, instando seus eleitores a ver o uso de crack como uma crise de saúde?" Naquela época, até os liberais do Norte — negros e brancos — exigiam medidas estúpidas e draconianas para lidar com usuários e vendedores de crack. O governador de Nova York, Mario Cuomo, fez lobby por prisão perpétua para quem fosse pego vendendo crack em quantias tão pequenas quanto cinquenta dólares, enquanto Charles Rangel, congressista do Harlem, defendia a mobilização de pessoal e equipamentos militares para livrar as cidades da droga. O medo do crack e de seus vendedores e usuários provocou uma histeria em massa. Assim, em 1986 e 1988, o Congresso aprovou e ampliou a infame Lei Antidrogas (também conhecida como Lei do Crack), estabelecendo penalidades cem vezes mais severas para o crack do que para as condenações por cocaína.

O estereótipo dos usuários e vendedores de crack era negro, jovem e ameaçador, e o desprezo público diante desse grupo era intenso, visceral e amplamente encorajado. Na verdade, a maioria dos usuários de crack era branca, e a maioria dos usuários de drogas comprava suas drogas de traficantes de seu próprio grupo racial.[4] Em 1992, porém, mais de 90% dos condenados pela dura Lei do Crack eram negros.[5] Eles eram obrigados a cumprir uma pena mínima de cinco anos de prisão pela posse de pequenas quantidades da substância. De acordo com a lei de 1988, até os infratores primários estavam sujeitos a essa severa penalidade. Nenhuma outra violação da lei de combate às drogas resultava numa punição tão dura para os infratores primários.

Na medida em que o uso de crack pelos brancos era reconhecido, os relatos da mídia eram compreensivos com a situação dos usuários brancos da classe média. Ali o crack era visto como uma ferramenta para administrar uma vida profissional estressante.

Para os brancos afetados pela dependência, os médicos exaltavam a eficácia do tratamento. Qualquer perspectiva de aplicação da lei era notória por sua ausência. Os anúncios de utilidade pública voltados para usuários de crack da classe média incentivavam a compaixão e não o julgamento. Soa familiar?

Esse padrão de diferenciação racial — uma política de combate às drogas para usuários brancos e outra para usuários negros — obedecia ao formato seguido durante a crise da heroína do final da década de 1960. Na mídia, o rosto do dependente de heroína era negro, uma pessoa desvalida entregue a uma rotina de pequenos crimes para alimentar seu hábito. Uma solução popular era trancafiar esses usuários. As famigeradas leis de 1973 implementadas pelo então governador do estado de Nova York, Nelson Rockefeller, exemplificavam esse ponto de vista. A legislação de Rockefeller instituiu sentenças mínimas de prisão de quinze anos pela posse de pequenas quantidades de heroína ou outras drogas, podendo chegar à prisão perpétua. Mais de 90% dos condenados eram negros ou latinos, embora eles representassem uma minoria dos usuários.[6]

Essa abordagem punitiva dos usuários negros de heroína coincidiu com uma expansão maciça dos programas de apoio com metadona que beneficiaram um grande número de "pacientes" brancos, entre os quais soldados com dependência que retornavam da Guerra do Vietnã.[7] Até o presidente Nixon elogiou a metadona "como uma ferramenta útil no trabalho de reabilitação de viciados em heroína", a qual "deveria estar disponível para aqueles que precisam fazer esse trabalho".[8]

Uma característica dos programas de metadona considerada inconveniente era a exigência de que o medicamento fosse administrado em clínicas ou hospitais. Isso significava que os pacientes precisavam comparecer todos os dias à clínica para receber a medicação, o que por vezes representava uma dificuldade para alguns, sobretudo quem tinha empregos e horários mais complicados. Além disso, o fato de os pacientes terem de ficar em fila do lado de fora da clínica enquanto aguardavam atendimento era visto como estigmatizante, uma forma de vergonha pública.

Então, em 1971, o prefeito de Nova York, John Lindsay, defendeu a utilização de médicos particulares para aplicar a metadona a um grupo seleto de pacientes de classe média que tinham seguro-saúde, deixando a maioria das pessoas pobres nas filas, fixando assim a face pública dos usuários de metadona.[9]

Esse padrão caracteristicamente americano de flexibilidade cognitiva na política de combate às drogas, com severas penalidades para alguns e tratamento solidário para outros, tem uma longa história.

Racismo

Conheço há um bom tempo a resposta diferenciada aos usuários de drogas com base na raça. Uma conversa recente que tive com minha amiga Abby me informou que outras pessoas também estão conscientes disso. Abby é branca, tem idade suficiente para se aposentar e uma boa condição financeira; além disso, fumou maconha a vida toda. Nessa noite em particular, estávamos jantando fora de seu estado natal, em um lugar onde a maconha recreativa ainda é proibida. Tínhamos chegado à cidade poucas horas antes. Então, quando ela pegou seu cachimbo para fumar, manifestei surpresa com a rapidez com que ela havia conseguido arranjar a droga. Abby me disse que havia trazido com ela no avião, um hábito que já tinha havia muitos anos. "Porra, eu ficaria aterrorizado demais para fazer isso", falei. "E não devia?", respondeu ela. "Carl, olhe para mim... Sou branca, velha e rica. Quem vai se meter comigo?"

"*Touché*", foi tudo que pude dizer. Abby estava certa. Ela descreveu sucintamente seu privilégio branco no contexto das drogas. "Mais poder para ela", pensei. Ela reconhecia e exercia seu privilégio. Nada de errado nisso. Ademais, que benefício social haveria em prender Abby pela posse de uma pequena quantidade de maconha? Absolutamente nenhum. Ela é uma consumidora responsável e uma cidadã honrada, um pilar de sua comunidade.

O ideal seria que nós, como sociedade, estendêssemos esse privilégio dos brancos para todos os cidadãos. Infelizmente, a coisa não funciona dessa maneira, sobretudo quando se trata da aplicação das leis de combate às drogas. Com efeito, os privilégios concedidos a alguns são adquiridos à custa de outros. Esse fenômeno pode ser visto como o inverso do privilégio dos brancos — discriminação racial ou racismo. Ao usar esses termos aqui me refiro a uma ação que resulta em tratamento desproporcionalmente injusto ou abusivo de pessoas de um grupo racial específico. Não é necessária uma intenção maligna. O que é preciso é que o tratamento seja injusto ou abusivo e que essa injustiça seja desproporcionalmente experimentada por pelo menos um grupo racial.[10]

É muito mais provável que negros sejam presos por causa de drogas do que brancos, embora ambos os grupos as consumam e vendam em quantidades semelhantes.[11] Isso não só é errado como também criou uma situação em que as autoridades policiais suspeitam que quase todos os negros sejam traficantes.

Viajo muito, mas tenho medo de passar pela alfândega em alguns países porque, invariavelmente, me perguntam se estou portando drogas. Lembro-me de uma vez, no aeroporto de Toronto, em que fui levado para uma salinha nos fundos para ser interrogado sobre minha visita. Expliquei que estava indo para Thunder Bay a fim de dar uma palestra. Mas não foi suficiente. Mais interrogatórios se seguiram, bem como um exame do conteúdo do meu computador. Depois do que me pareceu ser um período excessivamente longo, fiquei impaciente e disse: "Olha, sou um cientista... professor... e autor... Aqui está um exemplar de um dos meus livros". O olhar incrédulo e o sorriso malicioso estampado no rosto daquela fiscal branca da alfândega canadense me disseram que ela não estava impressionada. "Só porque você escreveu um livro", disse ela, "não significa que não seja um traficante de drogas." Ser um negro viajando de um país para outro bastava para me tornar suspeito de tráfico de drogas, por mais que todas as provas que apresentei fossem consistentes com quem eu afirmava ser.

Não sei se essa fiscal é racista ou não. Suspeito que não se consideraria como tal: poucas pessoas fazem isso. Ainda assim, esse tipo de experiência me fez pensar com muito mais profundidade sobre o que constitui racismo.

É fácil classificar como racistas pessoas que reconhecem atos deliberados de discriminação racial. Mas quem é burro o suficiente para admitir ser racista, com exceção dos autoproclamados supremacistas brancos?

E o que dizer daqueles que participam sem saber da discriminação racial? Do policial que estava "apenas fazendo seu trabalho"? Ou dos legisladores bem-intencionados que redigiram a Lei do Crack que depois foi aplicada de maneira racialmente discriminatória? Essas pessoas são racistas? Do meu ponto de vista, essa determinação só pode ser feita avaliando a reação delas a provas razoáveis de que suas ações contribuem para a discriminação racial. Se o policial e o legislador participaram involuntariamente de discriminação racial, mas mudaram seu comportamento quando a discriminação foi trazida à sua atenção, seria inadequado classificá-los como racistas. Todos nós cometemos erros. Por outro lado, se esses indivíduos não fizerem nada depois de confrontados com tais evidências, o rótulo de "racista" é apropriado.

A chave é manter o foco nas ações das pessoas, em seus comportamentos, em vez de especular sobre seus motivos. Tentar determinar o que está na cabeça ou no coração de alguém é uma distração inútil. É impossível saber ao certo os segredos íntimos do coração.

Da mesma forma, não é útil se concentrar em "predisposições implícitas", porque essas atitudes inconscientes podem ou não desempenhar um papel no ato de discriminação racial. Em outras palavras, a simples existência de uma predisposição implícita não significa que uma pessoa irá inevitavelmente agir com base nessa predisposição de maneira discriminatória. Tampouco significa que um ato específico de discriminação racial se deva a essa predisposição. Centrar a atenção na predisposição implícita — nos *pensamentos de uma pessoa*, e não nos *atos prejudiciais dessa pessoa* — tende a ofuscar o problema. Essa ênfase costuma ser um recurso usado para evitar abordar de frente o racismo óbvio, como o que ocorre na aplicação das leis de combate às drogas.

Antes de mais nada, por que as drogas são proibidas?

Em 10 de dezembro de 1986, James Baldwin foi o orador principal no almoço do National Press Club. Apenas 44 dias antes, entrara em vigor a Lei Antidrogas. Baldwin aproveitou a oportunidade para criticar a nova legislação, referindo-se a ela como "uma lei ruim". Ele previu que ela exacerbaria a discriminação racial e "só seria usada contra os pobres". Além disso, instou especificamente os políticos negros a pressionarem pela legalização das drogas em nome de seus eleitores. Dezesseis dos vinte membros do Black Caucus do Congresso votaram a favor da nova lei.[12]

Naquela época, eu servia na Força Aérea dos Estados Unidos e estava estacionado na Royal Air Force Fairford, em Gloucestershire, Inglaterra. Fazia parte da unidade policial responsável pela segurança da base. Eu nem sempre havia sido policial, nem queria ser. Mas, em 14 de abril de 1986, nosso país bombardeou a Líbia, em retaliação a atos de terrorismo patrocinados pelos líbios contra soldados e cidadãos americanos. Os aviões KC-135 que forneciam reabastecimento aéreo para os bombardeiros saíam da nossa base, então estávamos em alerta máximo para contra-ataques.

Como parte das medidas aprimoradas de segurança básica, fui selecionado, para meu desgosto, para reforçar a polícia de segurança. Na minha nova função, patrulhava a base com um rifle M16, às vezes por dezesseis horas seguidas. Eu odiava esse trabalho. Mas fazia o que me mandavam porque havia jurado obedecer aos meus superiores, bem como apoiar e defender a Constituição contra todos os inimigos dos Estados Unidos, externos e internos. Eu não me considerava particularmente patriota. Estava apenas fazendo o que era certo, do mesmo jeito que era certo não matar outro ser humano, não mentir e não usar drogas. Era certo e simples.

As observações de Baldwin, na minha opinião, estavam erradas. Fiquei num silêncio descrente, ouvindo com atenção enquanto ele apresentava seus argumentos. Sua sugestão de que a polícia aproveitaria a oportunidade — proporcionada pelo novo estatuto — de prender seletivamente os negros era difícil de aceitar. "Se as pessoas não usarem ou venderem drogas", pensei comigo mesmo, "elas não serão presas." Naquela altura da minha vida, embora tivesse sido parado pela polícia mais de uma vez por nenhuma outra razão além da cor da minha pele, eu ainda era ingênuo demais para entender plenamente que certas comunidades eram superpoliciadas e submetidas a um tratamento injusto pela polícia.

Os comentários ponderados e não condenatórios de Baldwin sobre drogas e legalização eram diferentes da narrativa pública dominante. O fato de ele não condenar as drogas parecia estranho. Suas opiniões eram desconcertantes. Elas certamente não eram formadas pelos incontáveis anúncios de utilidade pública que traziam poderosas advertências antidrogas feitas por celebridades. "Fumar crack é como colocar uma arma na boca e apertar o gatilho", dizia um desses anúncios, cuja mensagem assustadora deixou uma impressão indelével em mim. Eu temia que as recomendações de Baldwin levassem a mais drogas e caos em bairros com poucos recursos, como aquele de onde eu vinha.

As opiniões de Baldwin sobre as drogas pareciam irresponsáveis. Fiquei perplexo e decepcionado. Ele era um dos poucos pensadores que eu realmente venerava. Seus escritos tinham me ajudado a ver que os americanos brancos, enquanto grupo, não eram meus inimigos, ainda que, de vez em quando, alguns me frustrassem pra caralho. As palavras de Baldwin expressavam essa relação com nossos irmãos e irmãs brancos de forma eloquente: "Nunca consegui odiar os brancos, embora Deus saiba que muitas vezes desejei matar mais de um ou dois".[13]

Sei agora que Baldwin estava certo sobre as drogas, assim como estava certo sobre tantas outras questões importantes. A aplicação da Lei do Crack levou, de fato, a uma discriminação racial desenfreada em prisões, acusações e condenações. Os efeitos dessa prática repugnante continuam a reverberar até hoje. Eu levaria mais de uma década para tomar consciência dessa injustiça, apesar de vários de meus próprios amigos e parentes terem sido presos e cumprido pena por violar essas leis.

Essa percepção me fez repensar meus pontos de vista sobre as drogas e sua regulamentação. Tenho vergonha de admitir isso agora, mas houve um tempo em que acreditei sinceramente que as drogas destruíam certas comunidades negras. Isso apesar de, no mesmo período, ter comparecido a um sem-número de eventos sociais organizados por colegas brancos, geralmente em comunidades brancas, nos quais quase sempre eram servidas substâncias psicoativas — tanto legais quanto ilegais — como lubrificantes sociais. A disponibilidade de drogas era abundante. No entanto, elas não destruíram essas pessoas brancas ou suas comunidades. As pessoas a quem me refiro são algumas das mais responsáveis e respeitáveis que conheço. São cientistas, políticos, educadores, ativistas, empresários, artistas, personalidades da mídia e muito mais. Elas são seus filhos, seus irmãos, seus pais, seus avós. São você... e eu. E são usuários de drogas, embora na maior parte usuários enrustidos.

A declaração de independência

Portanto, servir nas Forças Armadas não me curou da minha ingênua sabedoria herdada sobre as drogas. Mas sou grato por ter servido, porque foi lá que desenvolvi pela primeira vez um profundo apreço pelos três documentos que deram origem à nossa nação: a Declaração de Independência, a Constituição e a Declaração de Direitos.

Dos três, o que mais me inspira é a Declaração de Independência, com os poderosos conceitos que articula. Embora não seja lei, a Declaração é a base sobre a qual a democracia americana foi construída. Ela garante a cada cidadão, ao nascer, três direitos — "vida, liberdade e busca da felicidade" — que não podem ser retirados. Ela proclama o direito de cada pessoa a viver da forma que entender melhor, contanto que isso não interfira no direito de outras pessoas fazerem o mesmo. E declara que os governos são criados "para garantir esses direitos", não para restringi-los.

Por mais de 25 anos estudei as drogas tentando entender como elas afetam o cérebro, o humor e o comportamento. Também escrevi bastante sobre políticas de combate às drogas. Levei muitos anos para ver que os conceitos expressos na Declaração têm ramificações profundas no que diz respeito a elas. Com efeito, a Declaração defende o direito do indivíduo de usar drogas. É óbvio que muitas pessoas consomem substâncias psicoativas "em busca da felicidade", um direito que o governo foi criado para garantir e proteger. Então, por que nosso governo atual prende 1 milhão de americanos por ano por posse de drogas? Por que tantos usuários estão escondidos no armário? Essa realidade destoa do espírito da Declaração.

Além disso, não se coaduna com o modo como o uso de drogas foi tratado durante a maior parte da história americana. Da fundação do país até os primeiros anos do século XX, os americanos estiveram livres para alterar seu estado de consciência com as substâncias de sua escolha. Várias poções vendidas sem receita que continham álcool, cocaína, opioides e outras drogas psicoativas estavam prontamente disponíveis. O ópio era o componente procurado em vários remédios para o bem-estar geral, e a cocaína era o ingrediente mais importante em bebidas como a Coca-Cola.[14]

Cidadãos honrados usavam drogas abertamente para se sentir bem, para alterar sua consciência. Thomas Jefferson, o autor da Declaração de Independência, foi por um longo tempo um entusiástico usuário de drogas. Ele apreciava particularmente aquelas à base de ópio, por seus efeitos alteradores da mente e medicinais.[15] Sigmund Freud foi talvez o proponente mais conhecido do consumo da cocaína. Ele mesmo a usava para melhorar seu humor e aumentar sua energia. As pessoas comuns também desfrutavam sem constrangimento de drogas como a cocaína e os opioides. De fato, os consumidores típicos de opioides eram mulheres brancas de meia-idade. Elas compravam ópio ou morfina na loja mais próxima e os usavam sem maiores problemas.[16] Essa atitude de "permitir que adultos sejam adultos" logo mudaria.

Após a Guerra Civil Americana, trabalhadores chineses foram trazidos aos Estados Unidos para ajudar a construir ferrovias. Alguns trouxeram consigo a prática de fumar ópio. Os antros de ópio, em geral administrados por chineses (na China, a droga podia ser obtida e consumida livremente), eram cada vez mais frequentados por americanos brancos. Essa mistura inspirou o medo racial; uma série de relatos da imprensa passou a difundir que o uso do ópio era generalizado, e que bons jovens brancos estavam sendo corrompidos nos antros. Eis um trecho de um relato de 1882: "A prática se espalhou depressa. [...] Muitas mulheres e moças, bem como rapazes de famílias respeitáveis, estavam sendo induzidos a visitar os antros, onde eram arruinados moralmente ou de outro modo".[17]

Da mesma forma, o uso de cocaína por trabalhadores negros diaristas e outros operários foi incentivado a princípio, contanto que estivessem a serviço da realização de tarefas para os brancos. Mas a situação mudou quando os brancos descobriram que os negros também gostavam da cocaína por seus efeitos de euforia e indução de confiança. Assim, o uso pelos negros foi cada vez mais noticiado de maneira a evocar medo entre a maioria branca. Inúmeros artigos exageravam tanto o grau em que a cocaína era consumida pelos negros quanto a conexão entre o uso da droga e crimes hediondos. Mitos populares sustentavam que a droga tornava os homens negros homicidas, bem como atiradores excepcionais. Talvez a falácia mais ultrajante tenha sido a de que a cocaína fazia com que esse grupo não fosse afetado por balas de calibre 32. É incrível que essas afirmações ridículas tenham merecido crédito. Elas levaram algumas forças policiais do Sul a mudar suas armas para as de calibre 38, a fim de lidar com o mítico super-homem preto cocainizado.[18]

À medida que cresciam as preocupações sobre o suposto uso generalizado de drogas por grupos desprezados, vários estados começaram a aprovar leis que restringiam o acesso a opioides e à cocaína, disponibilizando-os mediante receita médica. Em outras palavras, brancos com meios ou acesso a um médico ainda poderiam obter suas drogas preferidas sem violar a lei, mas os outros não tinham mais esse direito.

O governo federal também se envolveu, o que era inédito na época. Em 1914, o Congresso debateu se aprovaria a Lei Harrison de Tributação de Narcóticos, uma das primeiras incursões do país na legislação nacional sobre drogas, que buscava tributar e regulamentar a produção, importação e distribuição de ópio e produtos de coca. Os proponentes da lei a viam como uma estratégia para melhorar as tensas relações comerciais com a China, demonstrando o compromisso de controlar o comércio de ópio. Os oponentes, sobretudo dos estados do Sul, a viam como uma intrusão nos direitos dos estados. Eles haviam impedido a aprovação de versões anteriores.

Agora, no entanto, os defensores da lei haviam encontrado um bode expiatório importante em sua tentativa de fazê-la passar: o mítico "demônio negro da cocaína", que jornais, médicos e políticos proeminentes exploraram prontamente. Nas audiências do Congresso, "especialistas" testemunharam que "a maioria dos ataques contra mulheres brancas do Sul é consequência direta de um cérebro negro enlouquecido pela cocaína". Funcionou. Quando a Lei Harrison foi sancionada, os proponentes puderam agradecer a facilidade da aprovação ao medo que o Sul tinha dos negros.

É importante ressaltar que a Lei Harrison, como a maioria das leis estaduais, não proibia explicitamente o uso de opioides ou da cocaína. Essas drogas continuaram disponíveis para quem tinha capital social. Para os demais, a aplicação da nova lei logo se tornou cada vez mais punitiva. Ela ajudou a preparar o palco para a aprovação, em 1919, da Décima Oitava Emenda, que proibia as bebidas alcoólicas, e, em última análise, para o avanço de toda a nossa política de combate às drogas. Do mesmo modo, a retórica racial que envolvia as primeiras conversas sobre o uso de drogas não se evaporou; ela perdurou e evoluiu, reinventando-se década após década, das campanhas ao estilo *reefer madness*, ou "loucura do baseado", aos "bebês do crack".

Os opioides nos Estados Unidos hoje

Temo que a atual cobertura sensacionalista da crise dos opioides dê continuidade a uma longa e terrível tradição de explorar a ignorância e o medo para aviltar certos membros de nossa sociedade. Nesse processo, as liberdades civis se tornam baixas colaterais, enquanto se aprovam novas leis de combate às drogas ainda mais restritivas.

Como nas "crises das drogas" anteriores, o problema dos opioides não está *de fato* nos opioides. Diz respeito principalmente a fatores culturais, sociais e ambientais, como racismo, leis draconianas sobre drogas e o desvio da atenção das verdadeiras causas do crime e do sofrimento. Como você descobrirá ao longo deste livro, não há nada terrivelmente peculiar na farmacologia dos opioides que torne essas drogas particularmente perigosas ou viciantes. As pessoas as consumiram com segurança por séculos. E, acredite, continuarão a fazê-lo, muito tempo depois que o foco da mídia desaparecer, porque essas substâncias químicas funcionam.

A overdose fatal é um risco verdadeiro, mas suas chances de ocorrência têm sido exageradas. Sem dúvida é possível morrer após o consumo excessivo de uma única droga opioide, mas essas mortes representam apenas cerca de um quarto dos milhares de óbitos relacionados a opioides. Drogas opioides contaminadas, ou combinadas com outros tranquilizantes (álcool ou remédio para dores neuropáticas, por exemplo) são responsáveis por muitas dessas mortes.[19] As pessoas não estão morrendo por causa dos opioides, mas por causa da ignorância.

Além disso, a dependência de opioides é muito menos comum do que as histórias de terror sugerem. Fomos inundados por relatos escolhidos a dedo que retratam simpáticas pessoas brancas que desenvolveram dependência de opioides sem culpa alguma. Na realidade, menos de um terço dos usuários de heroína e menos de um décimo das pessoas às quais foram receitados opioides para dor se tornarão dependentes.[20] Concordo totalmente com a observação do famoso ex-usuário de drogas e renomado escritor Stephen King de que "superar a heroína é brincadeira de criança em comparação a superar a infância".[21]

Mas, infelizmente, apesar de grande parte das informações divulgadas sobre os opioides serem baboseira, a cobertura da mídia continua implacável. Ainda que apresentem poucas informações factualmente precisas sobre as drogas, essas histórias cativantes nos informam que pessoas brancas decentes são as verdadeiras vítimas da tragédia e que a culpa é de uma droga "má", como a heroína, o fentanil, a oxicodona ou outro opioide qualquer. A responsabilidade pelo sofrimento, se não da droga em si, é de alguma outra coisa: médicos imprudentes, traficantes não brancos e degenerados ou "a grande indústria farmacêutica".

Essas mensagens não passaram despercebidas pelos políticos, agentes da lei ou qualquer outra pessoa que não viva fora da realidade. E constituem uma das razões pelas quais as autoridades públicas, sobretudo dos estados em que os opioides são culpados por praticamente tudo que os aflige, pressionaram por uma expansão do financiamento para o tratamento de dependência de opioides. Até mesmo as autoridades policiais defendem agora ir além da estratégia de prender primeiro e estão conectando os usuários ao tratamento.

Mas essa abordagem aparentemente humana — oferecer tratamento a todos os usuários — é apenas parte da história.

Vários estados aprovaram leis que aumentam as penalidades por infrações relacionadas a opioides. Em alguns, os promotores começaram a imputar acusações de assassinato contra traficantes, amigos, conhecidos ou qualquer pessoa suspeita de facilitar a aquisição de drogas por alguém que tenha morrido de overdose.[22] No nível federal, uma pessoa condenada receberá uma sentença mínima obrigatória de vinte anos de prisão por distribuir heroína ou fentanil que resulte em morte ou lesão corporal grave.

O amplo apoio a essa abordagem do tipo "seja compassivo com uns e duro com outros" nunca deixa de me surpreender. Até mesmo o popular jornalista Malcolm Gladwell apoiou com entusiasmo essa linha de ação para lidar com a situação dos opioides. Em uma matéria recente da New Yorker, ele escreveu: "O lugar apropriado para os fabricantes e distribuidores [de opioides ilegais] é a prisão, e o dos usuários são os programas para tratamento de drogas".[23] Gladwell cai diretamente na armadilha simplória da dicotomia "traficante de drogas mau, usuário de drogas bom". Pergunto-me se ele acredita que o lugar de quem bebe álcool são os centros de tratamento. Será que ele acha que um fumante ocasional de maconha também deveria procurar ajuda?

Em um sentido real, as novas políticas de "endurecimento com os opioides" foram alimentadas pela percepção equivocada de que a maioria dos traficantes ilegais dessas substâncias é negra ou latina. Vejamos as observações feitas pelo então governador do Maine, Paul LePage, em um fórum da prefeitura em 2016. O governador garantiu aos participantes que sua briga não era com os moradores do Maine que apenas "usam drogas". Não nos esqueçamos de que o Maine é o estado mais branco do país. Sua indignação, disse LePage, visava diretamente os traficantes de fora do estado: "Caras com nomes como D-Money, Smoothie, Shifty... eles vêm de Connecticut e Nova York, vendem heroína e voltam para casa". Mas, antes disso, geralmente "engravidam uma jovem branca".[24]

Uau! Isso são os Estados Unidos da América... no século XXI. PQP.

Hoje, a maioria dos americanos, mesmo aqueles que compartilham as opiniões de LePage, não é tão estúpida a ponto de declará-las em voz alta num evento público. Os comentários de LePage, porém, repletos de paranoia racial e condescendência em relação às mulheres brancas, não são apenas sinistramente semelhantes às táticas de medo usadas há mais de um século: ainda hoje, eles também influenciam as decisões de políticas de combate às drogas e sua aplicação. Dados federais recentes confirmam isso: mais de 80% dos condenados por tráfico de heroína são negros ou latinos, embora a maioria dos vendedores de heroína seja branca.[25]

A lenda das heroicas autoridades públicas brancas empenhadas em proteger as mulheres brancas dos homens negros enlouquecidos pelas drogas é tão antiga quanto o próprio país. A cada geração, a história é modificada para acomodar a desprezível droga da vez. Mas não se engane, essa lenda é construída sobre os corpos mortos e encarcerados de incontáveis homens negros. Baldwin escreveu certa vez, com precisão arrepiante: "Criamos uma lenda a partir de um massacre".[26]

VOLTANDO À NOSSA DISCUSSÃO em sala de aula... lembrei aos meus alunos que, sempre que o público está tomado pelo medo, ainda que forjado, o governo reage violando as liberdades fundamentais. Pense no Onze de Setembro e na Lei Patriótica.* Obviamente, a *necessidade* é a desculpa dada para cada violação; não importa se ela restringe a liberdade de expressão, proíbe a posse de armas ou o uso de heroína. E não nos enganemos: há muito dinheiro rolando, tanto para divulgar a crise que precipitou o medo do público como para impor as restrições subsequentes. Histórias sobre a crise dos opioides vendem de tudo, de jornais a documentários, e sem infratores da lei antidrogas para punir uma quantidade enorme de pessoas estaria desempregada.

Se não houver uma resistência vigorosa e contínua às intrusões governamentais na liberdade, os direitos garantidos por nossos nobres documentos fundadores serão constantemente corroídos. Lembrei aos meus alunos que é responsabilidade deles lutar todos os dias por esses direitos. Do contrário, nós os perderemos.

A batida abrupta e alta do agente correcional na grossa janela de vidro sinalizou o fim do nosso tempo de aula. Meus alunos se prepararam estoicamente para voltar a serem presidiários. E eu me preparei para sair, como fazia todas as noites de sexta-feira, com a mesma sensação desoladora de sempre, de que o fato de aprisionarmos milhões de americanos atrás das grades é simplesmente cruel.

Em meus quinze minutos de caminhada silenciosa da penitenciária até a estação Ossining, ponderei as mesmas per-

---

* *Patriot Act*: decreto assinado pelo presidente George W. Bush logo após os atentados de 11 de setembro de 2001 que permitia várias ações contra o terrorismo sem a necessidade de autorização judicial. (N. T.)

guntas que havia feito na semana anterior. Não seria cruel ensinar ideais elevados a meus alunos em Sing Sing sabendo que eles não se aplicam a seu endereço atual, ainda mais se for seu endereço *final*? Não seria cruel conectar esses alunos a um mundo que não está disponível para eles nem do lado de dentro nem do lado fora? Não seria eu apenas um cúmplice do nosso desalmado sistema de justiça, que ataca os pobres e os inconvenientes? Apenas mais um liberal dando um confere na "caixinha de serviços comunitários" para se sentir melhor consigo mesmo, como tantos outros voluntários?

Na viagem de trem para casa, o clima era festivo, devido aos muitos jovens embriagados que se dirigiam à cidade para uma noite de diversão. Alguns foram gentis a ponto de me oferecerem uma bebida. "Isso é incrivelmente americano da parte de vocês", falei, "mas devo recusar porque não é minha droga preferida." Mas, igualmente importante, eu ainda estava perturbado, ruminando sobre meus alunos e nosso debate. Como sempre, esses pensamentos angustiantes permaneceram comigo por vários dias, interrompendo meu sono e deprimindo meu humor. Opioides como a heroína ajudam a diminuir a angústia. Eles também vêm com o benefício adicional de produzir alegria. Fico irritado de não poder desfrutar deles tão livremente quanto meus companheiros de viagem desfrutavam do álcool. Proibir a busca de alguém pelo prazer por razões infundadas é errado e sem dúvida antiamericano.

2. Saiam do armário: parem de se comportar como crianças

> Nossas vidas começam a acabar no dia em que nos calamos sobre as coisas que importam.
>
> Martin Luther King

A IDEIA DE FAZER uma colonoscopia me aterrorizava. Sentado na beira de uma cama estreita de hospital, naquele quarto antisséptico, eu estava me cagando de medo. Para piorar a situação, haviam me mandado vestir uma camisola leve, projetada para que uma pessoa de cinquenta anos pareça uma criança.

Era julho de 2017; eu estava começando meu segundo ano na chefia do departamento e me sentindo tão à vontade naquele papel quanto em relação a fazer aquele procedimento.

"Você é alérgico a algum medicamento?"

"Não", respondi com indiferença, tentando esconder meu nervosismo.

"Tem diabetes? Pressão alta?" A jovem enfermeira de pele marrom continuou lendo depressa e em voz alta uma lista de verificação. "Está tomando alguma medicação? Bebe álcool? Fuma?"

Minha série de respostas negativas foi interrompida por uma pergunta. "Espere um momento, fuma o quê? Certamente, não tabaco."

"Alguma outra coisa?", perguntou ela.

"Fumo maconha de vez em quando", respondi, o que não pareceu surpreendê-la. Talvez porque eu use dreads, e algumas pessoas acreditem que todo mundo que tem dread seja maconheiro. Ou talvez porque a maioria dos estados agora permita que os pacientes usem maconha para determinados problemas médicos; Nova York, onde moro, é um deles. Ou talvez porque um número cada vez maior de estados, inclusive Nova York, permita agora que adultos comprem e usem a substância para fins recreativos. Em outras palavras, esses desdobramentos legais certamente tornaram menos arriscado, e até elegante, alguns adultos saírem do armário quanto ao uso de maconha.

Naquele momento, porém, ponderei se deveria revelar a verdadeira extensão do meu uso de drogas para aquela profissional da medicina. Eu sabia que isso não influenciaria na realização da colonoscopia. Era uma conclusão inevitável; ela ocorreria em questão de minutos. Eu também sabia que divulgar a extensão do meu uso de drogas era arriscado, pois poderia desencadear uma investigação intensa e intrusiva da Administration for Children's Services (ACS) por "negligência parental", um termo genérico que pode cobrir qualquer coisa, da pobreza ao uso de drogas. Na época, Malakai, meu filho mais novo, tinha dezesseis anos. A ACS não se importaria com o fato de ele ser bem cuidado, saudável, relativamente feliz e estar indo muitíssimo bem na escola.

Desde 2009, tenho atuado como perito em vários processos judiciais nos quais a ACS procurou tirar jovens da custódia das mães simplesmente porque elas testaram positivo para maconha em um exame toxicológico de urina e/ou reconheceram o uso anterior da substância. Lembremos que o uso de maconha por si só — aliás, o uso de qualquer outra droga — não compromete a capacidade do indivíduo de desempenhar suas funções parentais. E, com certeza, um exame de urina não fornece nenhuma informação sobre o estado atual de intoxicação do usuário ou sua capacidade de funcionar adequadamente. É como dizer: "Vi uma garrafa de cerveja vazia na sua casa; portanto, você é um pai despreparado". É ridículo.

Muita coisa passou pela minha cabeça enquanto eu pensava no quanto deveria ser sincero sobre meu uso pessoal. Pensamentos do tipo: "Merda, eu poderia colocar em risco a mim e a meu filho, não pelos efeitos das drogas, mas pela presença perturbadora da ACS". Àquela altura da vida, eu já tinha visto muitas famílias serem levadas à beira da desintegração por burocratas sem coração. E depois que a ACS entra na sua vida é extremamente difícil se livrar dela. Pode ser como um relacionamento ruim que não termina, não importa quantas vezes você mude seu número de telefone ou bloqueie a pessoa no Facebook, no Twitter ou no Instagram.

Em um caso exemplar, uma mãe negra teve seus cinco filhos colocados sob a custódia temporária de um parente depois que descobriram que ela e seu recém-nascido tinham subprodutos da maconha em seus organismos. A criança não nascera prematura. Não estava abaixo do peso. Não exibia sintomas de abstinência. Não precisava de atendimento especializado por conta do uso de drogas da mãe. Na verdade, as evidências eram de que todas as crianças estavam bem sob os cuidados dela. Apesar disso, a ACS apresentou petições alegando negligência parental, numa ação que poderia resultar na remoção permanente dos filhos da custódia da mãe, se o juiz concordasse.

Nos *dois anos* seguintes, enquanto a disputa legal se desenrolava, com o estresse do caso pairando sobre a cabeça, a mãe viu seu bebê vencer etapas importantes do desenvolvimento. A ACS realizou várias visitas sem aviso prévio, durante as quais avaliou o lar e fez entrevistas individuais com as crianças mais velhas. A idade delas variava de recém-nascido a dezesseis anos. Você consegue imaginar ser informada de que seu filho será "entrevistado" sem a sua presença por uma assistente social novata de 25 anos? A ACS tentou transformar as crianças em informantes, perguntando a elas se já tinham visto a mãe fumando maconha. Elas negaram. Não havia prova de deficiência ou risco iminente ao recém-nascido ou a nenhuma das outras crianças.

Felizmente, um cuidadoso juiz do tribunal de família ponderou todas as provas e rejeitou as petições da ACS. A família voltou a se reunir após esse longo pesadelo legal. Fiquei ao mesmo tempo aliviado e desolado por eles.

Incidentes como esse enchiam a minha cabeça de inquietude sempre que eu pensava no quanto deveria revelar sobre o meu próprio uso de drogas. Ao mesmo tempo, porém, eu estava cansado de ser desonesto, de fingir que a maconha era diferente, de uma perspectiva biológica, de algo como a heroína. Por que posso admitir ter usado maconha, mas não heroína? Eu sei por quê, é claro: porque a maioria das pessoas foi levada a acreditar que a heroína é inerentemente uma droga perigosa, enquanto a maconha é inofensiva. É frustrante. Vejamos as observações feitas pelo senador Bernie Sanders no início de 2018 sobre o assunto: "Maconha e heroína não são a mesma coisa. Ninguém que tenha estudado seriamente a questão acredita que a maconha deva ser classificada como uma droga do Anexo I, ao lado de drogas assassinas como a heroína".[1]

Em se tratando de políticos, Sanders parece ser uma pessoa justa e bem-intencionada. Mas sua visão sobre as drogas é ignorante. Eis o motivo: para que uma droga, qualquer droga, produza um efeito no cérebro, deve primeiro se ligar a um lugar que apenas ela reconhece. Esse lugar, esse "receptor" — uma estrutura especializada que reconhece e reage a uma determinada substância química —, é endógeno, o que significa que está em todos nós. Temos também uma substância química endógena que se liga a cada um desses receptores. Isso significa que nossos cérebros contêm substâncias químicas semelhantes à heroína e ao THC e seus receptores correspondentes.

Talvez você esteja se perguntando: por que nossos cérebros conteriam uma substância semelhante à heroína? Ou mesmo uma substância semelhante à maconha? Bem, a heroína pertence a uma classe de produtos químicos chamados opioides, e os opioides participam de inúmeras funções biológicas importantes. Por exemplo, eles aliviam a dor, reduzem a diarreia e induzem o sono. Não é difícil ver o valor dessa classe de substâncias. Da mesma forma, a substância química semelhante à maconha que existe no cérebro desempenha um papel importante na ingestão de alimentos e na coordenação dos movimentos do corpo, além de outras funções vitais.

Essas substâncias, ou, mais precisamente, seus parentes endógenos, são fundamentais para nossa sobrevivência. Contudo, a heroína não é mais nociva do que a maconha nem vice-versa. É verdade que a heroína, por exemplo, causa depressão respiratória com mais facilidade do que a maconha. Seria um erro, no entanto, concluir que ela é mais nociva. É muito mais provável que a maconha cause paranoia temporária ou alterações perceptivas perturbadoras do que a heroína, administrada por qualquer via. Se alguém estivesse sofrendo de disenteria, uma enfermidade que continua sendo a principal causa de morte em países com recursos de saúde inadequados, a heroína seria a escolha óbvia para salvar sua vida. A questão é que todas as drogas podem produzir efeitos negativos e positivos. Portanto, agir como se a maconha fosse intrínseca ou moralmente superior à heroína — ou, aliás, qualquer outra droga — revela a ignorância de quem acredita nisso. Essa ignorância também diminui as chances de as pessoas relatarem honestamente o consumo de substâncias além da maconha, devido ao estigma associado às assim chamadas drogas mais pesadas, como a heroína.

Nos últimos cinco anos, tive um sentimento incômodo de culpa por cumprir a exigência de mentir sobre meu uso atual de drogas. Essa exigência, essa falsidade, é respeitada particularmente por pessoas como eu, cujos meios de subsistência estão fora das artes. Claro, agora é aceitável — e inclusive saudado, em alguns círculos — que uma pessoa divulgue honestamente seu uso de drogas *no passado*. (Até mesmo os candidatos à presidência podem agora reconhecer que consumiram uma substância ilegal em seus tempos de juventude.) Mas essa mesma pessoa seria severamente criticada se admitisse ter cheirado cocaína com a esposa durante férias recentes em Portugal.

Por que ela deve ser condenada ou menosprezada? Porque cocaína é nociva? Bem, sabemos que isso não é verdade em relação a nenhuma droga. Sabemos também que a cocaína foi o primeiro anestésico local descoberto e que sem ela talvez não tivéssemos medicamentos como a lidocaína, outro anestésico local, amplamente utilizado na pele para aliviar a dor e a coceira. A lidocaína também é empregada para atenuar a dor de dente. Não consigo imaginar o trabalho odontológico sem a ajuda de um anestésico local. Valeu, farmacologia! Mesmo a própria cocaína continua a ser usada na medicina para alguns procedimentos na boca, no nariz e na garganta.

Mas a verdade é que a cocaína é proibida para fins recreativos nos Estados Unidos. Então, talvez seja razoável rejeitar um político ou qualquer um que confesse seu uso recreativo recente. Afinal, a pessoa violou a lei, certo? Bem, não é assim tão simples. Em primeiro lugar, a grande maioria de nós comete infrações. Quem nunca excedeu o limite de velocidade pelo menos uma vez na vida? Eu com certeza já fiz isso. E se você fez sexo antes do casamento em Idaho, Mississippi, Carolina do Norte ou Virgínia, então é um criminoso, porque a fornicação continua sendo ilegal nesses estados. Em segundo lugar, algumas leis são injustas, e pessoas conscienciosas desobedecem a elas deliberadamente para chamar a atenção para essa injustiça. Em 1º de dezembro de 1955, Rosa Parks se recusou a ceder seu assento no ônibus a um passageiro branco, conforme mandava a lei. O ato de desobediência civil de Parks, em desacato a uma lei injusta, não só fez dela um ícone cultural como também contribuiu para que o país se tornasse uma união mais perfeita. Por fim, digamos que o uso de cocaína em questão tenha ocorrido em Portugal, onde todas as drogas estão descriminalizadas. É isso mesmo, *todas* as drogas: cocaína, heroína, metanfetamina, 3,4-metilenodioximetanfetamina (MDMA, também conhecida como ecstasy), tudo.

Descriminalização, porém, não significa legalização. Muitas vezes essas duas coisas são confundidas. A legalização permite a venda, aquisição, uso e posse legal de drogas. As políticas dos países que regulam o álcool e o tabaco para os maiores de idade são, em sua maioria, exemplos de legalização de drogas. Em comparação, a versão portuguesa da descriminalização preconiza que a venda de drogas é ilegal e um delito. É importante ressaltar, no entanto, que nesse esquema de descriminalização a aquisição, a posse e o uso de drogas recreativas para uso pessoal — definido como quantidades para um suprimento de até dez dias — não são crimes. Isso significa que os americanos que viajam para Lisboa podem participar do uso recreativo de drogas sem violar a lei.

Seja como for, a questão permanece. É possível que os americanos admitam o consumo de cocaína, ou de qualquer outra droga proibida, sem serem ridicularizados ou estigmatizados, mesmo que tenha ocorrido em um país descriminalizado, como Portugal? Essa era a pergunta que eu me fazia enquanto o olhar da enfermeira se tornava mais penetrante. Bem, pensei comigo mesmo, "Estive em Portugal".

Em agosto de 2016, fui a Portugal pela primeira vez em conexão com o Boom Festival, onde fui voluntário de uma equipe chamada Kosmicare. É um encontro bienal realizado nos belos arredores do lago artificial da vila de Idanha-a-Nova, a cerca de duas horas e meia de carro a nordeste de Lisboa. Lá, por nove dias, 40 mil entusiastas de substâncias psicoativas e música comungam juntos, na versão europeia do Burning Man. Mas, diferente dos participantes do Burning Man, os Boomers podem desfrutar de suas substâncias psicoativas sem medo de serem presos.

O que é a Kosmicare? A primeira linha de seu site informa praticamente tudo o que é preciso saber: "Um lugar seguro para aterrissar energias galácticas e experiências intensas". E, no Facebook, eles declaram: "Idealizamos um mundo onde as drogas são usadas com liberdade e sabedoria". Composta de cerca de três dúzias de voluntários, a Kosmicare funciona principalmente para ajudar os participantes do festival a lidar com *bad trips* e minimizar os danos relacionados às drogas. Em teoria, é uma ótima ideia.

Nós, como voluntários, chegamos alguns dias antes do festival e participamos de uma sessão de treinamento de um dia. O treinamento enfatizou adequadamente o fato de que não éramos terapeutas. Não estávamos lá para consertar as pessoas. Estávamos lá para ajudar a garantir o conforto e a segurança dos participantes que experimentassem efeitos desagradáveis ou desconcertantes das drogas.

No final do treinamento, num dia longo e abrasador em que a temperatura chegou aos 40°C, nos reunimos em um círculo. Liderados por um casal na casa dos cinquenta e tantos anos que claramente já tinha feito aquilo muitas vezes antes, fomos instruídos a fechar os olhos enquanto eles passavam por nós sacudindo um grande feixe de sálvia incandescente e cantando de maneira desconexa. Fomos então instruídos a formar pares, olhar nos olhos de nossos parceiros e lhes dizer que eles estavam sendo vistos, *realmente* vistos; que eram lindos, *realmente* lindos; e que eram Amor, *verdadeiro* Amor. Então, nos voltamos para a Mãe Terra e dissemos a ela como estávamos agradecidos por sua generosidade por nos permitir habitá-la.

Quando terminou a cerimônia, que mais pareceu uma sessão espírita, um pensamento dominava a minha mente: "É bom saber que não é só nos Estados Unidos que existe gente esquisita". Também me perguntei em silêncio: "Que porra é essa?!", e tentei evitar contato visual com quem quer que fosse. Tarde demais. Meu amigo irlandês Niamh me lançou um olhar penetrante que dizia: "Que loucura, cara. Se *você* não contar pra ninguém, prometo que *eu* também não conto. Beleza?". Retribuí o olhar, e nunca mais falamos do assunto.

Apesar de toda a doideira, fiquei impressionado com o modo como os membros da comunidade do Boom tratavam uns aos outros. As pessoas compartilhavam abertamente tudo, de risos a preocupações com comida, drogas, abrigo, sexo, tudo. Havia um forte senso de camaradagem. As pessoas também tinham a liberdade de ser quem quisessem, sem julgamento. Essa parte da experiência foi realmente linda; era inspirador. Fui embora querendo ser uma pessoa melhor, imaginando como poderia incorporar o que havia experimentado ali em minha vida diária.

Os organizadores do Boom também forneciam serviços gratuitos e anônimos de teste de pureza das drogas, outro indicador de sua seriedade no que dizia respeito a manter os participantes o mais seguros possível. Eles podiam submeter uma pequena amostra de suas drogas a testagem, a fim de conhecer sua composição e pureza. Dessa maneira, saberiam se a droga continha impurezas ou adulterantes, que costumam ser mais perigosos do que a própria droga. Esse serviço pode salvar vidas.

Infelizmente, por causa das demandas da Kosmicare, eu dispunha de pouco tempo livre para aproveitar tudo o que Boom tinha a oferecer. Jovens sofrendo efeitos desagradáveis das drogas, como ansiedade, paranoia e insônia, entravam e saíam da nossa estação. Alguns haviam consumido determinada substância em excesso, ou muitas substâncias. Outros apenas precisavam de um ouvido compreensivo ou de um lugar calmo para deitar a cabeça. A seguir, um caso típico.

Às 4h15 da manhã, Paulo, um português de 25 anos, veio à Kosmicare porque não conseguia dormir. Ele havia tomado um comprimido de MDMA — dose desconhecida — por volta das dez e meia da noite anterior; uma hora depois, ingerira duas doses de LSD, também em quantidade desconhecida. No decorrer da avaliação, ficou claro que Paulo não estava angustiado com os efeitos das drogas, mas imensamente preocupado com o duro julgamento que sua namorada faria do seu "uso irresponsável de drogas". Ela chegaria ao Boom naquele mesmo dia, por volta da uma da tarde.

Paulo estava lúcido e exibia um comportamento apropriado e engraçado. Ele até brincou, dizendo que sua namorada poderia se beneficiar dos nossos serviços de aconselhamento. Depois de uma soneca de duas horas e alguns cigarros, ele manifestou um pouco de vergonha por ter nos procurado e foi descansar em sua própria barraca.

Felizmente, menos de 1% dos Boomers precisaram dos nossos serviços. Isso está de acordo com a maior parte das evidências, segundo as quais o uso de drogas costuma ocorrer sem problemas. Mesmo assim, pelo menos uma pessoa morreu do que se disse ser uma parada cardíaca, possivelmente provocada pela combinação do uso pesado de várias substâncias com o calor extremo. Não sei exatamente quais drogas estavam envolvidas e em que medida podem ter contribuído para a morte da pessoa. No entanto, essa tragédia ressaltou para mim a imensa necessidade de educar melhor o público sobre como usar drogas de maneira a realçar os efeitos desejados e minimizar os resultados adversos.

No final da minha experiência no Boom, eu estava exausto, em termos tanto mentais quanto físicos. Estava também morrendo de fome e tinha perdido quase quatro quilos. Por isso, achei que merecia uma boa refeição e um quarto num hotel chique de Lisboa na minha última noite lá. Um pouco antes do jantar, enquanto desfazia a mala, descobri entre meus pertences um comprimido de 10 mg contendo 2,5-dimetoxi-4-bromofenetilamina (2C-B). Um amigo cuja pesquisa se concentra nesse composto me dera algumas dessas pílulas psicodélicas no Boom para experimentar, o que eu havia feito. Elas eram agradáveis. Fiquei feliz ao encontrar aquele comprimido remanescente. Não poderia levá-lo de volta comigo para os Estados Unidos, onde sua posse constitui um delito, então teria de tomá-lo naquela noite ou descartá-lo. A última escolha me parecia um sacrilégio.

Tomei banho, engoli o comprimido e fui encontrar amigos para jantar no centro de Lisboa. Era uma noite quente e aprazível, acentuada pelo mar de rostos amigáveis que passavam enquanto jantávamos ao ar livre numa rua lateral. Fazia cerca de trinta minutos que eu havia tomado o 2C-B. Senti um leve zumbido de euforia. Legal.

Nós rimos e relembramos os dias que havíamos passado na natureza. Eu me sentia *muito* aliviado por estar de volta à civilização, e estava ansioso para me deitar na cama grande e confortável do hotel. Sentia-me também extremamente grato pela amizade com meus companheiros de jantar. Eles eram espíritos verdadeiramente generosos, pessoas que haviam doado seu tempo e esforço por duas semanas a fim de ajudar os usuários de drogas recreativas a participarem de um ambiente mais seguro, mais confortável e sem julgamento.

Uma hora havia se passado desde que eu tomara o 2C-B. Meu apetite estava diminuindo, mas minha admiração por meus amigos era cada vez maior. Os efeitos do 2C-B estavam começando pra valer.

Depois do jantar, voltamos ao hotel e me preparei para dormir. Ainda levemente sob a influência do 2C-B, refleti sobre a noite e meus dias no Boom. Ao fundo, Nina Simone cantava sua lancinante "Why?", que lamenta o assassinato de Martin Luther King. Alguma coisa na combinação dos efeitos relacionados ao 2C-B com a voz profunda de Nina me fizeram *sentir* a canção como se fosse a primeira vez que a ouvia, embora eu a conhecesse desde criança. Consegui estabelecer conexões entre o amor e a liberdade que King defendia para todos e o amor e a liberdade que havíamos todos experimentado no Boom: tudo se resumia à proteção da liberdade pessoal e ao direito inalienável de buscar a felicidade. O governo português dera um passo na direção certa com sua política de descriminalização das drogas. O governo americano, ao contrário, ainda não cumprira a promessa da Declaração de Independência. Nina perguntava seriamente: "Will my country fall, stand or fall? Is it too late for us all?".*

Essas perguntas me perseguiam quando voltei para casa. Eu precisava decidir se continuaria participando do esforço desonesto de ocultar e negar meu consumo de drogas. Sabia muito bem que o medo de ser exposto como usuário de drogas faz com que muitos adultos responsáveis se escondam no armário. Talvez ainda pior, ele permite que a sociedade mantenha sua visão caricata dos usuários de drogas como almas irresponsáveis e perturbadas, que podem então ser sumariamente demonizadas e marginalizadas. Que tipo de homem eu seria

---

* "Meu país cairá, ficará de pé ou cairá? É tarde demais para todos nós?" (N. T.)

se não me levantasse em nome desses indivíduos? Eles são o meu povo; eles são o nosso povo. Que tipo de homem eu seria se não defendesse a liberdade para todos?

Liberdade significa responsabilidade

A liberdade institucional — e, por extensão, a liberdade pessoal — é praticamente impossível sem responsabilidade. Sou uma pessoa responsável pelos parâmetros mais tradicionais. Como pessoa responsável, devo estar ciente das consequências de minhas ações sobre as pessoas e o meio ambiente. Se minhas ações impedem que outras pessoas exerçam suas liberdades, cabe a mim modificar meu comportamento. Pessoas responsáveis fazem esses ajustes. Mas ser responsável não é fácil. A responsabilidade requer uma quantidade considerável de autocrítica e um saudável senso de respeito pelo próximo. É preciso uma quantidade enorme de trabalho constante. Os adultos se submetem a esse trabalho porque ele nos permite liberdade; ele me autoriza a viver minha vida de acordo com meus próprios valores.

Outro motivo pelo qual fazemos esse trabalho é que a alternativa é simplesmente revoltante demais: o governo nos dizer o que pensar, o que pôr em nossos corpos e como viver. Reconheço que muitos aceitaram essa barganha porque podem não querer pensar por si mesmos. Outros podem ter medo de algum inimigo percebido ou real. Para essas pessoas, abdicar da responsabilidade perante o governo garantirá sua segurança. "O homem comum não quer ser livre. Ele só quer estar seguro", observou H. L. Mencken. Claro que isso é uma ilusão.

Não existe nada completamente seguro. Nenhuma vida que valha a pena viver é isenta de riscos. Então, sugiro que você viva sua vida como achar melhor. Pelo menos, estará vivendo.

Nos Estados Unidos, a liberdade é um direito tão importante que é protegido pela Constituição. As liberdades consagradas nesse documento garantem que eu seja livre para comer biscoitos amanteigados cheios de açúcar, apesar do meu histórico familiar de diabetes. Uma dieta rica em açúcar pode aumentar meu risco de morrer de uma doença relacionada ao diabetes. Levando isso em consideração, cabe a mim, um adulto responsável, ponderar a relação risco-benefício ao decidir se devo ou não comer o próximo biscoito. Mas há um papel que o governo deveria desempenhar. Ele deveria fornecer informações precisas e não tendenciosas que esclarecessem os riscos e benefícios potenciais associados a um produto. Tarjas de advertência em produtos como tabaco e álcool e listas de ingredientes e tabelas nutricionais em produtos alimentícios são apenas alguns exemplos.

Todos os dias, encaramos riscos potenciais e precisamos fazer cálculos de risco e benefício. É um fato básico da vida. Nosso direito de tomar decisões com base nos resultados desses cálculos não é proibido pelo governo, *exceto* quando entram em jogo certas drogas recreativas.

Como cientista, considero essa exceção particularmente frustrante, até mesmo hipócrita. A justificativa para restringir certas drogas costuma estar relacionada aos supostos perigos inerentes apresentados por essas substâncias químicas. O consumo de heroína, por exemplo, é considerado inerentemente mais perigoso do que outras atividades legais, como o uso de armas ou carros. Sério? As armas, não esqueçamos, são projetadas com o objetivo específico de matar. Isso não quer dizer que todo indivíduo adquira uma arma com esse objetivo em mente. Como um apaixonado por armas, sei que isso não é verdade. Ainda assim, a cada ano ocorrem cerca de 40 mil mortes relacionadas a armas, e mais da metade são suicídios.[2] Em 2017, as mortes envolvendo heroína atingiram um pico histórico de pouco mais de 15 mil, número bem abaixo do de mortes por armas de fogo.[3] (Repito, é importante notar que a maioria dessas mortes por heroína ocorreu porque a droga estava contaminada com fentanil, um análogo muito mais potente, ou porque foi combinada com outra droga sedativa, como álcool ou comprimidos para dormir.) Não estou argumentando que as armas devam ser proibidas. Ao contrário, concordo plenamente com a exortação da jornalista e ativista contra o linchamento Ida B. Wells: "Um rifle Winchester deveria ter um lugar de honra em todos os lares negros, e deveria ser usado para a proteção que a lei se recusa a dar". Felizmente, a Segunda Emenda protege esse direito. Meu argumento é que nenhuma pessoa sã pode sustentar com seriedade que o uso de heroína é inerentemente mais perigoso do que o uso de armas. Isso deve, no mínimo, levantar uma questão: por que armas podem ser compradas legalmente, mas heroína não?

Sim, eu sei, alguns dos meus amigos mais progressistas não concordam com o exemplo acima e ficariam felizes em proibir tanto as armas quanto as drogas. Então, vejamos um exemplo envolvendo automóveis. Dirigir um carro e mesmo andar no banco do carona é uma atividade potencialmente mortal. Em 2018, mais de 40 mil americanos perderam a vida em acidentes de carro, número que permaneceu relativamente estável nas últimas três décadas.[4] Mas ninguém está pedindo a proibição de automóveis, nem deveria. A ideia é absurda, assim como a proibição de drogas recreativas.

Mesmo quando se compara o uso da heroína com o uso do álcool, é difícil argumentar de maneira convincente sobre os perigos exclusivos da heroína. Ambas as drogas podem causar depressão respiratória e morte se ingeridas em doses elevadas por usuários ingênuos ou pouco frequentes. E tanto a heroína quanto o álcool podem levar a sintomas desagradáveis de abstinência quando o uso crônico é interrompido de forma abrupta. Mais importante, porém, é que é possível morrer de abstinência de álcool, mas não de abstinência de heroína. Além disso, das duas drogas, só o álcool pode causar danos graves ao fígado que levam à morte. Todos os anos, quase 100 mil pessoas morrem nos Estados Unidos em decorrência de problemas relacionados ao álcool.[5] Mais uma vez, não estou defendendo restringir a disponibilidade das bebidas alcoólicas. Acreditem: aprecio meu direito de consumir essa bebida que alivia a ansiedade, embora raramente o faça. Sem o consumo periódico de álcool, teria sido infernal enfrentar as inúmeras recepções a que fui obrigado a comparecer como chefe de departamento. Além disso, existem vários efeitos benéficos associados ao uso responsável de bebidas alcoólicas.

Ainda assim, o que acabei de expor levanta a questão: por que o álcool é legal, enquanto a heroína é proibida? Repito, há muito menos mortes relacionadas à heroína do que ao álcool. Isso torna difícil justificar a proibição da heroína com base apenas em preocupações de saúde pública. Alguns especulam que as mortes por heroína ultrapassariam as causadas por bebidas alcoólicas se a heroína fosse legal, mas as evidências disponíveis contradizem essa conjectura. Em Portugal, por exemplo, o número de usuários de heroína caiu de 100 mil para 25 mil depois que o país descriminalizou todas as drogas. Portugal tem a menor taxa de mortes induzidas por drogas na Europa Ocidental. Em 2016, sessenta pessoas morreram por esse motivo no país, o que significa seis mortes por milhão. Esse número é uma pequena fração do observado nos Estados Unidos, que foi de 312 por milhão.[6]

O que também está claro é que, enquanto a heroína e outras substâncias forem proibidas, os usuários estarão menos dispostos a admitir seu uso, mesmo para profissionais da medicina. Imagine a reação do seu médico se você lhe disser que usou heroína no fim de semana passado. Esse silêncio leva a riscos de saúde desnecessários, pois contribui para a suscetibilidade dos indivíduos à desinformação sobre heroína e compromete a relação paciente-instituição médica.

Quando me tornei chefe de departamento, um colega me disse que o professor Robert Bush, um chefe anterior bastante admirado, havia morrido devido ao que foi caracterizado como uma overdose de narcóticos em 1972.[7] Especulou-se que a causa havia sido heroína. Bush tinha 51 anos, minha idade enquanto escrevo este livro. Ele também pertencia a um grupo marginalizado: sou negro, ele era gay. Bush dava um curso sobre drogas; agora sou eu que dou esse curso. Ele renunciou à chefia depois de uma briga com a administração, mas retomou o cargo logo depois; comigo aconteceu o mesmo. Esses paralelos aumentaram minha curiosidade sobre as circunstâncias em torno da morte dele.

Eu me perguntava sobre a extensão de seu conhecimento sobre opioides. Gostaria de saber se a ignorância teria desempenhado um papel em sua morte. Não tenho dúvida de que a falta de informação desempenha um enorme papel no número anual de mortes relacionadas à heroína. Muitos usuários nem sabem se usam de fato heroína, pois alguns traficantes fornecem outras substâncias potencialmente mais perigosas do que ela. Além disso, algumas pessoas combinam inadvertidamente heroína com benzodiazepínicos como o Xanax — ou outro sedativo —, aumentando assim o risco de overdose, sobretudo em indivíduos não tolerantes. Afora isso, a potência da heroína da rua varia muito, e variava ainda mais na década de 1970. Essa variabilidade acrescenta ainda mais incerteza sobre a potência dos efeitos que o usuário pode esperar. Eu me perguntava se algum desses fatores havia contribuído para a morte de Bush. Qualquer que fosse o caso, tenho certeza de que, se a heroína fosse legal, mais pessoas receberiam uma gama mais ampla de informações capazes de salvar vidas. As restrições legais que vigoram hoje impedem não só a comunicação entre usuários e profissionais de saúde, mas entre consumidores de heroína mais informados e o público em geral.

NA SALA DE EXAMES, a enfermeira continuava anotando minhas respostas. "Eu também uso um pouco de cocaína, heroína e ecstasy de tempos em tempos", falei. "Hã?!", exclamou ela, com súbito interesse na voz. Seus olhos arregalados me encaravam com descrença e sem constrangimento. Tive vontade de rir, mas me contive. Em vez disso, deixei-a à vontade. Assegurei que não era o típico viciado em drogas sobre o qual ela provavelmente havia aprendido em sua deseducação. "É legal", falei. "Não tomei nada recentemente." Também descrevi minha profissão e expliquei que havia publicado muitos artigos sobre o tema das drogas. Ainda meio hesitante, mas tentando parecer simpática, ela respondeu humildemente: "Ah, tudo bem". Então, desligando o piloto automático, perguntou onde eu trabalhava, sobre minhas viagens, meus interesses. Agora ela estava me vendo.

No final, eu soube que tinha feito a coisa certa ao sair do armário. Claro, é arriscado, até assustador. Mas pessoas como Rosa Parks — e tantas outras — enfrentaram muito mais perigos em seus esforços para livrar nossa sociedade de leis injustas. Sabendo que me beneficiei diretamente de seus bravos esforços, minha decisão foi simples. Permanecer no armário quanto ao uso de drogas me parecia covarde e desonroso. Por que devo ser obrigado a ocultar uma atividade de que gosto, ainda mais quando ela não afeta negativamente outras pessoas? Não sou criança nem serei tratado como uma. Vivendo na sociedade americana, onde os homens negros são muitas vezes relegados à condição infantil devido ao racismo, é bem difícil aguentar a sensação de ser tratado como criança em outro domínio. Assim, ficarei para sempre fora do armário.

3. Para além dos danos causados pela redução de danos

> O caminho do inferno está pavimentado de boas intenções.
> PROVÉRBIO INGLÊS

"JESUS AMA CADA UM DE VOCÊS", dizia a faixa puxada pelo avião que circulava acima de nós numa triste tarde de domingo, enquanto eu me encontrava no meio do Heaton Park de Manchester absorvendo as vistas e sons do Parklife Festival de 2018. O Parklife, como tantos outros festivais, acontece durante vários dias do verão, nos quais jovens abastados comungam, ouvem música, dançam e em geral se divertem. Alguns até tomam drogas recreativas na esperança de realçar a experiência.

Embora não seja particularmente religioso hoje em dia, passei muitos domingos durante a minha juventude numa conservadora igreja da Convenção Batista do Sul, na Flórida. Fui completamente doutrinado pela crença de que Jesus tinha um interesse todo especial em cuidar dos mais pobres entre nós, e fui ensinado a fazer o mesmo. A faixa do avião me lembrou dessa responsabilidade. Eu gostaria de saber se o seu patrocinador endossaria a ideia de que cuidar um do outro abrange o uso de nossos conhecimentos, habilidades e plataformas para ajudar a manter as pessoas seguras e saudáveis, mesmo que usem drogas.

Eu havia sido convidado para participar do Parklife por uma organização britânica — The Loop — que tentava, à sua maneira secular, estar à altura desses ideais. O Loop oferece serviços de redução de danos a usuários de drogas. Em termos simples, as estratégias de *redução de danos* buscam diminuir as consequências negativas associadas ao uso de drogas. Fornecer agulhas e seringas limpas a usuários de heroína intravenosa é um exemplo de redução de danos, pois isso diminui as chances de essa pessoa contrair uma infecção transmitida pelo sangue ao compartilhar instrumentos contaminados. Instruir um frequentador do festival a beber bastante líquido, para ficar bem hidratado, caso tome uma droga diurética, como MDMA ou metanfetamina, é outro exemplo.

Fora do mundo das drogas, cada um de nós, diariamente, toma medidas para prevenir doenças e melhorar nossa saúde e proteção. Escovamos os dentes, usamos cintos de segurança, usamos preservativos, fazemos exercícios. Não chamamos isso de redução de danos, mas de bom senso, prevenção, educação ou qualquer outro nome neutro. O ponto é que a expressão "redução de danos" é usada quase exclusivamente em conexão com o uso de drogas e tem conotações negativas. Com frequência, evoca a imagem de um indivíduo drogado e agressivo preso pelo uso de alguma substância, ou qualquer outra imagem desfavorável que represente um usuário de drogas que precisa ser salvo. Além disso, a expressão implica que os serviços (por exemplo, educação) voltados para os usuários de drogas devem se concentrar sobretudo nos possíveis danos causados por esse uso e nas estratégias para reduzi-los. Em suma, ela ofusca o fato de que a maioria das pessoas consome drogas para realçar experiências e provocar euforia — por prazer.

É preciso acabar com a "redução de danos"

Percorri o parque a fim de dar uma olhada na alegre multidão de jovens festeiros. Um som que lembrava música gospel, dominado por um órgão, tocava ao fundo. Era um som familiar. Eu não sabia dizer o que era; tampouco conseguia ignorá-lo. Minha atenção, no entanto, era solicitada por um dos voluntários do Loop. Entusiasmado, esse cara gentil me contava sobre os serviços de redução de danos que eles estavam oferecendo. O enorme bigode em forma de guidom e o cabelo escovinha me faziam pensar em soldados confederados, bandeiras, monumentos, o pacote completo. Para um negro do Sul dos Estados Unidos, não era uma boa primeira impressão. Mas eu sabia que esse problema era *meu*, não dele, então fiz o melhor que pude para me concentrar em alguma coisa que não fosse seus pelos faciais. Dei uma olhada no que ele estava vestindo. Eram roupas e acessórios informais — óculos de grau de aro vermelho, camiseta *tie-dye* e bermuda cargo —, que não pareciam combinar com seu corte de cabelo. Numa tentativa de retribuir a gentileza e o respeito que ele me mostrava, procurei ouvir com mais atenção.

Mas isso acabou se revelando difícil, porque uma gravação do clássico de 1972 de Al Green, "Love and Happiness", tocava a todo o volume. "Something that can make you do wrong, make you do right",[*] cantava Green com profunda tristeza, combinada com o arrebatamento digno de um verdadeiro crente. Sua abordagem brilhante da angústia e alegria que podem resultar de uma paixão me atingiu como uma anfetamina.

---

[*] "Algo que pode fazer você errar faz você acertar." (N. T.)

Refleti sobre a ideia de redução de danos. Ela não capta a complexidade associada a atividades de adultos, como amor, guerra ou uso de drogas. Em vez disso, nos preocupa com os danos relacionados às drogas. E a conexão entre danos e uso de drogas é reforçada repetidamente através da nossa fala. Essa conexão, por sua vez, restringe nossas associações, conversas, sentimentos, memórias e percepções sobre as drogas e aqueles que delas compartilham. Talvez ainda pior, relega os usuários a um status inferior. Com certeza, só um indivíduo de mente fraca se entregaria a uma atividade que sempre produz resultados prejudiciais, como a expressão implica.

Naquele momento, ouvindo Al Green dar seu testemunho ao lado de meu anfitrião bigodudo, tive certeza de que a expressão "redução de danos" precisava desaparecer. Ela já tinha dado o que tinha que dar. Precisávamos de um novo termo, uma nova linguagem, porque a linguagem que usamos molda a maneira como pensamos e nos comportamos. Precisamos pensar nas drogas e nos comportar de uma forma menos simplista. Precisamos parar de falar besteira e de fingir que elas levam inevitavelmente — e só — a resultados indesejados.

Ponderei a questão de qual termo ou expressão usaria como alternativa. Eu não fazia ideia. Mas sabia que essa nova expressão tinha de ser multifacetada, flexível o bastante para incluir uma miríade de efeitos das drogas, fossem bons, ruins ou indiferentes. E, como "Love and Happiness" ("Amor e felicidade"), tinha de captar conceitos complexos e até conflitantes. "Saúde e felicidade" me veio à cabeça. Gostei. Parecia "amor e felicidade", mas incluía a importante palavra "saúde", então poderia ser amplamente aplicada a outras atividades em que nos envolvemos.

Por exemplo: viajar de carro apresenta riscos potenciais para a saúde da pessoa, mas também benefícios em potencial que afetam a sua felicidade. Usar o cinto de segurança, substituir pneus antes que fiquem desgastados e assegurar-se de que freios e limpadores de para-brisa funcionam corretamente, todas essas coisas poderiam ser conceitualizadas como estratégias de "saúde e felicidade". Assim como ter pelo menos oito horas de sono após um período de uso intenso de estimulantes.

Além disso, a expressão "saúde e felicidade" me lembrava dos ideais nobres estabelecidos em nossa Declaração de Independência. Os signatários declararam inequivocamente que temos o *direito inalienável* de *vida, liberdade e busca da felicidade*. A questão é a seguinte: milhões de americanos, inclusive eu, descobriram que certas drogas facilitam nossa capacidade de atingir esse objetivo, mesmo que apenas temporariamente.

Reconheço que não tenho autoridade para cunhar uma expressão para um campo inteiro, ainda mais um que inclui uma série de especialistas que já vêm realizando esse trabalho há muito tempo, muito antes de eu saber que ele existia. Esse não é o meu objetivo. Francamente, acho que não precisa haver um termo específico para redução de danos. Já temos esses termos: "bom senso", "prevenção", "educação" e coisas do gênero. Não ligo muito para qual deles é usado, desde que não inclua o uso de drogas numa categoria exclusivamente prejudicial e reconheça as características positivas da experiência.

A crise dos opioides: uma crise de coleta de dados e relatórios

Infelizmente, a simples substituição da expressão "redução de danos" não terá muito impacto no combate às manchetes sensacionalistas dos meios de comunicação, que com demasiada frequência dão a impressão de que a morte é o único resultado associado ao consumo de drogas. A cobertura em tom alarmista da chamada crise dos opioides é um exemplo claro. Eis o título de um artigo típico sobre o assunto: ONU: OPIOIDES RESPONSÁVEIS POR DOIS TERÇOS DAS MORTES GLOBAIS POR DROGAS EM 2017.[1] Sério? Eu duvido. Não estou sugerindo que não ocorram overdoses fatais de drogas: elas acontecem. Também não estou sugerindo que nós, enquanto sociedade, não devamos nos preocupar com esses casos: devemos. O que eu quero dizer é que as evidências para essa afirmação são fracas, na melhor das hipóteses. Os eventos que levam a mortes relacionadas a drogas são, em geral, muito mais ambíguos e complexos do que se imagina.

Nos Estados Unidos, os Centros de Controle e Prevenção de Doenças (Centers for Disease Control and Prevention, CDC) coletam os dados de mortalidade dos atestados de óbito, que contêm a causa da morte. Esses certificados são preenchidos por milhares de pessoas diferentes em todo o país. Cada estado determina seus próprios padrões e requisitos para os indivíduos que realizam investigações sobre mortes. Assim, esses investigadores variam muito em termos de formação e experiência. Alguns são médicos-legistas e outros apenas *coroners*. Os médicos-legistas são formados em medicina e possuem especialização em patologia forense, enquanto os *coroners* não precisam ter formação médica (exceto nos estados do Arkansas, Kansas, Minnesota e Ohio). Normalmente, os médicos-legistas são nomeados por um médico-chefe; os *coroners* são eleitos pelo público votante. Por incrível que pareça, qualquer eleitor elegível pode se tornar *coroner*, independente de seu conhecimento — ou falta dele — de questões relacionadas à investigação de morte. Ainda mais absurdo é que a maioria das regiões dos Estados Unidos conta com *coroners*.* Como se pode imaginar, esses diferentes padrões podem produzir variações consideráveis na coleta e no relato de dados de causas de morte, inclusive overdose.

Acrescente-se a esse flagrante defeito sistêmico a variedade de circunstâncias que envolvem mortes relacionadas a drogas. Na maioria dos casos, encontra-se mais de uma substância no corpo do morto e, em geral, a concentração dessas drogas não é determinada. Portanto, é difícil, se não impossível, atribuir a morte a uma única droga, porque não podemos saber quais, se é que alguma delas, alcançaram um nível de concentração no sangue que por si só seria fatal. Sempre que autoridades ou repórteres dizem que determinada droga causou uma morte, devemos nos perguntar sobre a concentração da droga no corpo e se outras substâncias estavam envolvidas. Um aspecto relacionado a overdoses fatais que envolvem múltiplas substâncias é que as mortes podem ser contadas mais de uma vez. Se o corpo contiver três drogas, por exemplo, é possível que três overdoses diferentes sejam registradas. Obviamente, essa matemática "alternativa" exagera o número de mortes por overdose e impede que o público obtenha uma imagem precisa do problema.

Um relatório recente publicado na revista *Science* revelou ainda mais problemas no atual sistema de rastreamento de overdoses fatais.[2] Em cerca de um quarto dessas mortes, ne-

---

* Para uma lista detalhada por estado, ver <https://www.cdc.gov/phlp/publications/topic/coroner.html>.

nhuma droga foi listada no atestado de óbito. Uma razão para isso é que algumas jurisdições não testam, ou não testam consistentemente, a presença de drogas no corpo de indivíduos mortos. Algumas podem testar a presença de um determinado grupo de drogas, mas não de outras. Além disso, a decisão dos investigadores de testar certas drogas ou atribuir a causa da morte de uma pessoa a uma classe específica de substâncias é provavelmente influenciada por reportagens sobre a droga da moda e por crenças subjetivas sobre quais drogas são mais perigosas. Esses problemas podem ser agravados pelo fato de os investigadores não serem treinados para determinar a intenção por trás das mortes. Nem sempre é fácil saber se uma morte foi acidental ou intencional, como no suicídio.

Por fim, uma das limitações mais importantes de muitas análises e relatórios recentes sobre mortes por overdose é que a presença concomitante de álcool é completamente ignorada.[3] Grandes doses de álcool podem por si sós causar depressão respiratória fatal, e, quando combinadas com opioides ou outros sedativos, doses consideravelmente menores podem se tornar letais.[4] Portanto, da próxima vez que você vir um gráfico ou relatório advertindo sobre o aumento dramático das mortes relacionadas aos opioides, lembre-se de que uma proporção considerável do suposto número de mortes pode se dever a variações na coleta de dados e nos relatórios, e não aos opioides em si.

O pavor do fentanil

As falhas no sistema atual de rastreamento de overdoses não receberam muita atenção da mídia. Essa é uma das razões pelas quais tem sido relativamente fácil assustar e enganar o público sobre a assim chamada epidemia de overdose de opioides. O foco recente culpa o fentanil por muitas dessas mortes. Uma série de manchetes alardeia: MÃE CHOCADA ENQUANTO FORÇA-TAREFA RECUPERA FENTANIL SUFICIENTE PARA MATAR 32 MIL PESSOAS;[5] MORTES RELACIONADAS COM FENTANIL CONTINUAM AUMENTANDO DE MANEIRA "ESPANTOSA" EM MARYLAND;[6] e MORTES POR OVERDOSE DE FENTANIL NOS ESTADOS UNIDOS DOBRAM A CADA ANO.[7]

Não devemos esquecer que o fentanil é um medicamento aprovado pela Food and Drug Administration (FDA) para uso no tratamento de dores graves, como a causada pelo câncer. Nos Estados Unidos, ele é utilizado para esse fim desde 1960. O fentanil é seguro e eficaz quando usado conforme a receita. Então, por que o pânico repentino a respeito de um medicamento que está no mercado há quase sessenta anos?

Como o fentanil é um opioide, ele pode produzir um efeito semelhante ao desse tipo de droga, daí sua atratividade para alguns usuários recreativos. De fato, muitos usuários de opioides adquirem intencionalmente fentanil e o utilizam há anos. O presidente filipino Rodrigo Duterte admitiu que consumia a droga para ficar chapado. Ele também atestou sem reservas seus efeitos agradáveis e supressores da ansiedade: "Você se sente nas nuvens, como se estivesse tudo bem com o mundo, como se não houvesse motivos para se preocupar".[8]

Por outro lado, o fentanil e seus análogos, como o carfentanil, são consideravelmente mais potentes do que a maioria dos opioides, inclusive a heroína, portanto requerem doses menores para produzir efeitos. Desde que o usuário esteja ciente disso, é uma característica benéfica: como são necessárias quantidades menores para produzir os efeitos desejados, é mais fácil levar a droga escondida. É igualmente importante enfatizar aqui que essa família de substâncias produz depressão respiratória e overdose fatal com muito mais facilidade do que a heroína.

As diferentes potências desses opioides se tornaram um importante objeto de preocupação, uma vez que eles são cada vez mais vendidos como heroína, misturados com heroína ou prensados em pílulas de opioides falsificados. Uma das principais razões para isso é uma prática sem escrúpulos de alguns fabricantes ilícitos de heroína. Esses indivíduos descobriram que podem economizar dinheiro e fazer render seu produto adicionando fentanil ou um análogo a seus lotes. Infelizmente, essa informação nem sempre é compartilhada com revendedores de nível inferior. Isso, é claro, pode ser problemático — até fatal — para usuários inocentes, que abusam um pouco da substância pensando que é só heroína. Mesmo assim, é importante lembrar que o problema não é o fentanil em si. O problema é a heroína contaminada com fentanil e os opioides falsificados contaminados com fentanil. O problema é a ignorância.

A Escócia e o Canadá estão enfrentando um problema semelhante. Nesses dois países, o número registrado de mortes associadas ao fentanil tem aumentado de maneira consistente nos últimos anos. Na Inglaterra, também existe a preocupação constante, mas não enfrentada, com o consumo de drogas contaminadas pelos jovens. O foco atual está nos comprimidos vendidos como ecstasy, que contêm uma quantidade extraordinariamente grande da substância, e nos que são adulterados com compostos desconhecidos potencialmente mais perigosos, ambos associados a mortes recentes. Nos dois casos, os usuários não têm informações vitais sobre o que estão consumindo. Mais uma vez, o problema, prontamente solucionável, é a ignorância.

Testagem de segurança de drogas

Uma solução prática é a ampla disponibilização de serviços de testagem de segurança. Funciona assim: amostras de drogas são enviadas para teste a fim de determinar seu conteúdo e a dose. Essas informações são então fornecidas aos usuários, para que possam decidir se devem ou não tomar uma determinada droga e em que quantidade. Esse enfoque sensato foi implementado em alguns países, como Áustria, Colômbia, Luxemburgo, Portugal, Espanha e Suíça.[9]

De forma surpreendente, no entanto, esses serviços não estão legalmente disponíveis na maioria dos países, inclusive nos Estados Unidos. De início, pensei que isso se devesse ao desconhecimento dessa tecnologia pelas autoridades de saúde. Mas eu estava errado.

Em maio de 2018, a comissária da Saúde da cidade de Baltimore, dra. Leana Wen, e eu participamos de uma discussão pública sobre a "crise dos opioides". De início, hesitei em participar, porque sabia que esse tipo de fórum muitas vezes acaba se transformando em uma ladainha de histórias sobre os horrores do uso de drogas. Mas esse parecia diferente. Ele aconteceu diante de uma plateia em San Francisco que não estava lá para ouvir a narrativa simplista do tipo "drogas são ruins" que costuma dominar essas discussões. Fiquei aliviado.

Além disso, a dra. Wen parecia afetuosa, séria e confiável. O título de comissária da Saúde caía-lhe perfeitamente. Ela recitou algumas estatísticas terríveis. Entre 2013 e 2017, o número anual de mortes por heroína contaminada com fentanil em Baltimore aumentara drasticamente de apenas doze para 573, um aumento de quase 5000% em quatro anos. Mas sua única proposta concreta de solução era aumentar a disponibilidade de naloxona, um antídoto para overdose de opioides. Sem dúvida, essa estratégia seria útil, mas por si só insuficiente e longe do ideal. A naloxona é potencialmente útil apenas se outra pessoa estiver presente, pois deve ser administrada logo após a overdose. Além disso, a estratégia lida com o problema só *depois* da ocorrência de uma overdose, em vez de procurar evitá-la.

Sendo assim, sugeri à dra. Wen que também implementasse serviços de testagem de segurança de drogas, pensando que essa informação seria nova e bem-vinda. Para minha surpresa, ela não respondeu. Perplexo, abordei-a mais tarde em particular sobre essa questão. Ela estava ciente da estratégia, mas sua resposta foi educadamente desdenhosa. Achei essa reação muito estranha, sobretudo diante de sua clara preocupação emocional com a saúde dos habitantes de Baltimore. Conforme prometido, enviei-lhe informações adicionais sobre esses serviços e como eles tornam o consumo de drogas menos perigoso.

Posteriormente, em várias ocasiões, vi a dra. Wen na mídia repetindo as mesmas estatísticas alarmantes sobre o número de pessoas que morrem por causa de drogas contaminadas. Em nenhum momento ela mencionou a testagem de segurança como um possível remédio. Ao relembrar minhas conversas com ela, refleti sobre as perguntas que ela havia me feito; parecia que suas crenças eram moldadas pela noção equivocada de que o uso de qualquer substância ilícita constitui um vício. Essa perspectiva é ignorante. Ela pressupõe que todos os usuários de drogas precisam de tratamento. Fornecer naloxona é coerente com esse equívoco moralista, mas oferecer um serviço que diminui as chances de uma pessoa consumir drogas contaminadas não é.

Também não pude evitar a sensação de que a dra. Wen estava profundamente preocupada que a disponibilização de serviços de testagem de segurança de drogas pudesse ser percebida como um endosso ao uso de drogas. Dito sem rodeios, ela parecia muito mais preocupada em não parecer tolerante com o uso do que em salvar vidas. Esse pensamento me provocou náuseas.

Felizmente para o povo de Baltimore, a dra. Wen assumiu a presidência da Planned Parenthood em setembro de 2018.* Menos de um ano depois, foi demitida.[10] Quem me dera poder dizer que estou surpreso.

Infelizmente, muitas autoridades de saúde pública nos Estados Unidos compartilham as opiniões da dra. Wen sobre o uso de drogas. É por isso que os serviços de testagem são praticamente inexistentes aqui.

Alguns países proibiram as testagens para uso geral, mas fizeram uma exceção a essa restrição, permitindo que os serviços sejam oferecidos em alguns festivais e casas noturnas. Na minha opinião, é óbvio que eles deveriam estar disponíveis

---

* A Planned Parenthood é uma organização sem fins lucrativos que oferece serviços de saúde como teste e tratamento de doenças sexualmente transmissíveis, controle de natalidade, exames ginecológicos, rastreamento e prevenção do câncer, aborto, terapia hormonal, tratamento de infertilidade e clínica geral. (N. E.)

também em outros lugares, porque onde eles estão há menos mortes relacionadas ao consumo de drogas. Deveríamos nos preocupar o suficiente com o valor da vida humana para torná-los universais, gratuitos e anônimos. De qualquer forma, seria uma negligência não parabenizar os países que adotam esse enfoque, porque, no mínimo, ele é mais maduro e razoável do que a atitude estupidamente restritiva adotada nos Estados Unidos. A abordagem de testagens parciais reconhece o que todos sabemos — o uso de drogas é comum em festivais e baladas — e dá um passo proativo em direção à promoção da saúde e da felicidade.

No Reino Unido, o Loop oferece serviços de testagem de segurança de drogas sob essas condições limitadas. No Parklife, presenciei em primeira mão como eles funcionam e seu valor. Ao longo do festival, vi os voluntários do Loop testarem centenas de comprimidos e pacientemente fornecerem resultados, instruções e informações de segurança para médicos, policiais e soldados da brigada de incêndio.

Como eu esperava, uma porcentagem extremamente baixa de participantes do Parklife sofreu efeitos negativos das drogas. Isso condiz com as evidências de que a maior parte do consumo ocorre sem problemas. Mesmo assim, como os mercados de drogas ilícitas não são regulamentados, a qualidade das substâncias adquiridas varia muito, e às vezes leva a reações desfavoráveis.

Observei uma dessas reações no festival quando uma jovem foi levada para a tenda médica por ter ficado excessivamente ansiosa depois de tomar um comprimido do que disse ser 2C-B, um psicodélico relativamente leve. O médico que a atendeu nunca tinha ouvido falar da droga e não sabia muito bem como proceder. Ele levou os comprimidos que ela ainda tinha ao laboratório móvel do Loop para serem testados e perguntou sobre a droga e seus efeitos. Graças ao conselho de um químico experiente, o médico conseguiu estabelecer a melhor linha de ação para tratar a jovem.

Outros voluntários divulgaram os resultados dos testes em postagens nas redes sociais e colocando panfletos em espaços públicos do Parklife. Cada postagem apresentava o conteúdo do comprimido e exibia com destaque a quantidade aproximada da(s) droga(s) detectada(s). Uma foto do comprimido também era incluída, com uma visão clara de sua cor, logotipo e tamanho.

Um comprimido azul, prensado com a imagem do personagem de quadrinhos Punisher, um justiceiro homicida, era bastante popular no Parklife. Ele era vendido como ecstasy e seu conteúdo não decepcionava. Continha cerca de 250 mg da droga. Isso é muito mais do que o dobro da dose típica (por volta de 100 mg) necessária para produzir a experiência agradável que as pessoas buscam no MDMA. Em consequência, o Loop divulgou informações sobre o Punisher que destacavam a dose incomum da pílula e advertiam os usuários a ficarem particularmente atentos à quantidade ingerida.

Gil Scott-Heron

"But I'm new here..."* tocava nos meus fones de ouvido enquanto eu estava na fila para comprar pizza. Centenas de parti-

---

* "Mas sou novo aqui..." (N. T.)

cipantes despreocupados do festival zanzavam por ali. Alguns até davam uma olhada no folheto sobre os comprimidos do Punisher atrás do balcão e pareciam falar a respeito. Eu não conseguia ouvir o que estava sendo dito porque a voz em meus fones de ouvido, rouca, desgastada pelo tempo e pela idade, perguntava: "Will you show me around?".* Eu estava ouvindo "I'm New Here", a canção de Gil Scott-Heron.

Em 1985, descobri o fulgor de Scott-Heron quando era um soldado americano jovem e ignorante estacionado em Okinawa, no Japão. Comprei todos os álbuns dele e os estudei como textos sagrados. Canções como "Angola, Louisiana" descreviam a gélida brutalidade praticada pelo sistema de justiça criminal dos Estados Unidos contra os negros, até mesmo crianças. "Johannesburg" abriu meus olhos para a insensível crueldade praticada pelas autoridades sul-africanas do apartheid contra sua população negra. Através da música de Scott-Heron, aprendi que vidas negras importavam muito antes de o slogan virar moda. Através de sua música, comecei meu processo de aprender a pensar. Ele foi uma das pessoas que me mostraram o lugar.

Anos depois, fiquei sabendo de seu uso de drogas e da humilhação pública que ele sofreu por causa disso. Os relatos da mídia sobre o assunto eram consistentemente desfavoráveis e críticos. Nunca deixavam de mencionar suas duas condenações por posse de cocaína ou a ocasião em que um juiz moralista e espalhafatoso lhe apresentou uma pseudoescolha entre prisão e tratamento. Até sua morte, em maio de 2011, Scott-Heron permaneceu firme em sua inflexível negação de ter tido alguma vez problema com drogas.

---

* "Você vai me mostrar o lugar?" (N. T.)

Em 2010, fui convidado para a festa de lançamento em Nova York de seu novo álbum, *I'm New Here*, mas não pude ir porque estava em San Francisco participando de um comitê de revisão de bolsas dos National Institutes of Health (NIH). Até hoje me arrependo de não ter ido a essa festa. A equipe de produção de Scott-Heron me enviou um exemplar do novo álbum. Cada vez que ouço a música "I'm New Here" e o ouço perguntando "Will you show me around?", lamento não ter usado meu conhecimento de farmacologia para lhe dar uma fração do que ele me deu.

Não digo isso para me fazer de importante. É que a canção me obriga a pensar em minha responsabilidade de mostrar o caminho aos outros: oferecer aos usuários de drogas algumas lições importantes para facilitar sua saúde e felicidade. Se eu tivesse que resumi-las em poucas dicas, elas abordariam quatro tópicos: *dose, via de administração, set* e *setting*.[11]

Dose

Com dose quero dizer simplesmente a quantidade de droga ingerida. Talvez esse seja o fator mais crucial na determinação dos efeitos produzidos. É a *dose* de fentanil que determina se uma pessoa sentirá serenidade ou terá uma depressão respiratória fatal. Em geral, doses maiores aumentam a probabilidade de efeitos prejudiciais. É um dos princípios mais básicos da farmacologia.

Uma questão relacionada a isso é a potência — a quantidade de droga necessária para produzir determinado efeito. Quanto menor a quantidade necessária para causar a reação, mais potente é a droga. Tenho certeza de que você já ouviu dizer que a maconha disponível hoje é "dez vezes" mais potente do que a da década de 1960. A mensagem política é que a erva dos anos 1960 podia ser relativamente inofensiva, mas a de hoje é perigosa. Isso é uma simplificação excessiva. Se considerarmos apenas a maconha disponível para fumar nos Estados Unidos, a potência varia muito, de um produto de baixa qualidade com menos de 1% de THC a uma *sinsemilla* de alta qualidade com 11% ou mais de THC. A faixa usual de potência da maconha parece ser de 3% a 6%.

É igualmente importante saber que todas essas preparações tradicionais são conhecidas, e que há 150 anos descrições científicas, literárias e médicas do amplo espectro de efeitos se baseiam em toda essa gama de potências. É verdade, no entanto, que os produtores de maconha dos Estados Unidos estão se tornando mais sofisticados e produzindo mais *sinsemilla* — isto é, porcentagens mais altas de THC.

A conclusão é que o consumo de grandes quantidades de cigarros com alta porcentagem de THC, sobretudo por usuários inexperientes, pode levar a efeitos mais negativos da droga, como ansiedade, paranoia ou pressão arterial perigosamente baixa. Mas a maioria das pessoas, inclusive eu, tende a diminuir a quantidade de droga inalada ao fumar produtos com alta concentração de THC, porque menos inalações são necessárias para produzir os efeitos desejados, da mesma forma que, em uma noitada, é provável que você beba mais cerveja (teor alcoólico de 5%) do que vodca (teor alcoólico de 40%). Eu não diria que a vodca é mais perigosa que a cerveja; simplesmente me certificaria de que as pessoas entendessem as diferenças entre as bebidas em termos de dose. Dose é tudo.

Via de administração

O conceito de dose não é difícil de entender. Menos conhecida é a noção de que uma droga deve chegar primeiro ao cérebro para que possa mudar seu humor ou comportamento. Obviamente, não podemos enfiar uma droga direto em nossos cérebros. Ela precisa ser transportada pelo sangue para a cabeça. Isso me leva a outro princípio básico importante: quanto mais rápido uma droga entra no cérebro, mais imediatos e intensos serão seus efeitos.

Não se pode entender completamente os efeitos de uma droga sem considerar como ela é tomada — ou, na linguagem da farmacologia, a "via de administração". É ela que determina a velocidade com que a substância atinge o cérebro e, portanto, a rapidez e a intensidade de seus efeitos.

A heroína, como a maioria das drogas, pode ser tomada de várias maneiras. Quando usada na medicina para controlar a dor, é geralmente ingerida por via oral, na forma de comprimidos de uma substância chamada hidrocloridrato de diamorfina. Engolir uma droga é conveniente; pode ser feito de maneira discreta e não é preciso nenhum equipamento especial de injeção. Essa via também tende a ser mais segura, porque, no caso de uma overdose, o estômago pode ser esvaziado — o que não é possível quando se cheira, fuma ou injeta. Mas uma desvantagem potencial da via oral é que o efeito chega mais devagar e sua intensidade pode variar mais do que por outras vias.

Uma vez no estômago, a heroína é dissolvida e levada para o intestino delgado, onde será absorvida pela corrente sanguínea. Se você tiver feito uma refeição grande logo antes de tomar uma dose oral de heroína, ela atrasará a absorção e o início dos efeitos da droga. Engolir um comprimido de heroína com o estômago vazio acelera a absorção e produz efeitos mais rápidos. Você provavelmente já experimentou esse fenômeno com o álcool. A maioria das pessoas já teve essa experiência. Depois que a heroína entra na corrente sanguínea, ela precisa atravessar o fígado antes de atingir o cérebro. Uma das muitas funções vitais do fígado é decompor as substâncias químicas para torná-las menos prejudiciais ao organismo, no processo conhecido como metabolismo. Nosso fígado contém proteínas que metabolizam drogas, inclusive a heroína. Isso significa que, mesmo antes que uma dose de heroína administrada por via oral chegue ao cérebro, parte dela se perderá devido ao metabolismo. Esse fenômeno é chamado de metabolismo *de primeira passagem* e pode reduzir acentuadamente o impacto das drogas ingeridas por via oral.

Por esses motivos, alguns usuários experientes, que buscam experiências intensas, preferem tomá-las por outras vias. Cheirar pó de heroína, por exemplo, contorna o fígado; os vasos sanguíneos que revestem o nariz levam a substância diretamente ao cérebro. Dentro de alguns minutos, sentem-se os efeitos de uma carreira aspirada. Em comparação, podem ser necessários até 45 minutos para sentir o efeito de um comprimido de heroína.

Quando injetada por via intravenosa ou fumada, a heroína chega ao cérebro ainda mais rápido. Uma vez injetada, ela passa pelo coração e chega imediatamente ao cérebro. O início dos efeitos que alteram o humor é sentido em segundos. Mas injetar heroína, ou qualquer outra droga, tem suas desvantagens. O uso de seringas contaminadas pode aumentar as chances de infecção por HIV ou outras doenças transmitidas pelo sangue. Além disso, quem injeta pode ser mais suscetível a overdoses.

Fumar heroína contorna as armadilhas potenciais de injetar, e a leva ao cérebro com a mesma rapidez. Essa via aproveita a grande superfície dos pulmões, que possui muitos vasos sanguíneos, para mover a droga depressa do sangue para o cérebro, pulando o fígado.

Levando em conta os benefícios e as limitações associados a cada uma dessas vias, sugiro fortemente que os novatos evitem a intravenosa. Caso se busque um início rápido dos efeitos da droga, esse objetivo poderá ser facilmente alcançado cheirando ou fumando, sem exposição aos riscos associados à injeção. Contudo, estou ciente de que muitas pessoas continuam a se injetar, apesar de conhecerem os riscos e as alternativas. Para alguns, a identidade de usuário de drogas injetáveis capta a imagem pública que eles gostariam de projetar. Ela os diferencia de outros usuários, delineia os limites de quem está deprimido e quem não está. Para outros, a injeção pode ser um hábito de anos ou décadas, com o qual apenas se sentem mais confortáveis. Alguns dos que se injetam descobriram a maneira mais segura de fazê-lo, sob condições sanitárias adequadas, e fizeram isso sem estrago por anos.

Set e *setting*

Uma das perguntas mais frequentes que me fazem é por que as experiências das pessoas diferem se elas tomaram a mesma droga, na mesma dose e pela mesma via. A resposta curta é que os efeitos das drogas não são determinados apenas pela farmacologia. Características individuais, assim como o ambiente físico e social em que o uso ocorre, podem influenciar bastante.

O ESTADO MENTAL, OU SET, diz respeito às características individuais da pessoa que tomou a droga. Esse fator abrange tudo, desde o estado de espírito e a fisiologia do indivíduo até suas noções preconcebidas sobre a substância e os efeitos que espera sentir ao tomá-la. Os efeitos das drogas podem, por exemplo, diferir bastante entre pessoas fisicamente aptas, bem descansadas e bem nutridas e pessoas que não apresentam nenhuma dessas características. A cocaína é conhecida por seus efeitos realçadores do prazer, mas pode também perturbar o sono e o apetite, afetando negativamente o estado de espírito. Você pode aumentar bastante as chances de experimentar sobretudo os efeitos agradáveis da cocaína (e de outras drogas) se se exercitar, se alimentar de forma nutritiva e dormir o suficiente. Cuidar de maneira adequada de si mesmo contribui para efeitos mais agradáveis das drogas.

A tolerância é outro aspecto importante relacionado ao conceito de *set*. Nada mais é que a redução da eficácia de uma droga depois de se tomá-la repetidas vezes. Uma dose de 50 mg de heroína ingerida por um usuário habitual, por exemplo, não produzirá o mesmo nível de efeito experimentado na primeira vez que a pessoa tomou essa dose. A onda será consideravelmente reduzida, o que significa que o indivíduo talvez precise de uma dose maior para obter o efeito desejado. Por favor, não confunda tolerância com o mito popular de que nunca é possível repetir a primeira experiência. Isso simplesmente não é verdade. A tolerância, no entanto, pode proteger. Um usuário de heroína que desenvolveu tolerância tem menos probabilidade de morrer de overdose do que um usuário não tolerante.

O AMBIENTE FÍSICO E SOCIAL, OU SETTING, em que o uso de drogas ocorre também pode influenciar a experiência. Espera-se que haja consumo de drogas em festivais, e, portanto, organizadores cuidadosos asseguram que informações e assistência médica estejam disponíveis para o público. Esses serviços ajudam a tornar o ambiente mais convidativo e enriquecedor para as pessoas que usam drogas. Não é difícil ver como esse ambiente pode levar a uma experiência mais agradável do que um ambiente desprovido desse apoio.

Usuários de drogas à margem

O tempo que passei no Parklife me fez pensar nos usuários que não têm acesso a esses serviços e instruções. A quantidade de dinheiro necessária para ir a um festival, sobretudo quando se incluem os custos de ingresso, viagem e alimentação, é proibitiva para a maioria. Logo, não surpreende que as taxas mais altas de mortalidade por drogas nos Estados Unidos sejam vistas em regiões como Appalachia e Oklahoma, que apresentam índices mais baixos de conclusão dos estudos universitários e maior pobreza.[12] As manchetes chamativas que afirmam que os opioides (ou qualquer outra droga) estão matando as pessoas estão erradas. A ignorância e a pobreza é que matam, como fazem há séculos.

Nas semanas anteriores ao Parklife, passei um tempo em Belfast com meus queridos amigos Buff e Chris. Eu os visitei para saber mais sobre o trabalho deles. Na maioria das noites, junto com sua equipe de assistentes sociais, eles podem ser encontrados andando pelas ruas da cidade, oferecendo de tudo aos usuários de drogas vulneráveis, desde um ouvido compreensivo até educação sobre drogas e agulhas e seringas limpas. Logo percebi como a abordagem deles poderia ser útil a pessoas que vivem em regiões dos Estados Unidos com instabilidade habitacional e altas taxas de desemprego.

Buff e Chris formam uma dupla improvável. Eles foram criados em lados opostos da divisão sectária que fende a Irlanda do Norte até hoje. Buff é solteiro e não tem filhos. Forte, com quase um metro e noventa de altura, cabelo escovinha e um jeito silencioso, cauteloso, ele a princípio pode parecer intimidador, especialmente para estranhos. Mas é uma das criaturas mais gentis que conheço. Chris é casado e tem filhos; além disso, é mais baixo e mais magro que Buff. Seus cabelos loiros, olhos azuis, sorriso fácil e rosto juvenil lhe conferem uma aparência cordial. O que une os dois é a crença inabalável de que o uso de drogas por adultos deve ser um direito protegido, qualquer que seja a sua posição na vida. Testemunhei isso naquela noite fria de fevereiro, quando os acompanhei enquanto faziam suas rondas pelas ruas. Nessa ocasião, sem hesitar, Katy, uma assistente social da equipe com menos de um metro e meio de altura, entrou num beco escuro e falou gentilmente com um homem alto e magro, vestido com uma camisa que não lhe servia e calças gastas e sujas. Depois de alguns minutos, ela voltou e me explicou que, como não têm moradia estável, muitas das pessoas que eles atendem se injetam em qualquer lugar isolado que encontrem, por mais insalubre que seja, como becos e banheiros públicos. É óbvio que esse comportamento aumenta o risco de overdoses, bem como de infecções e abscessos. Nesse caso em particular, ela queria garantir que o sujeito tivesse pelo menos uma agulha e uma seringa limpas.

Além de fornecer instrumentos limpos e naloxona aos usuários, a equipe de Belfast vem fazendo lobby na cidade para disponibilizar locais supervisionados de consumo de drogas. Esses lugares costumam ser projetados para receber usuários que podem não estar bem conectados a outros serviços de saúde. Muitos veem essas instalações como parte de um continuum de atendimento a pessoas com vícios, doenças mentais, HIV/aids e hepatite. Nesses locais, os usuários podem consumir sua substância de escolha sob supervisão médica, embora essa supervisão não seja autoritária ou invasiva. No entanto, ela pode ser crucial no caso de haver uma overdose, o que às vezes acontece. Os usuários desses locais também recebem kits de drogas limpos, como agulhas, seringas e cachimbos. As instalações de consumo supervisionado ainda não estão disponíveis em Belfast, mas existem em um número cada vez maior de países, como o Canadá e a Suíça.[13]

No PARKLIFE, refleti sobre a diferença gritante entre o ambiente em que os usuários de Belfast tomavam suas drogas e aquele em que os frequentadores do festival as usavam.

Eu estava mais convencido do que nunca de que a disponibilidade dos serviços de testagem de segurança de drogas deveria ser mais ampla. Não seria ótimo se pudéssemos oferecer os mesmos serviços para comunidades de todo o mundo e dar a todos os usuários a oportunidade de testar suas drogas para garantir sua segurança? Haveria uma redução drástica das mortes por drogas contaminadas.

As desvantagens da testagem de segurança de drogas comprometida

Tenho duas ressalvas importantes ao tipo de testagem de segurança de drogas que é permitida no Reino Unido. Em primeiro lugar, as únicas amostras testadas são de drogas jogadas pelos frequentadores num "cesto de anistia" antes de entrarem num festival e de substâncias confiscadas pela polícia ou por médicos. Em outras palavras, os participantes dos festivais não têm permissão para entregar amostras diretamente ao Loop, e a maioria deles não se beneficia da disponibilidade desse tipo limitado de testagem. No entanto, os resultados dos testes feitos com as drogas entregues ou confiscadas são divulgados nas redes sociais e em folhetos espalhados pelo festival. Assim, em teoria é possível que os frequentadores obtenham informações sobre o que possuem se, por exemplo, seus comprimidos forem idênticos (mesmo logotipo, tamanho e cor) aos que foram entregues e tiveram seus resultados divulgados. Minha segunda preocupação com a testagem de segurança de drogas no Reino Unido é que ela é feita em colaboração com a polícia. Sem dúvida, isso diminui a disposição de muita gente de procurar os serviços prestados pelo Loop ou qualquer outro grupo desse tipo. Pense por um momento: se você estiver envolvido numa atividade ilegal (por exemplo, tomar MDMA), qual a probabilidade de procurar os serviços de uma equipe que trabalha com a polícia? Antes de responder, saiba como foi a minha interação inicial com a polícia do Parklife quando entrei no festival ao lado de colegas brancos do Loop.

De imediato, o treinador de cães da polícia apontou seu animal apenas na minha direção. O canino obedeceu e veio. Cheirou minha perna e logo foi embora. Aos olhos do policial, eu agora era suspeito. Isso significava que teria de passar por uma revista minuciosa para determinar se portava drogas. Depois de vários minutos de uma revista humilhante que exigiu que eu tirasse os sapatos e abrisse as pernas diante de um policial empunhando uma lanterna, fui liberado.

Fiquei puto. Estava claro para mim e para meus colegas do Loop que eu havia sido escolhido devido à minha aparência. Pensei comigo mesmo: "Esse idiota está me revistando atrás de drogas quando estou indo para um centro de testes que tem qualquer droga que eu deseje". Eu também sabia que a literatura sobre cães farejadores mostra de maneira clara que as dicas do treinador influenciam fortemente as ações do animal.[14] Se ele for racista, então adivinhe quem será mais frequentemente submetido a revistas minuciosas?

A questão é que as experiências agradáveis com o uso de drogas podem ser realçadas ou diminuídas a depender de vários fatores contextuais, como a dose tomada, o nível de tolerância do usuário e o ambiente em que o uso ocorre. Gostemos ou não, as drogas recreativas fazem parte da nossa sociedade, e devemos ter como missão usar esse conhecimento para apoiar a saúde e a felicidade daqueles que as utilizam. Uma parte dessa missão consiste em tentar mantê-los seguros, não os empurrar para as sombras e forçá-los a arriscar a vida quando há alternativas melhores.

4. A dependência de drogas não é uma doença cerebral

> É raro encontrarmos [pessoas] que se dedicam de bom grado ao pensamento sério e difícil. Existe uma busca quase universal por respostas fáceis e soluções precipitadas.
>
> MARTIN LUTHER KING

NÃO. NÃO ACREDITO que esse marmanjo acabou de dizer isso. Incrédulo, olhei para as costas do dr. Bob Smith enquanto ele se afastava rapidamente de mim. Na época, 2013, Bob era um cientista veterano do Nida, e estávamos a poucos segundos do início da reunião trienal do Conselho Consultivo Nacional sobre Abuso de Drogas.

Esse conselho de dezoito membros é composto de especialistas de áreas científicas relacionadas ao estudo de drogas psicoativas, além de alguns integrantes do público em geral. Em teoria, nossa função era aconselhar a diretora do Nida, a dra. Nora Volkow, em questões de direção de pesquisa e prioridades de financiamento. Na prática, carimbávamos os desejos de Nora, e todos sabiam disso.

Nora é uma consumada pesquisadora, com centenas de artigos científicos publicados em algumas das mais prestigiadas revistas da área. Ela talvez seja mais conhecida por sua feroz defesa do modelo de doença cerebral causada pela dependência de drogas e pela impaciência com quem discorda dela em assuntos relacionados a drogas e ao Nida. Muitos cientistas dedicados ao estudo das drogas, inclusive alguns no Nida, acreditam que ela exagera o impacto negativo que o uso recreativo de substâncias causa no cérebro, e que basicamente ignora quaisquer efeitos benéficos que ele possa ter. Mas não se atrevem a compartilhar esse ponto de vista, temendo repercussões que possam prejudicar, entre outras coisas, a obtenção de financiamento do instituto. Para deixar claro, o Nida financia quase 90% da pesquisa mundial focada nas drogas discutidas neste livro. Nora é uma pessoa influente e poderosa. Também é vista por alguns como tirânica.

As reuniões do conselho contavam com a presença de funcionários do Nida, como Bob. Eles enchiam a sala como adornos: estavam ali para parecer interessados, não para ser ouvidos, a menos que seus comentários corroborassem a posição de sua líder. Então, quando Bob me disse calmamente: "Gostei muito do seu artigo sobre a metanfetamina e o cérebro, mas não conte a ninguém, porque isso não é popular por aqui", entendi de onde vinha seu medo. De qualquer forma, fiquei chocado. Eu não conseguia compreender que um profissional em sua área tivesse tanto medo de que seus pontos de vista se tornassem conhecidos a ponto de pedir a um de seus colegas para não contar a ninguém. Aquele não era o comportamento de um adulto, ou, pelo menos, não o comportamento de um adulto digno do meu respeito. Era o comportamento de uma criança, e o comportamento esperado dos funcionários do Nida. Era como se Bob tivesse dito ou feito algo ofensivo, antiético ou ilegal, em vez de simplesmente expressar uma opinião sobre um artigo científico que tratava de um tema com o qual ele tinha alguma experiência.

O artigo ao qual Bob se referiu fora publicado havia pouco e era uma crítica das pesquisas que tiravam conclusões muito além dos dados coletados.[1] Uma parte perturbadoramente grande desses estudos concluía que os usuários de metanfetamina sofriam danos cerebrais, embora as evidências disso fossem fracas. Tirar conclusões a partir de poucos indícios é um pecado mortal na ciência. Em nosso artigo, apontamos esse e outros problemas em vários estudos de autoria de Nora e outros pesquisadores.

Antes da publicação do artigo, Nora e eu éramos bastante cordiais. Em 2007, ajudei a organizar e moderar uma série de debates sobre drogas em que ela falou a alunos do ensino médio sub-representados e seus pais. Suspeito que me pediram para participar de seu conselho consultivo em parte por causa de nossa relação. Embora não fôssemos amigos próximos, éramos definitivamente amistosos. Mas as opiniões expressas em meu artigo foram, sem dúvida, interpretadas como desleais. Não era exatamente como eu planejara iniciar meu mandato de três anos no conselho consultivo de Nora, mas isso acabou me dando uma visão em primeira mão de como é realizada a doutrinação científica.

Em suma, o ponto de vista de Nora — e, portanto, do Nida — é que o uso habitual de drogas recreativas danifica o cérebro. Assim, como um cientista responsável poderia argumentar o contrário, que dirá propor que o uso de drogas poderia ser benéfico? Neste capítulo, mostrarei como. Ao lançar um olhar crítico para além das belas imagens produzidas por aparelhos de tomografia e ressonância magnética, contestarei a noção de que o uso habitual e responsável de drogas causa danos cerebrais. As técnicas de imagem nos permitem ver o cérebro humano vivo enquanto uma pessoa está descansando ou engajada em atividades como a resolução de problemas complexos. Isso é bom — mas mesmo coisas boas têm seus limites. As imagens cerebrais se tornaram tão populares que é difícil encontrar um artigo sobre drogas que não as inclua. Muitos leigos — assim como alguns cientistas — acreditam que o uso dessas imagens aumenta a credibilidade da ciência e das descobertas. Não é verdade. Você verá que as imagens sedutoras que Nora e seus colegas costumam exibir para assustar o público raramente apresentam dados reais. E afirmações científicas disseminadas por figuras com aparência de autoridade que não apresentam dados não são ciência.

O principal desafio que minha explicação impõe para quem não tem formação em neurociência é o uso de termos técnicos da área. Fiz todo o possível para não empregar o jargão, mas alguns termos são absolutamente necessários. Se você não se deixar intimidar por isso, garanto que ninguém mais o enganará com imagens sedutoras que afirmam mostrar efeitos prejudiciais das drogas.

Na década de 1980, quando era estudante de ensino médio, eu acreditava que o uso recreativo de drogas causava danos inequívocos ao cérebro. Eu não precisava de imagens para me mostrar isso, porque sabia que as drogas produziam seus efeitos agindo sobre o cérebro. As drogas eram ruins, me diziam o tempo todo. Portanto, eram ruins para o cérebro. Naturalmente, nessa época da minha vida eu já havia fumado maconha uma vez ou outra. Imaginava que se não inalasse profundamente e minimizasse o número de vezes que fumava, não destruiria muitas células cerebrais.* Eu bebia álcool e fumava tabaco, mas não era esperto o suficiente para saber que essas atividades também significavam uso recreativo de drogas.

Eu via pessoalmente o que acreditava ser os horrores do consumo de drogas acontecendo ao meu redor, até mesmo na minha família. Meus primos Michael e Anthony, por exemplo, eram garotos gentis e dignos antes de começarem a fumar crack, ou assim eu pensava. Depois do crack, porém, haviam se tornado criminosos sem-teto e chegaram a roubar a própria mãe. "Não se deve brincar com essas drogas", lembro-me de minha mãe dizer. "Veja só como elas arruinaram seus primos." Tínhamos certeza de que as drogas haviam alterado o cérebro deles, levando-os a se comportar mal. Eles eram a vergonha da família, e as drogas eram as culpadas.

Ninguém parou para pensar no ambiente social em que Michael e Anthony viviam antes de começarem a fumar crack. Nenhum dos dois se saíra particularmente bem no ensino fundamental ou médio. Anthony acabou por abandonar a escola e foi submetido ao desemprego crônico num mercado de trabalho que costuma discriminar pessoas negras. Michael não se saiu muito melhor, saltando de um relacionamento pessoal e emprego sem sucesso para outro. Eles tampouco tiveram o benefício de deixar o bairro por um longo período de tempo, como fiz quando entrei para a força aérea — exceto quando foram presos. Os militares me proporcionaram um novo ambiente solidário, oportunidades para aprender novas habilidades e a experiência de sucesso em diversas áreas. Eu levaria décadas para entender o papel que os fatores sociais e

---

* As células do cérebro também são chamadas de neurônios.

ambientais desempenharam na vida dos meus primos e de outros indivíduos que rotulamos de "cracudos", ou algum outro termo depreciativo, e descartamos como irremediavelmente viciados em drogas.

Então, depois de servir quatro anos nas Forças Armadas e completar meus estudos de graduação, comecei a estudar neurociência porque achava que apenas o enfoque dessa disciplina poderia resolver o "problema das drogas". Estava claro para mim que a pobreza e o crime na comunidade de parcos recursos de onde eu vinha eram consequência direta do uso recreativo de drogas e do vício. Eu achava que, se pudesse impedir as pessoas de usá-las, principalmente consertando seus cérebros estragados, poderia acabar com a pobreza e o crime em minha comunidade.

Você conhece o ditado "Pouco conhecimento é uma coisa perigosa"? Eu era assim: tinha pouco conhecimento combinado com muita ignorância e autoconfiança — uma receita para o perigo. Na pós-graduação, eu havia aprendido um pouco de neuroanatomia, um pouco de neuroquímica e alguma coisa sobre como as drogas afetam o cérebro dos ratos. Tinha agora o que acreditava ser uma base científica para a minha visão de ensino médio de que "as drogas fazem mal ao cérebro" e pensava que era o máximo. Afinal, era capaz de articular os neurônios e partes específicas do cérebro em que as drogas agiam.

Por exemplo, o núcleo accumbens é uma estrutura localizada perto da frente e na base do cérebro. É rico no neurotransmissor* dopamina e tem sido associado à experiência do

---

* Sinal químico que permite a comunicação entre os neurônios. A dopamina é um dos muitos neurotransmissores.

prazer. A ideia excessivamente simplista é que quando uma pessoa experimenta prazer, inclusive com drogas recreativas, isso acontece porque os neurônios da dopamina no núcleo accumbens se tornaram ativos. A metanfetamina, por exemplo, provoca uma liberação de dopamina nessa região, e esse aumento está correlacionado com as sensações de prazer. Esse conhecimento básico, mas muito incompleto, me levara a concluir — e eu não estava sozinho — que devia haver diferenças cerebrais discerníveis e significativas, especialmente nessas áreas ricas em dopamina, entre aqueles que usam drogas e aqueles que não usam. Eu achava que essas diferenças deviam ser a causa da dependência e de outros problemas relacionados ao consumo de drogas.

Em 1997, essa posição foi defendida com eloquência pelo dr. Alan Leshner, então diretor do Nida, que publicou na revista *Science* um influente editorial intitulado "Addiction Is a Brain Disease, and It Matters".[2] Ele explicou "que a dependência está ligada a mudanças na estrutura e função do cérebro e é o que a torna, fundamentalmente, uma doença cerebral". O artigo do dr. Leshner consolidou minha lealdade àqueles que defendiam que "as drogas fazem mal ao cérebro". Eu era um verdadeiro crente, e o editorial dele era minha escritura sagrada.

Na mesma época, comecei o pós-doutorado na Universidade Yale, sob a orientação da dra. Elinore McCance-Katz. Hoje, Ellie é uma funcionária de alto escalão do governo que presta consultoria a Alex Azar, secretário de Saúde e Serviços Humanos, em assuntos relacionados à melhoria dos cuidados de saúde comportamental no país. Tínhamos inclinações políticas muito diferentes, mas eu considerava Ellie uma cientista criteriosa, que se importava profundamente com sua equipe. Por algum motivo, a televisão em nosso laboratório parecia estar sempre ligada no *Jerry Springer Show*, e depois que consumíamos nossa dose diária de adultérios, cadeiras arremessadas na sala, cabelos puxados, troca de sopapos e strip-teases, fazíamos ótima ciência.

Nossa pesquisa comparava os efeitos comportamentais e fisiológicos da cocaína intravenosa com os do cocaetileno intravenoso, uma droga formada no corpo quando se ingere ao mesmo tempo cocaína e álcool. Demos aos participantes da pesquisa duas doses diferentes de cocaína em dois dias separados, e fizemos o mesmo com o cocaetileno. Em outro dia, demos placebo (apenas solução salina). Em cada um desses cinco dias, medimos os efeitos da droga administrada na frequência cardíaca, na pressão arterial e no estado de espírito dos participantes para verificar se havia alguma diferença entre as drogas. Naquela época, muitos de nós pensavam que o cocaetileno era mais perigoso que a cocaína. Sem comprovação, dizia-se que ele aumentava drasticamente o risco de ataques cardíacos e derrames, devido à sua capacidade de elevar de maneira substancial a pressão sanguínea e os batimentos cardíacos.

Terminamos o estudo e publicamos nossas conclusões em 2000.[3] Eu estava errado: o cocaetileno produz menos efeitos nos indicadores cardiovasculares do que a cocaína, o que significa que provavelmente apresenta *menos* riscos de ataque cardíaco ou derrame. Não seria a última vez que eu estaria errado sobre uma questão relacionada às drogas. Mas isso marcou um momento importante na minha carreira científica, porque me obrigou a lidar com o fato de que algumas das minhas crenças profundamente enraizadas sobre as drogas estavam erradas.

Muitas dessas crenças não eram baseadas em provas, mas em relatos e conjecturas feitos por figuras de autoridade.

No estudo em questão, demos várias doses de cocaína e cocaetileno a dependentes de cocaína, e nenhum deles se comportou de maneira inadequada. Eles compareceram na hora marcada para as várias consultas e cumpriram nossas rígidas regras de participação. Embora seu comportamento tenha sido apropriado durante toda a pesquisa, ele contradizia minhas opiniões equivocadas sobre o que é um dependente e como a cocaína altera o comportamento de quem a consome. Eu pensava, erroneamente, que os participantes do estudo se atrasariam com frequência, perderiam compromissos, se comportariam mal, desconsiderariam os procedimentos do estudo e implorariam por mais cocaína. Cara, como eu era ignorante. Levaria quase uma década para eu superar os estereótipos negativos infundados e prejudiciais atribuídos aos usuários de drogas.

Para realizar esse tipo de pesquisa, o Nida fornece aos pesquisadores milhões de dólares dos contribuintes a cada ano. É justo perguntar: se a cocaína é tão neurotóxica,* por que permitiam que fosse dada às pessoas? Seria porque nossos participantes eram dependentes e seus cérebros já estavam tão danificados que qualquer dano adicional causado seria comparativamente desprezível? Será que os usuários de drogas estão tão arruinados que a sociedade não precisa se preocupar que eles sejam ainda mais prejudicados? Não sei dizer ao certo como o pessoal do Nida ou outros cientistas resolviam esse aparente dilema ético.

Suspeito, no entanto, que muitos reconhecessem que os perigos associados a essas drogas eram muito exagerados. Eu

---

* Que causa danos ou morte aos neurônios.

certamente penso assim, mas precisei de quase três décadas de estudo meticuloso para chegar a esse lugar. Também é importante saber que é difícil separar a política da ciência quando se lida com uma organização federal como o Nida. Até recentemente, a declaração de missão do instituto afirmava que seu objetivo "é levar a nação a aplicar o poder da ciência ao *abuso e à dependência de drogas*".[4] O abuso e a dependência constituem uma minoria dos muitos efeitos produzidos pelas drogas, mas essa declaração de missão parece dar ao Nida antolhos para ignorar quaisquer efeitos benéficos que elas possam ter, mesmo que representem a maioria de nossas descobertas.

Sem dúvida, alguns cientistas põem uma ênfase excessiva nos efeitos negativos das drogas de modo a exacerbar a importância de seus artigos para a saúde pública e aumentar o valor dos subsídios pedidos aos institutos nacionais de saúde. Quanto maior o problema percebido, mais impactante será a pesquisa. Outros cientistas podem caracterizar seu comportamento como um erro por excesso de cautela. Em outras palavras, é melhor destacar *quaisquer* perigos em potencial — mesmo os mais remotos — e minimizar os possíveis benefícios, inclusive os óbvios. O problema desse tipo de pensamento é que ele pressupõe equivocadamente que a atual apresentação desequilibrada e negativa dos efeitos das drogas no cérebro não impõe armadilhas graves. Não é bem assim. Jornalistas escrevem artigos de acordo com essas meias verdades. Se fizermos uma pesquisa rápida a respeito de artigos de jornal escritos sobre qualquer droga recreativa, veremos que quase todos se concentram em resultados negativos. Filmes e anúncios de utilidade pública empregam essas distorções em suas representações dos usuários de drogas. Por exemplo: numa campanha antidrogas popular nos Estados Unidos, está implícito que uma dose de metanfetamina é suficiente para causar danos irremediáveis ao cérebro. Que fique claro: a metanfetamina, como o Adderall, seu primo quase idêntico em termos de composição química, é um medicamento aprovado pela FDA para tratar o transtorno do déficit de atenção com hiperatividade (TDAH). A metanfetamina e o Adderall também são aprovados para o tratamento da obesidade e da narcolepsia, respectivamente.

A política de combate às drogas equivocada baseia-se frequentemente nesses exageros. Na década de 1980, o uso de crack e cocaína foi responsabilizado por tudo, desde violência extrema e altas taxas de desemprego até morte prematura e abandono de crianças. Ainda mais assustador, dizia-se que para se viciar em drogas bastava apenas uma dose, uma afirmação tão longe da verdade que chega a ser ridícula. Não existe droga que produza dependência depois de consumida apenas uma vez. Especialistas em drogas com inclinações para a neurociência se pronunciaram. A revista *Newsweek* (na edição de 16 de junho de 1986) citou o dr. Frank Gawin, professor de psiquiatria da Universidade Yale: "A melhor forma de reduzir a demanda seria Deus redesenhar o cérebro humano para mudar a maneira como a cocaína reage com certos neurônios".*

As observações "neurocientíficas" feitas sobre as drogas, sem fundamento em evidências, mostraram-se perniciosas: elas

---

* Um desdobramento irônico é que o dr. Gawin, agora aposentado, se tornou uma vítima da guerra às drogas. Nos últimos vinte anos, receitaram-lhe grandes doses de opioides para controlar a dor associada à doença de Lyme. Então, de repente, seu médico teve de reduzir a dose, devido às novas restrições impostas às receitas de opioides. O dr. Gawin reclamou numa entrevista recente: "Estou com dor [...]. Estou esgotado. Não sou eu mesmo".[5]

ajudaram a moldar um ambiente cujo objetivo injustificado e irreal era eliminar o uso de substâncias por cidadãos marginalizados, mesmo que isso significasse pisotear suas liberdades civis — mesmo que isso significasse aprovar leis absurdas. Em 1986, o Congresso americano aprovou uma legislação estabelecendo penalidades literalmente cem vezes mais severas para o tráfico de crack do que para o tráfico de cocaína. Do ponto de vista farmacológico, o crack não é mais danoso do que a cocaína. Eles são a mesma droga. A única diferença é que uma é fumada (crack) e a outra é cheirada ou injetada por via intravenosa após ser dissolvida em líquido. Esse fato não importava; em 1988, essas penalidades foram estendidas a infratores primários e a pessoas que simplesmente portassem crack. A lei também preconizava que os Estados Unidos se tornariam livres das drogas em 1995, desconsiderando que a remoção de drogas recreativas da sociedade é impraticável e impossível. Sabemos que nunca houve uma sociedade livre de drogas, que é improvável que venha a haver uma, e que quase ninguém gostaria de morar num lugar tão desinteressante. Você consegue imaginar uma sociedade sem bebidas alcoólicas, sem cafeína, sem antidepressivos, sem analgésicos? Nem eu.

Em 2010, a Lei do Crack foi alterada para reduzir a disparidade de sentenças entre as duas formas de cocaína de 100:1 para 18:1. Essa mudança ainda é insuficiente, sobretudo quando se considera que mais de 80% dos condenados por crimes de crack e cocaína são negros, ainda que a maioria dos usuários dessas drogas seja de pessoas brancas.

O impacto prejudicial da interpretação equivocada dos dados da neurociência não ficou restrito aos Estados Unidos. As ações recentes do presidente das Filipinas, Rodrigo Duterte, representam um exemplo extremo. Pouco mais de um ano depois de ele assumir a presidência, milhares de pessoas acusadas de usar ou vender drogas ilegais foram mortas. Duterte justifica seus atos afirmando que a metanfetamina encolhe o cérebro dos usuários, e, em consequência disso, eles deixam de ser viáveis para reabilitação.⁶

De onde Duterte e tanta gente poderiam tirar ideias tão tolas? Ora, da própria literatura científica, especialmente de pesquisas financiadas pelo Nida e estudos realizados por Nora e sua equipe. Vejamos a advertência em uma publicação de 2016 de Nora e seus colegas: "Se o uso voluntário precoce de drogas não for detectado e reprimido, as alterações resultantes no cérebro poderão tornar a pessoa incapaz de controlar o impulso de tomar drogas viciantes".⁷ A primeira oração desse período parece incentivar os cuidadores a serem paranoicos quanto a qualquer uso potencial de drogas, mesmo o uso recreativo não problemático que caracteriza a experiência da esmagadora maioria dos usuários. A paranoia que essa afirmação provocará em alguns pais será provavelmente muito pior do que a provocada por qualquer efeito da droga em si. A segunda oração é ainda mais perturbadora porque afirma que existem alterações cerebrais inevitáveis em reação ao uso de drogas que prejudicam o autocontrole do usuário. Mas não existe nenhuma evidência científica que justifique isso. Infelizmente, essa desinformação tem implicações de longo alcance, porque o artigo foi publicado no *New England Journal of Medicine*, provavelmente o periódico médico mais lido do mundo.

O que é ainda mais sinistro é que afirmações sem fundamento desse tipo a respeito de supostas alterações cerebrais de longo prazo chegaram ao *DSM-5* — o padrão-ouro no que diz respeito à classificação de transtornos mentais: "Uma característica importante dos transtornos por uso de substâncias é uma mudança subjacente nos circuitos do cérebro que podem persistir além da desintoxicação, sobretudo em indivíduos com distúrbios graves".[8] A perversidade desse tipo de lavagem cerebral chancelada é que ela provoca angústia desnecessária em um sem-número de indivíduos, que passam a temer que seus cérebros estejam danificados mesmo que não lhes tenha sido apresentada nenhuma prova neuroanatômica disso. Até porque não existe mesmo nenhuma.[9]

Para ajudar a minimizar os danos causados por alegações neurocientíficas infundadas quanto aos efeitos das drogas, é preciso saber como ler as seções sobre métodos e resultados dos documentos de pesquisa que supostamente sustentam essas afirmações. Vou mostrar agora como ler essas seções corretamente. Para início de conversa, você pode ignorar as seções de introdução e discussão da maioria dos trabalhos científicos. Em geral, elas servem apenas como instrumentos de propaganda para promover a pesquisa e as ideias dos autores. Para aqueles que não estão interessados nos detalhes dessa aventura, contarei agora o que interessa: praticamente não existem dados sobre seres humanos que indiquem que o uso responsável de drogas recreativas provoca anormalidades cerebrais em indivíduos saudáveis. Confie em mim. Se não fosse o caso, eu não proclamaria com tanto orgulho nestas páginas meu próprio uso recreativo ao longo da vida.

Para os interessados nos detalhes, devo agora fornecer um nível básico de entendimento sobre algumas técnicas de imagem cerebral comumente usadas. Elas podem ser divididas em duas categorias: estrutural e funcional. A ressonância magnética (RM) é um exemplo de imagem *estrutural*. Ela fornece imagens de alta resolução da anatomia do cérebro com um grau de foco ideal para detectar anormalidades estruturais, como tumores ou morte neuronal grave. Os procedimentos de ressonância magnética são considerados não invasivos porque nenhuma substância química radioativa é injetada na pessoa que está sendo examinada. Uma desvantagem importante da ressonância magnética é que ela não fornece informações sobre como o cérebro está funcionando. Ela pode informar o *tamanho* de uma estrutura cerebral, mas não se ou como essa estrutura realiza uma tarefa específica. O simples fato de o meu núcleo accumbens ser maior do que o seu não significa que sinto mais prazer do que você.

A tomografia por emissão de pósitrons (PET) e a ressonância magnética funcional (fMRI) são exemplos de técnicas *funcionais* de imagem, pois são capazes de fornecer informações sobre a atividade cerebral que não estão disponíveis se simplesmente olhamos para a anatomia do cérebro. Por exemplo, a atividade de um neurotransmissor específico pode ser obtida com o uso de um tomógrafo. Mas nem a tomografia nem a fMRI fornecem informações sobre a anatomia do cérebro. A limitação mais importante da tomografia por emissão de pósitrons, porém, talvez seja que ela requer a injeção de produtos químicos radioativos na pessoa que está sendo escaneada, embora a quantidade de exposição à radiação prejudicial seja mínima.

Esses estudos costumam ser realizados com dois grupos de participantes: usuários de uma determinada droga e não usuários de drogas. Os não usuários servem como grupo de controle. Durante os estudos, o cérebro de cada participante é escaneado uma vez e todos são submetidos a medições de comportamento, como testes cognitivos. Essas verificações e medições permitem que os pesquisadores determinem se há diferenças comportamentais entre os grupos. Caso elas existam, os indicadores cerebrais podem ajudar a determinar sua fonte neural (ou cerebral). Mas, uma vez que as imagens são geralmente coletadas em um único momento para os dois grupos de participantes, é quase impossível determinar se o uso de drogas é o responsável pelas diferenças observadas. Qualquer diferença cerebral poderia ter existido antes do início do uso de drogas. Portanto, ao ler a literatura sobre imagens cerebrais, fique atento ao uso inadequado de termos — como *alterações*, *atrofia*, *deterioração* e *reduções*, entre outros — que impliquem a ocorrência de uma mudança. Para medir uma mudança verdadeira, é preciso realizar vários escaneamentos cerebrais em diferentes momentos. Você é capaz de dizer se o corte de cabelo de uma pessoa mudou se a viu apenas uma vez na vida?

ESTUDO REVELA MUDANÇAS CEREBRAIS EM JOVENS USUÁRIOS DE MACONHA. Eis o título de um artigo publicado no *Boston Globe* em 15 de abril de 2014. A matéria era acompanhada por uma citação do dr. Stuart Gitlow, então presidente da Sociedade Americana de Medicina da Dependência, que observava: "É bastante razoável concluir agora que a maconha altera a estrutura do cérebro [...] e que a alteração estrutural é responsável, pelo menos em certa medida, pelas mudanças cognitivas que vimos em outros estudos".

O artigo e essa conclusão baseavam-se num estudo recente de ressonância magnética realizado por pesquisadores do Hospital Geral de Massachusetts e da Universidade Northwestern.[10] Os pesquisadores compararam o tamanho do cérebro de vinte usuários de maconha com vinte participantes de controle escaneando o cérebro de cada participante *uma única vez*. A idade média de todos os participantes da pesquisa era de aproximadamente 21 anos. Os usuários de maconha relataram fumar a droga de três a quatro dias por semana; eles também fumavam cigarros de tabaco e bebiam mais álcool do que os de controle. A principal descoberta foi que, em média, os usuários de maconha tinham núcleos accumbens um pouco maiores, e que a quantidade do uso relatado de cannabis estava correlacionada com o tamanho dessa estrutura. As diferenças de tamanho eram pequenas, tão pequenas que, se os escaneamentos de todos os participantes fossem reunidos em uma única pilha, seria quase impossível identificar corretamente o grupo ao qual cada escaneamento pertencia. Mas isso não impediu os pesquisadores de concluir que seus resultados demonstravam "anormalidades morfométricas" e sugeriam que a exposição à maconha "está associada a alterações dependentes da exposição" das estruturas de recompensa do cérebro.

As interpretações dos pesquisadores, assim como as do *Boston Globe*, são inadequadas porque as imagens cerebrais foram coletadas em apenas um ponto no tempo para ambos os grupos de participantes. Isso torna impossível determinar se houve alguma "alteração"; seriam necessários vários escaneamentos do cérebro de cada participante ao longo do tempo para medir uma mudança. Isso para não dizer que as diferenças cerebrais preexistentes entre os dois grupos não podem ser descartadas. Em outras palavras, é possível que as pequenas diferenças cerebrais existissem antes do início do consumo de drogas. É um erro comum na literatura sobre o tema.

Outro descuido frequente é ignorar a influência do tabagismo e do uso de álcool nos resultados. Para separar os efeitos relacionados à cannabis dos efeitos do tabaco e do álcool, os pesquisadores deveriam ter incluído um terceiro grupo de participantes. Isso quase nunca é feito em estudos de imagem cerebral. Idealmente, esse grupo seria composto de indivíduos que tivessem relatado uso de tabaco e álcool, mas não de maconha. Se os resultados desse terceiro grupo fossem semelhantes aos do grupo da maconha, isso sugeriria que o consumo de cannabis não era responsável pelos resultados observados.

Mas o mais importante é que não há como determinar a importância cotidiana das pequenas diferenças estruturais observadas nesse estudo. Como se pode imaginar, o tamanho do núcleo accumbens varia de um indivíduo para outro Em alguns ele é menor; em outros, maior. A variabilidade na amplitude de tamanho é considerada normal, assim como existe uma amplitude de altura normal. Algumas pessoas são mais baixas que outras, mas não caracterizamos a altura de uma mulher de 1,55 metro como prova de "anormalidade de estatura".

Outro problema crucial é que o estudo não incluiu indicadores comportamentais ou cognitivos. O simples fato de existir uma diferença de tamanho da estrutura cerebral entre dois grupos não diz nada sobre a integridade funcional do cérebro ou sobre cada estrutura cerebral. Por exemplo: é muitíssimo provável que ambos os grupos tivessem se saído igualmente bem num teste de aprendizado complexo e memória ou qualquer outro domínio. Os dois grupos compareceram, cumpriram os procedimentos da pesquisa e concluíram o estudo. Essa demonstração de responsabilidade sugere que mesmo os usuários de maconha alcançaram algum nível básico de funcionamento. Contudo, se os pesquisadores tivessem incluído testes cognitivos, por exemplo, teria sido possível deduzir informações mentais e intelectuais específicas, bem como saber sobre como estavam funcionando as estruturas cerebrais. Sem uma medição cuidadosa de um comportamento de interesse, como a cognição, os pesquisadores (e jornalistas) são frequentemente levados a fazer especulações injustificadas sobre a base neural do comportamento. Se não se mede o comportamento, não se pode fazer comentários sobre o comportamento.

Infelizmente, a maior parte da cobertura da imprensa relacionada a esse estudo foi também irresponsável. As manchetes do *Washington Post* e da *Time* alardearam respectivamente que MESMO QUE FUMADA OCASIONALMENTE, A MACONHA PODE MUDAR SEU CÉREBRO, CONCLUI ESTUDO e que USO RECREATIVO DA MACONHA É PREJUDICIAL PARA O CÉREBRO DOS JOVENS. Essas narrativas são típicas quando se usam técnicas de imagem cerebral para estudar usuários de drogas. Muitos dos estudos estão repletos de limitações básicas, e, com frequência, os resultados reais não correspondem inteiramente às conclusões tiradas pelos pesquisadores. A consequência são manchetes enganosas na imprensa em geral, destinadas a assustar os pais, que, por sua vez, imploram a seus representantes que façam alguma coisa sobre o "problema das drogas".

O alarme injustificado sobre os resultados dos estudos pode piorar ainda mais quando se trata dos efeitos da exposição pré-natal a drogas no funcionamento cerebral subsequente dos filhos. A crença popular é que a exposição pré-natal a drogas danifica inevitavelmente o cérebro dos fetos em desenvolvimento. Essa opinião é tão arraigada que os pesquisadores que relatam descobertas consistentes com essa visão desfrutam de menos escrutínio em suas pesquisas antes da publicação, especialmente se incluírem dados de imagens cerebrais. Em outras palavras, é mais fácil publicar suas descobertas se eles estiverem de acordo com a ideia de que "as drogas prejudicam o feto em desenvolvimento" e se imagens cerebrais forem usadas no estudo.

Notei essa tendência há alguns anos, quando dei um seminário de pós-graduação focado na compreensão do impacto da exposição pré-natal a drogas recreativas no funcionamento cognitivo de crianças e adolescentes. Durante o seminário, lemos e discutimos de maneira crítica dois artigos originais recentes de pesquisa a cada aula, por quinze semanas. No final do semestre, em vez de pedir que os alunos entregassem um trabalho de quinze a vinte páginas, pedi que redigissem uma carta publicável ao editor de uma revista científica. As cartas precisavam ser uma resposta a artigos publicados recentemente na área de exposição pré-natal a drogas recreativas, e incorporar temas, conceitos e princípios abordados nas aulas. Os estudantes abordaram questões como: A causalidade pode ser determinada com base nos métodos usados no estudo? As conclusões são adequadas e consistentes com os dados? Os métodos experimentais são apropriados para os objetivos declarados do estudo?

Para minha satisfação, as cartas de vários estudantes foram publicadas em algumas das melhores revistas científicas. Fiquei preocupado, no entanto, com a confirmação empírica do viés para publicar artigos de pesquisa que afirmam mostrar efeitos prejudiciais causados pela exposição pré-natal a drogas. Eis apenas um exemplo: pesquisadores da Universidade da Califórnia em Davis, da Universidade de Maryland e do Nida utilizaram a ressonância magnética para comparar a atividade cerebral de

27 adolescentes expostos no pré-natal a várias drogas com a de vinte adolescentes de um grupo de controle que não haviam sofrido exposição.[11] A atividade cerebral foi medida enquanto os adolescentes faziam um teste de memória operacional. A exposição pré-natal a drogas incluía álcool, tabaco, cocaína e heroína. Vale notar que a maior parte da exposição às substâncias ocorreu no primeiro trimestre de gestação, diminuindo substancialmente à medida que a gravidez progredia. Isso é consistente com a maioria das evidências coletadas de mulheres que usaram drogas durante a gravidez.

Os participantes do grupo de controle e os do grupo exposto a drogas antes de nascer exibiram padrões ligeiramente diferentes de ativação cerebral em algumas regiões, um achado que provavelmente representa o intervalo normal da variabilidade humana na ativação cerebral. Todos tiveram um desempenho igualmente bom no teste de memória operacional. Isso sustenta a visão de que a ativação do cérebro para os dois grupos foi normal. No entanto, os pesquisadores discutiram os achados da memória operacional em termos surpreendentemente patológicos: "Os achados comportamentais podem refletir indicações sutis de *alterações* [grifo meu] nas habilidades preparatórias de atenção e resposta no grupo exposto no pré-natal". Não entendo como o desempenho equivalente da memória operacional foi interpretado como um efeito negativo para um grupo (exposto às drogas no pré-natal), mas não para o outro (de controle). A menos, é claro, que a interpretação seja motivada por preconceitos.

Por fim, os pesquisadores concluíram que seus dados mostram "funcionamento neural alterado relacionado ao planejamento de respostas que pode refletir um funcionamento de rede menos eficiente em jovens com exposição pré-natal". Como meu aluno Delon McAllister apontou em sua carta ao editor publicada,[12] essa conclusão vai muito além dos métodos empregados e dos dados coletados. É uma maneira gentil de dizer que os pesquisadores ignoraram seus próprios dados e contaram uma história consistente com seu preconceito. Por exemplo, se não havia diferenças na tarefa comportamental de interesse (o teste de memória operacional), então isso impediria declarações que destacassem essas diferenças. É como concluir que os homens pensam melhor do que as mulheres com base na observação de que ambos pensam. Além disso, as diferenças de ativação neural por si sós são insuficientes para levar à conclusão de que um grupo pode ser disfuncional em comparação com outro, ainda mais quando o comportamento dos dois grupos não difere. O padrão diferencial de efeitos observados na atividade cerebral em resposta ao teste da memória operacional com certeza está dentro da faixa normal da variabilidade humana.

Infelizmente, não tenho alunos suficientes para garantir que esse viés seja minimizado na literatura de imagens do cérebro, mas espero que os exemplos acima o ajudem a encará-la com um olhar mais crítico. E espero que essa informação diminua as chances de que você seja enrolado por pesquisadores menos cuidadosos ou por aqueles infectados com o vírus "as drogas são ruins".

Outro detalhe crucial que se deve ter em mente sobre os achados de ressonância magnética e fMRI é que eles quase nunca são replicados. A replicação das descobertas é uma característica crucial e definidora da boa ciência. Esse requisito ajuda a proteger contra resultados espúrios, não relacionados ao uso de drogas, de um estudo isolado. Muitas das manchetes sensacionalistas sobre novas descobertas cerebrais devem ser lidas com desconfiança, pelo menos até que outros pesquisadores tenham replicado os resultados.

Até o momento, apresentei exemplos de como os dados das imagens cerebrais são mal interpretados e mal utilizados. Gostaria de discutir agora um estudo do outro lado do espectro, que foi extremamente bem conduzido e incluiu conclusões apropriadas.[13] Esse estudo foi dirigido pela dra. Chris-Ellyn Johanson, agora aposentada da Universidade Wayne State, por seu falecido marido, o dr. Bob Schuster, e outros colegas. Devo salientar que ele foi financiado pelo Nida e que Bob foi diretor do instituto de 1986 a 1992. A verdade é que seria um erro concluir que todos os estudos financiados pelo Nida são tendenciosos e que todos os seus afiliados são invariavelmente maus cientistas.

Chris-Ellyn e seus colegas usaram procedimentos de tomografia por emissão de pósitrons para comparar o cérebro de dependentes de metanfetamina e de não dependentes. Em média, os usuários de metanfetamina relataram usá-la havia dez anos; eles também relataram uso habitual de outras drogas, como álcool, cocaína e maconha. Os participantes do grupo de controle relataram nunca ter usado metanfetamina, nenhum histórico de dependência de drogas e nenhum uso de drogas ilegais, exceto maconha. Os pesquisadores também pediram aos participantes para realizar vários testes cognitivos e compararam o desempenho dos dois grupos. Para ajudá-lo a interpretar essas descobertas e outras, eu gostaria de fornecer alguns detalhes mais específicos sobre os procedimentos de tomografia usados nesse estudo.

Uma substância química com um marcador radioativo foi injetada na corrente sanguínea e, em seguida, um dispositivo de escaneamento computadorizado mapeou as quantidades relativas da substância em várias regiões do cérebro. Esse marcador radioativo se liga a elementos específicos dos neurônios da dopamina. Portanto, foi possível ver até que ponto a ligação ocorreu em todos os participantes.

Os pesquisadores publicaram suas conclusões na revista *Psychopharmacology*. Eles descobriram que os usuários de metanfetamina e os participantes do grupo de controle tiveram um desempenho igualmente bom na maioria dos testes cognitivos. Porém, em medições de atenção prolongada e memória imediata e de longo prazo, os usuários de metanfetamina tiveram um desempenho pior do que os do grupo de controle. É importante ressaltar que o desempenho dos usuários de metanfetamina permaneceu dentro da faixa normal para a idade e o grupo educacional. Em outras palavras, apesar de terem sido superados pelo grupo de controle em alguns testes, os usuários de metanfetamina estavam cognitivamente intactos. Suas habilidades cognitivas estavam na faixa normal.

Em relação aos dados cerebrais, em média, a ligação à dopamina no mesencéfalo foi 10% a 15% menor nos usuários de metanfetamina. Porém, é importante ressaltar que houve considerável sobreposição na ligação à dopamina entre os dois grupos de participantes. Ou seja, a ligação para alguns usuários de metanfetamina foi igual ou superior à de alguns indivíduos do grupo de controle. Em termos práticos, os resultados significam que, se essas imagens cerebrais fossem embaralhadas em um único conjunto, os especialistas não seriam capazes de distinguir entre os cérebros do grupo de controle e dos usuários de metanfetamina. Os pesquisadores concluíram que o significado funcional (ou importância cotidiana) dessas diferenças é provavelmente mínimo, porque o desempenho dos usuários de metanfetamina na maioria dos testes foi igual ao daqueles no grupo de controle, e porque não havia relação entre os dados de imagem e o desempenho cognitivo.

Como você pode imaginar, os resultados desse estudo não receberam grande cobertura da imprensa. Tampouco foram publicados no *New England Journal of Medicine*, na *Nature* ou em qualquer outro periódico de destaque, embora continue sendo o estudo mais rigoroso realizado nessa área. Um motivo que explica o fato de essa pesquisa — assim como outras bem conduzidas com conclusões apropriadas — não ter gerado atenção da mídia é que os pesquisadores optaram por não se envolver em especulações alarmantes e descabidas sobre o impacto negativo do uso de drogas. Em vez disso, as descobertas foram discutidas em termos não tendenciosos, sóbrios e cautelosos, que é o mínimo que devemos esperar de cientistas que publicam numa revista científica.

Os políticos sabem há muito tempo que podem obter ganhos políticos e econômicos despertando o medo do público. O eterno "problema das drogas" é notável nesse sentido. Hoje, o problema são os opioides; amanhã, será outra coisa. Votos, dinheiro e influência irão para os políticos que convencerem o povo de que há um problema. Exagerar o problema das drogas oferece a eles uma oportunidade de serem heróis e salvadores, mesmo que suas soluções raramente funcionem.

Os assim chamados problemas das drogas também proporcionam a jornalistas e cineastas chances de viver uma aventura sem sair da zona de conforto. Muitos desses indivíduos fazem parte da classe média e são inteligentes e curiosos, mas podem ter pouca experiência pessoal com tipos específicos de comportamentos percebidos como moralmente questionáveis ou arriscados. Para eles, usar heroína seria um exemplo de comportamento desse tipo. Joni Mitchell descreveu com eloquência esse fenômeno em sua canção "A Case of You": "I'm frightened by the devil and I'm drawn to those ones that ain't afraid".* Escrever um artigo ou fazer um filme sobre o uso de heroína permite que o comentarista entre no lugar do usuário e depois saia quando a obra estiver concluída. É uma emoção barata.

A maior parte do uso de drogas — mesmo de heroína — ocorre sem causar dependência. No entanto, é difícil encontrar uma história ou um documentário sobre uma droga ilícita — digamos, crack ou heroína — que não se concentre quase inteiramente no vício. Por que isso acontece? Ora, porque o vício é mais glamouroso do que o não vício. Quem quer ler um artigo ou assistir a um filme sobre uma pessoa que usa heroína algumas noites por semana e depois vai para o trabalho como de costume e cuida de outras responsabilidades sem incidentes? Muitos achariam isso chato, e os jornalistas e cineastas sabem disso. A produção desproporcional de obras sobre o vício é uma situação em que os produtores nunca perdem. O público pagador consome avidamente o material, enquanto os jornalistas e cineastas fingem ser provocadores e descolados.

Embora eu ache inaceitável o comportamento da maioria dos políticos e jornalistas, também entendo que seus erros não

---

* "O diabo me assusta, e me sinto atraída por aqueles que não têm medo." (N. T.)

são necessariamente mal-intencionados. Com frequência, esses indivíduos atuam em ambientes de crise, onde as decisões são muitas vezes tomadas com informações incompletas e os prazos são curtos. Culpar as drogas pela atual crise promete uma solução fácil e absolve muitas pessoas de sua responsabilidade de tratar as causas reais, que geralmente são complexas. Para mim, a tarefa do cientista é, em parte, ajudar a corrigir os erros de políticos e jornalistas. Essa é uma das razões pelas quais me tornei cientista. Gosto de me dedicar ao pensamento cuidadoso e árduo, com o objetivo de caracterizar de maneira precisa e imparcial os efeitos das drogas no cérebro e no comportamento.

Infelizmente, essa prática consagrada pelo tempo está sendo substituída, cada vez mais, pela pregação do medo, sobretudo por alguns pesquisadores que estudam os efeitos das drogas no cérebro. Isso ocorre, embora acreditemos que os cientistas obedecem a padrões mais altos de objetividade do que políticos ou jornalistas. Deturpações de resultados de estudos por profissionais como os descritos neste capítulo são ultrajantes não só porque influenciam nosso tratamento dos usuários de drogas, mas porque também contribuem para estereótipos enganosos e moldam uma retórica política insensível e políticas públicas prejudiciais. Em muitas ocasiões, Donald Trump elogiou Duterte e outros líderes bárbaros pelo "ótimo trabalho" no tratamento de usuários e traficantes de drogas, mesmo sabendo que execuções extrajudiciais fazem parte de seus métodos. Esse é precisamente o tipo de retórica que levou à aprovação da legislação americana que estabelece penalidades cem vezes mais severas para o crack do que para a cocaína.

Hoje, muitos consideram essas leis repugnantes, por exagerarem os efeitos nocivos do crack e serem aplicadas de maneira racialmente discriminatória, mas poucos examinam de forma crítica o papel desempenhado pela comunidade científica na sustentação dos pressupostos subjacentes a elas.

A comunidade científica, por sua vez, praticamente ignorou a vergonhosa discriminação racial que ocorre na aplicação das leis de combate às drogas. Os próprios pesquisadores são em sua imensa maioria brancos e de classe média, e não precisam conviver com as consequências de suas ações. Eu não tenho esse luxo. Toda vez que olho para o rosto dos meus filhos ou volto ao lugar da minha juventude, sou forçado a encarar a devastação resultante da discriminação racial desenfreada vista na aplicação das leis de combate às drogas e incitada por argumentos mal fundamentados em evidências científicas.

Não podemos mais permitir que os neuroexageros moldem nossos pontos de vista, informem nossas políticas e determinem nossas prioridades e orientações para o financiamento de pesquisas sobre as drogas. O que está em jogo é importante demais. O custo humano é incalculável.

5. Anfetaminas: empatia, energia e êxtase

> Tirai-me tudo, mas deixai-me o Êxtase
> E rica serei, mais que todo Ser Humano*
> EMILY DICKINSON

"VAI SE FODER, EU VOU TE MATAR... Vou te assassinar dentro do aeroporto. Tenho mais informantes dentro do aeroporto das Filipinas para apoiar o presidente Duterte." Foi com essa mensagem no Facebook que fui recebido ao abrir meu computador na sala de embarque do Aeroporto Internacional Ninoy Aquino, em Manila. Eu estava refletindo sobre os acontecimentos da semana anterior e esperava ansiosamente para embarcar em um voo noturno para fora do país, vários dias antes do programado.

Eu tinha ido às Filipinas a pedido de organizações locais de direitos humanos — a NoBox e a Força-Tarefa Contra a Pena de Morte do Grupo de Assistência Jurídica Gratuita (Free Legal Assistance Group Anti-Death Penalty Taskforce) — para falar num fórum em Manila sobre políticas de combate às drogas. Os organizadores haviam reunido especialistas locais e de todo

---

* No original: "Take all away from me, but leave me Ecstasy/ And I am richer then than all my Fellow Men". A tradução é de Isa Mara Lando, *Loucas noites/Wild Nights: 55 poemas de Emily Dickinson* (São Paulo: Disal, 2010). (N. T.)

o mundo para discutir alternativas ao assassinato extrajudicial de suspeitos de uso de drogas e traficantes, que haviam se tornado um elemento básico da estratégia de controle de drogas no país. Os organizadores me pediram para apresentar uma atualização científica sobre os efeitos da metanfetamina nas pessoas, uma das minhas áreas de especialização. Eles sabiam que eu havia estado recentemente na Tailândia falando sobre o mesmo tema. Na Tailândia, como nas Filipinas, a metanfetamina era vista como *a* droga mais preocupante de todas. A percepção da gravidade dos problemas relacionados a ela era tão extrema que o governo tailandês havia aprovado leis punindo delitos relacionados à metanfetamina com severidade quase dez vezes maior do que os que envolviam a heroína. Isso resultou em algumas das sentenças de prisão mais extremas que já vi pela simples posse de uma droga.

Vejamos o caso de Supatta Ruenrurng. Em 7 de junho de 2010, ela começou a cumprir uma sentença de 25 anos de prisão por levar do Laos para a Tailândia um comprimido e meio de metanfetamina, no valor de cerca de cinco dólares. Combinados, os comprimidos continham, no máximo, 35 mg da droga, o que constitui uma dose de baixa a moderada. Para se ter uma ideia, essa quantidade é inferior à dose máxima diária aprovada (60 mg) para administração em crianças nos Estados Unidos como parte do tratamento para o TDAH.

O caso de Ruenrurng não era excepcional. Durante meu período na Tailândia, visitei a Penitenciária Central de Udon Thani e conheci pelo menos duas dezenas de outros homens e mulheres que cumpriam sentenças de 25 a trinta anos pela posse de quantidades semelhantes de metanfetamina. Como resultado das severas leis antidrogas da Tailândia, o país tem agora a maior taxa de encarceramento feminino do mundo;[1] mais de 80% das mulheres atrás das grades estão lá porque violaram uma lei antidrogas.[2] No total, a Tailândia tem agora a sexta maior população carcerária do mundo, a vasta maioria devido a acusações relacionadas a drogas.

O mais perturbador é que, no início da década de 2000, os esforços tailandeses de aplicação da lei antidrogas eram ainda mais violentos, tendo ocasionado um número ainda maior de mortes de usuários e vendedores. Só em 2003, mais de 2 mil pessoas foram mortas sem nunca terem chegado ao tribunal.[3]

Esse é o contexto da conferência sobre drogas de que participei em 2016, em Bangcoc. Sem precedentes, o evento organizado pela Suprema Corte da Tailândia, o Ministério da Justiça e Sua Alteza Real, a princesa Bajrakitiyabha, entre outros, reuniu acadêmicos de todo o mundo especializados em neuropsicofarmacologia, tratamento de abuso de substâncias, sistema judicial, leis internacionais sobre drogas e policiamento.

Após a reunião de dois dias, o governo tailandês se convenceu de que precisava redigir novas leis de combate às drogas. Esse esforço, segundo o Ministério da Justiça, seria orientado pelas melhores evidências empíricas disponíveis, com o objetivo de equilibrar a compaixão pelos cidadãos com abordagens eficazes de controle de drogas. Fez-se um progresso concreto.

Eu também esperava que a reunião de Manila fosse proveitosa, embora estivesse ciente das declarações ignorantes feitas pelo presidente filipino Rodrigo Duterte sobre a metanfetamina e seus usuários. Em 17 de agosto de 2016, menos de dois meses depois de assumir a presidência, Duterte proclamou que "um ano ou mais de uso de *shabu* [metanfetamina] encolhe o cérebro de uma pessoa, e, portanto, ela deixa de ser viável para reabilitação".[4] Falando de maneira provocadora para um grupo de simpatizantes composto de funcionários do governo e da polícia, ele aproveitou a ocasião para justificar sua campanha mortal contra suspeitos de uso e de venda de drogas. No momento em que eu me preparava para falar no fórum filipino, quase 5 mil pessoas haviam sido mortas extrajudicialmente em consequência da sangrenta guerra às drogas de Duterte.[5]

Eu tinha plena consciência de que teria de ser claro e preciso em minha apresentação, pois esperava-se que representantes do governo estivessem presentes. Não queria ser incendiário ou ofensivo, nem reduzir a capacidade deles de pensar objetivamente sobre a metanfetamina ou qualquer droga psicoativa. Mas não estava preocupado demais, porque supunha que os representantes do governo seriam cientistas ou, pelo menos, médicos. Afinal, era um fórum *científico*, um ambiente em que as evidências empíricas superam os relatos anedóticos pessoais, mesmo os divulgados pelo presidente. Imaginei que apenas me ateria aos fatos, ao que havia sido demonstrado em condições experimentais, ao que sabíamos ser verdade na ciência.

Além disso, não era minha primeira visita a Manila. Eu já proferira várias palestras científicas no país, algumas das quais tendo a metanfetamina como foco. E, embora algumas delas tivessem provocado discussões acaloradas e intensas, as melhores evidências costumavam determinar as posições adotadas pelos participantes. Eu não tinha motivos para pensar que seria diferente dessa vez.

O fato de os organizadores terem me pedido para encaminhar minhas observações uma semana antes da realização do fórum era um pouco estranho, mas não inédito. De qualquer forma, não atendi ao pedido. Mais tarde, fiquei sabendo que a então secretária de Saúde do país, Paulyn Jean B. Rosell-Ubial, iria responder às minhas observações imediatamente depois da apresentação, e pedira para ter acesso aos meus comentários com antecedência para poder formular uma refutação. A dra. Rosell-Ubial era a representante científica oficial do governo Duterte. No fim das contas, ela não apareceu. Mas outros funcionários do governo compareceram.

No final da minha palestra, Agnès Callamard, relatora especial da ONU sobre execuções extrajudiciais, tuitou para seus aproximadamente 10 mil seguidores uma das minhas conclusões: "Prof. Carl Hart: não há provas de que o *shabu* leve à violência ou cause danos cerebrais". É claro que um curto tuíte não poderia captar todas as nuances de uma apresentação de 55 minutos, mas ele comunicava duas de minhas principais conclusões.

"A 'revolucionária descoberta médica' do dr. Carl Hart";
"O uso repetido de *shabu* NÃO VAI encolher seu cérebro!";
"Concordo!"; "Escutem!".

As respostas ao tuíte foram rápidas e implacáveis. Muitos apoiadores de Duterte declararam Callamard — e agora eu, por extensão — inimiga do Estado. Recebemos e-mails e mensagens ameaçadores nas redes sociais, e um dos jornais mais lidos do país, *The Manila Times*, publicou um cartum editorial zombando de mim.

Numa tentativa de esclarecer minhas observações, concordei em dar uma entrevista ao vivo no *Rappler Talk*, um programa filipino popular transmitido pela internet. Tentei ensinar os espectadores a separar os efeitos verdadeiros das drogas dos efeitos declarados em alegações infundadas ou sensacionalistas. Expliquei que, depois de estabelecida essa distinção, poderíamos começar a resolver os problemas concretos que as pessoas enfrentavam no país, como os altos índices de pobreza e desemprego, que levavam algumas pessoas desesperadas a cometer crimes. Na minha opinião, a entrevista ao *Rappler* havia sido um sucesso; pensei que ela acalmaria um pouco a raiva provocada pelo tuíte de Callamard. Eu não poderia estar mais errado.

Após a entrevista, o próprio Duterte resolveu dar sua opinião, sugerindo que o tuíte de Callamard era motivado pelo fato de que estávamos dormindo juntos. "Ela deveria viajar em lua de mel com aquele negro, o americano. Pagarei pela viagem." Em relação a mim, especificamente, vociferou: "Aquele filho da puta enlouqueceu", porque eu havia declarado que os dados simplesmente não corroboravam a alegação de que o uso de metanfetamina causava danos ou encolhia o cérebro, certamente não quando tomada nas doses que as pessoas costumam usar.

Sabemos que Duterte é um usuário de opioides de longa data: ele mesmo admitiu. Ele afirma que usa a substância para tratar uma dor crônica. Isso pode muito bem ser verdade, mas ele não parece ver nenhuma inconsistência entre seu uso de drogas e o aviltamento que faz de outros usuários.

Eu estava sentado no saguão do aeroporto, pensando sobre as ameaças que havia recebido nas redes sociais. Quem poderia querer me matar por simplesmente declarar fatos científicos, por fornecer informações que ajudam a manter as pessoas seguras?

Minha mente voltou para o dia 9 de junho de 2013, quando fiz uma de minhas primeiras aparições na televisão americana. Quando saí do estúdio, outro convidado do programa, Billy Murphy, um advogado que mais tarde representaria a família de Freddie Gray em seu processo civil contra a cidade de Baltimore, me entregou seu cartão de visita. "Fique com isso, porque você vai precisar", disse ele. Billy me explicou que, embora concordasse com meu ponto de vista, estava preocupado com o meu bem-estar, porque outros, sem dúvida, considerariam minhas ideias sobre drogas perigosas e viriam atrás de mim. Educadamente, por respeito, peguei o cartão, mas pensei comigo mesmo que ele estava sendo um pouco melodramático. Não estava.

Em estado de extrema atenção, examinei cada pessoa à minha volta no aeroporto. Sempre tive muito orgulho de projetar um ar de tranquilidade, qualquer que fosse a situação. No ensino médio, durante meus anos como DJ, meu nome artístico era Cool Carl. Mas a verdade é que eu não estava me sentindo nada tranquilo naquele momento. Estava intensamente ciente do fato de não estar nos Estados Unidos, onde pelo menos conhecia as regras do jogo. Eu estava nas Filipinas, onde um ano antes haviam eleito Duterte, um homem que se vangloriava de ter matado uma pessoa com as próprias mãos antes de se tornar presidente e que agora incentivava a violência de justiceiros contra pessoas que usavam e vendiam drogas, e encarcerava rivais políticos por se manifestarem contra sua guerra mortal.

No início daquela semana, durante um almoço com políticos filipinos, eu ficara sabendo sobre a extensão das violações dos direitos humanos cometidas por Duterte. Em razão das ameaças que eu havia recebido pela internet, meus anfitriões expressaram preocupação com minha segurança e me alertaram que assassinatos extrajudiciais nas Filipinas estavam sendo encomendados e executados por apenas cem dólares. E depois havia a estranha interação que eu acabara de ter com o segurança do aeroporto, que viera direto até mim enquanto minha bagagem estava sendo examinada. Com um sorriso estranho no rosto, ele me disse que sabia quem eu era e que eu não deveria discordar de seu presidente. Antes que eu pudesse responder, ele sumiu.

Essa merda agora é pra valer, pensei. O pensamento permaneceu na minha cabeça enquanto eu lia a ameaça de morte no computador. Eu estava sendo perseguido? Talvez a mensagem viesse daquele segurança bizarro que eu acabara de encontrar. Ou talvez de alguém trabalhando no pátio de manobras do aeroporto. Eu estava com medo e queria dar o fora dali. Afastei-me depressa das enormes janelas e ocupei um assento contra a parede para ter a certeza de que não haveria ninguém atrás de mim. Meus olhos escanearam a sala.

Coloquei os fones de ouvido numa tentativa de mascarar meu medo. O reverendo James Cleveland cantava: "Nobody told me that the road would be easy",* de seu clássico "I Don't Feel No Ways Tired". A música teve um efeito notavelmente calmante.

Robin e eu costumamos ouvi-la, junto com outras canções gospel, quando criamos o ambiente perfeito para o tempo protegido que passamos juntos sozinhos. Durante essas férias caseiras de um dia, nos fechamos para o mundo, pegamos a substância psicoativa de nossa escolha e nos divertimos intimamente um com o outro.

Foi Robin que identificou a sacralidade que experimentamos nesses intervalos. Criada como católica devota, ela cresceu frequentando fielmente a missa dominical. Antes de nos casarmos, às vezes íamos à missa juntos, e juntos completamos o curso de aconselhamento pré-matrimonial obrigatório da igreja. As coisas que fazemos por amor.

Esses momentos são sagrados e transcendentes. As contribuições da substância psicoativa correta para a nossa experiência são vitais.

A gratidão que experimentamos pode ser mais bem descrita em termos religiosos. "Heaven Must Be Like This", dos Ohio Players, pinta um quadro da cena. Como Robin disse em várias ocasiões sobre nosso santuário, "esse é o momento em que mais tenho certeza de que existe uma bondade universal [Deus]". É bom deixar claro que ela é consideravelmente mais otimista em relação à existência de Deus do que eu, qualquer que seja a droga que eu tenha tomado. Robin e eu somos a favor daquilo que faz as pessoas melhores e, portanto, faz do mundo um lugar melhor para todos. Estou apenas apontando que descobrimos, pelo menos da nossa perspectiva, o que

---

* "Ninguém me disse que o caminho seria fácil." (N. T.)

funciona para nós, de acordo com quem somos e com quem estamos nos esforçando para nos tornar — pessoas mais compassivas e humanas.

Sem dúvida, as anfetaminas são nossas substâncias favoritas para apreciar esses momentos de solidão a dois. Veja bem, já fui bastante ignorante em relação às anfetaminas, tão ignorante quanto Duterte — bem, talvez nem tanto. Eu não sabia, por exemplo, que essa classe de drogas inclui a *d*-anfetamina, o ingrediente ativo do Adderall, medicamento muito usado para o TDAH. O Adderall é uma combinação de sais mistos de anfetamina e *d*-anfetamina. Da família das anfetaminas também fazem parte a metanfetamina, o MDMA, a 2-fluorometanfetamina (2-FMA), o 6-(2-aminopropil)benzofurano (6-APB) e outros compostos.

Devido à minha ignorância, evitei as anfetaminas durante grande parte da minha vida, e só as experimentei depois dos quarenta anos. É embaraçoso admitir isso. Ainda mais embaraçoso é o que eu costumava dizer quando me perguntavam a razão disso. Minha resposta era mais ou menos assim: "Eu não preciso delas, nem de nenhuma outra droga". Claro, eu não *precisava* de droga nenhuma. Assim como não *preciso* viajar de carro, trem ou avião. Posso simplesmente ir a pé. Ao viajar grandes distâncias, os outros métodos são simplesmente muito mais práticos e agradáveis.

Agora sei que certas drogas — entre as quais as anfetaminas, sem dúvida — podem acentuar o prazer, a franqueza, a intimidade, a energia, a satisfação sexual e uma série de outras experiências que as pessoas normais costumam procurar. Poucos se recusariam a tomar um comprimido de Viagra ou Cialis para melhorar o desempenho sexual, mas muitos acham censurável usar drogas como as anfetaminas para melhorar a experiência sexual. Não sei por que isso acontece, mas acho que tem algo a ver com os valores puritanos equivocados que são tão dominantes em nossa educação e que regulam desproporcionalmente nosso comportamento. Acho que H. L. Mencken foi certeiro quando definiu o puritanismo como "o medo assustador de que alguém, em algum lugar, possa ser feliz".

Lembro-me da primeira vez que tomei uma anfetamina como se fosse ontem. Era meu quadragésimo aniversário — 30 de outubro de 2006 —, e eu estava indo para uma reunião patrocinada pelo Nida.

A longa viagem de metrô do aeroporto de Washington a Silver Spring foi extraordinariamente agradável. Sem dúvida, o enorme sorriso estampado no meu rosto e o convidativo contato visual com que eu cumprimentava os outros passageiros assustaram alguns deles. Fazia uma hora que eu havia tomado, por via oral, uma dose baixa de metanfetamina. Minha amiga Lorraine, que tinha receita médica para a droga, me dera alguns comprimidos de presente. Ela costumava me provocar porque eu era considerado um especialista em anfetaminas mas nunca tinha tomado uma. Sentei no trem me sentindo alerta, mentalmente estimulado e euforicamente sereno. "Gostaria que as outras pessoas também pudessem experimentar essa sensação", pensei comigo. "O mundo poderia ser um lugar melhor e mais feliz." Naquele momento, eu estava de bem com o mundo.

Quando os efeitos cessaram, após algumas horas, pensei: "Isso foi legal". Depois me exercitei e desfrutei de um produtivo encontro de dois dias. (Bem, talvez seja um exagero dizer que gostei de uma reunião do Nida.) Mas não ansiei pela droga nem senti uma necessidade urgente de tomar mais. E certamente não tive nenhum comportamento incomum. Nada da imagem estereotipada de um "viciado em metanfetamina".

Então por que Duterte, assim como o público em geral, tem uma visão dessa droga radicalmente diferente da minha?

Talvez isso tenha a ver com as pretensas campanhas de educação pública destinadas a desestimular o uso de metanfetaminas. Em geral, essas campanhas mostram, em detalhes explícitos e horripilantes, algum jovem pobre que usa a droga pela primeira vez e acaba praticando atos fora do comum, como se prostituir ou roubar dos pais, negligenciando as necessidades básicas de sobrevivência e agredindo estranhos por dinheiro para comprar a droga. No final de um desses anúncios aparece um aviso na tela: "Metanfetamina — nem uma só vez". Também vimos imagens infames de bocas exibindo dentes cheios de cáries, apresentadas incorretamente como uma consequência direta do uso da substância.

Sem dúvida, a secura da boca é um efeito colateral da metanfetamina. Também é um efeito colateral de outros medicamentos, como o Adderall e vários antidepressivos. Milhões de pacientes usam esses medicamentos todos os dias, mas não há relatos de problemas dentários associados. O fenômeno da "boca de metanfetamina" tem menos a ver com os efeitos farmacológicos diretos da droga e mais com fatores não farmacológicos, variando da falta de higiene dental ao sensacionalismo da mídia. A boca de metanfetamina é provavelmente mais ficção do que fato.

E quem nunca viu a popular série de televisão americana *Breaking Bad*? Bryan Cranston, o ator principal, interpreta um professor de química do ensino médio que começa a fabricar e vender metanfetaminas. Aparentemente, interpretar um traficante de metanfetamina na TV basta para transformar uma pessoa em especialista em drogas e dependência; pelo menos, foi essa a impressão que os telespectadores do *Daily Show* tiveram depois que ele foi ao programa em 2010.

"A metanfetamina é uma droga *realmente* horrível", disparou Cranston ao então apresentador Jon Stewart, em parte, explicou, porque faz com que os usuários fiquem futucando a pele sem parar, em busca de insetos imaginários que estariam rastejando embaixo dela. Precisei de muito autocontrole para continuar assistindo. Mas aguentei firme, porque Cranston não havia terminado. Ele tinha uma explicação neuroquímica sobre o motivo de as pessoas se viciarem em metanfetamina. "No começo", ele afirmou com confiança, "seu cérebro está produzindo dopamina, junto com a droga, o que dá a sensação mais eufórica." Segundo o ator, os usuários ficam viciados porque, depois de algum tempo, a droga deixa de produzir euforia, e então resta apenas o vício. Stewart, conhecido por sua perspicácia e capacidade de fazer perguntas difíceis, não contestou.

Essas distorções não impedem nem diminuem o uso da droga; tampouco fornecem fatos verdadeiros sobre os efeitos dela. Conseguem apenas perpetuar suposições falsas. O pior é que essa disseminação pública da ignorância não se limita à metanfetamina. A mesma estratégia "educacional" é usada também para informar o público sobre outras drogas.

Persuadido por essas mensagens, o público permanece quase totalmente ignorante do fato de que todas as anfetaminas são irmãs químicas e que a metanfetamina produz efeitos quase idênticos aos produzidos pelo Adderall.[6] Sim, você leu direito.

Eu sei. Essa declaração exige alguma defesa.

Não estou sugerindo que as pessoas que tomam Adderall prescrito por médicos devam interromper seu uso por medo de um inevitável vício, mas que deveríamos ver a metanfetamina do mesmo jeito que vemos a *d*-anfetamina. A metanfetamina, como a *d*-anfetamina, pode ser usada (ou, mais precisamente, é usada) para melhorar o bem-estar e o funcionamento das pessoas. Lembre-se de que ambas são medicamentos aprovados pela FDA para tratar o TDAH. Além disso, a metanfetamina é aprovada para o tratamento da obesidade, e a *d*-anfetamina para o tratamento da narcolepsia. Em décadas passadas, os dois medicamentos foram utilizados com sucesso como antidepressivos. Com efeito, a *d*-anfetamina ainda é usada por alguns psiquiatras no tratamento da depressão.

Como disse, eu também acreditava que a metanfetamina era muito mais perigosa do que a *d*-anfetamina, embora a estrutura química desses dois medicamentos seja quase idêntica (ver a Figura 1). A metanfetamina, em comparação com a *d*-anfetamina, possui um grupo metil adicionado. No final dos anos 1990, quando eu era estudante de doutorado, me disseram — e acreditei piamente — que a adição do grupo metil à metanfetamina a tornava mais lipossolúvel (tradução: capaz de entrar no

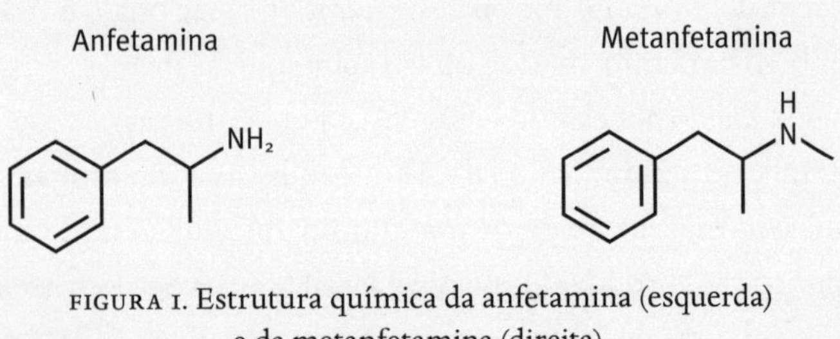

FIGURA 1. Estrutura química da anfetamina (esquerda) e da metanfetamina (direita).

cérebro com maior rapidez) e, portanto, mais propensa a gerar quadros de dependência do que a *d*-anfetamina. Como cientista iniciante, eu não deveria aceitar alegações feitas sobre qualquer medicamento sem revisar as provas.

Foi só vários anos depois da pós-graduação que minha crença baseada na fé foi abalada por provas, não só da minha própria pesquisa, mas também de investigações realizadas por outros cientistas.

Em um dos meus estudos, levamos para o laboratório de pesquisa participantes que usavam metanfetamina regularmente.[7] Em dias separados, sob condições de duplo-cego, demos a cada um deles uma dose intranasal de metanfetamina, *d*-anfetamina ou placebo. Repetimos esse procedimento várias vezes com cada pessoa durante vários dias e com doses múltiplas de cada medicamento.

Tal como a *d*-anfetamina, a metanfetamina aumentou a energia dos participantes e sua capacidade de foco e concentração; também reduziu sensações subjetivas de cansaço e perturbações cognitivas normalmente provocadas por fadiga e privação do sono.[8] Ambos os medicamentos aumentaram a pressão sanguínea e os batimentos cardíacos. Sem dúvida, esses são os efeitos que justificam o uso continuado de *d*-anfetamina pelas Forças Armadas de várias nações, inclusive as dos Estados Unidos[9] — isso para não mencionar o amplo uso benéfico da droga por estudantes universitários, profissionais e outros adultos responsáveis.

Além disso, ao terem a oportunidade de escolher entre uma das drogas ou quantias variáveis de dinheiro, nossos voluntários escolheram tomar *d*-anfetamina em um número semelhante de ocasiões em que escolheram tomar metanfetamina.

Esses usuários experientes não conseguiram distinguir entre as duas drogas. (É inteiramente possível que o grupo metil aumente a lipossolubilidade da metanfetamina, mas esse efeito parece ser imperceptível para os consumidores humanos.)

Também é verdade que os efeitos de fumar metanfetamina são mais intensos do que os de engolir uma pílula contendo *d*-anfetamina. Mas esse aumento de intensidade se deve à via de administração, não à droga em si. Fumar *d*-anfetamina produz efeitos intensos quase idênticos aos produzidos por fumar metanfetamina. O mesmo seria verdade se as duas drogas fossem cheiradas.

Ao sair de Washington e viajar de volta para casa em Nova York, refleti sobre como, durante tanto tempo, havia ajudado a enganar o público ao exaltar os perigos da metanfetamina. Em outro de meus estudos, por exemplo, no qual tentei documentar a natureza poderosamente viciante da droga, descobri que, ao ter a chance de escolher entre tomar uma pequena dose de metanfetamina (10 mg) ou ganhar um dólar em dinheiro, os usuários de metanfetamina escolhiam a droga cerca da metade das vezes.[10] Para mim, em 2001, isso sugeria que a droga era especialmente viciante. Mas o que de fato mostrava era minha própria ignorância e preconceito. Como descobri em um estudo posterior, se eu tivesse aumentado o valor em dinheiro para apenas cinco dólares, os usuários teriam aceitado o dinheiro quase sempre — mesmo sabendo que teriam de esperar várias semanas até o final do estudo para recebê-lo.[11]

Minha constatação de que a *d*-anfetamina e a metanfetamina produzem efeitos quase idênticos me levou a supor que a metanfetamina e o MDMA (ecstasy) também produziriam efeitos muito semelhantes. Por que não? Eles tinham uma

Metanfetamina 3,4-metilenodioximetanfetamina

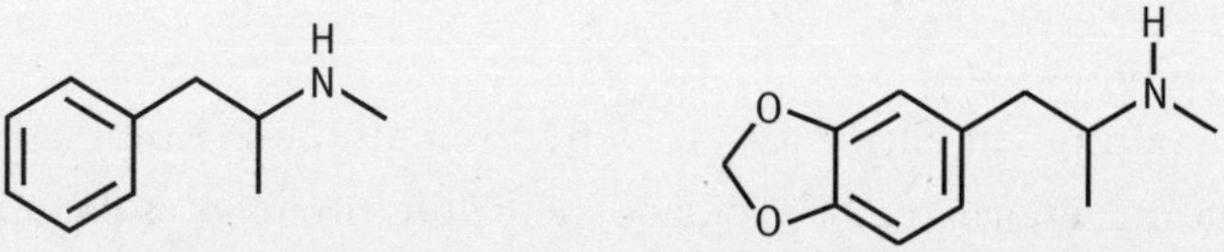

FIGURA 2. Estrutura química da metanfetamina (esquerda) e da 3,4-metilenodioximetanfetamina, ou MDMA (direita).

composição química idêntica, exceto pela adição do anel de metilenodioxi ao MDMA (ver a Figura 2). E, quando estudei cada uma das drogas de maneira isolada, os participantes da pesquisa pareceram apreciá-las igualmente.

Por isso, pedi e recebi uma bolsa do Nida para realizar um estudo duplo-cego que compararia os efeitos da metanfetamina com os do MDMA nas mesmas pessoas. Em outras palavras, em dias separados, cada um dos participantes receberia uma dose oral de metanfetamina, de MDMA ou de placebo. Como no estudo da *d*-anfetamina e da metanfetamina, repetiríamos o procedimento algumas vezes com cada pessoa durante vários dias e com duas doses diferentes de cada droga.

Animado com a bolsa, entrei no escritório da minha colega Sarah Woolley e anunciei a novidade e minhas hipóteses. Eu estava me sentindo muito satisfeito comigo mesmo, então tenho certeza de que parecia razoavelmente confiante. Olhando em retrospectiva, percebo que esse não foi o meu momento de maior orgulho.

Sarah não estuda drogas. Ela estuda pássaros canoros e os mecanismos cerebrais responsáveis pela produção das músicas que eles cantam. Mas isso não a impediu de se mostrar imediatamente cética. Ela não se conteve. Olhando bem nos meus olhos, perguntou em seu tom mais acolhedor: "Querido, você enlouqueceu?".

Sarah e eu entramos no Departamento de Psicologia na mesma época, quando a idade média dos professores parecia ser de cerca de 105 anos. Demos muitas risadas das peculiaridades exclusivas de acadêmicos que já haviam passado há muito tempo da idade da aposentadoria mas se recusavam a se aposentar, por menores que já fossem suas habilidades de ensino ou de interação social. Havia ali apenas quatro ou cinco professores com menos de quarenta anos, e nenhum deles era titular. Já fazia quase vinte anos que ninguém no departamento era efetivado de maneira permanente, e Sarah e eu não estávamos particularmente otimistas quanto às nossas chances. Essa ansiedade compartilhada nos ligava, assim como as conversas sobre drogas.

Para meu desgosto, Sarah queria agora me contar uma ou duas coisas sobre MDMA e metanfetamina. Ela me falou sobre as experiências pessoais de seus amigos artistas, que haviam usado as duas drogas em várias ocasiões, e observou que ninguém que as *tivesse tomado* ou que *tivesse observado* alguém tomá-las diria que elas produzem o mesmo efeito. Sarah também sabia que levava vantagem nessa conversa; ela sabia que, naquele momento da minha vida, eu ainda não havia tomado MDMA.

Fiquei na defensiva. "É, Sarah", observei um pouco irritado, "mas você sabe que anedotas não são evidências." Ela retrucou: "Onde está sua evidência?". Obviamente, eu não tinha nenhuma, pelo menos não ainda. Eu nem sequer tinha uma experiência para relatar. No final, Sarah venceria a discussão, assim como vencera tantas outras que havíamos tido nos últimos quinze anos ou mais.

Acho que fiquei na defensiva porque senti que meus conhecimentos estavam sendo questionados. Ela era uma amiga, sim. Mas, igualmente importante, era uma cientista competente, a quem eu respeitava. Eu queria que ela soubesse que eu também era, que sabia o que estava fazendo. Também queria que ela soubesse que eu estava certo, porque sou competitivo e posso ser mesquinho. Eu ainda não entendia que os relatos anedóticos sobre drogas podem ser muito valiosos, mesmo com suas limitações.

Eu estava disposto a descobrir a verdade. Nesse estudo, alojamos voluntários da pesquisa por treze dias.[12] Todos haviam usado MDMA antes, mas foram informados de que receberiam uma anfetamina ou placebo. Na verdade, demos a cada participante, em dias separados, sob condições de duplo-cego, comprimidos que continham metanfetamina, MDMA ou placebo. Repetimos esse procedimento com cada voluntário por vários dias e com doses múltiplas de metanfetamina, mas apenas uma dose de MDMA (100 mg).

Ambas as drogas aumentaram a pressão arterial e a frequência cardíaca e diminuíram o apetite. Elas também produziram uma quantidade substancial de euforia. Não havia nenhuma surpresa nisso, pois são efeitos estimulantes prototípicos e, sem dúvida, a principal razão pela qual as pessoas tomam metanfetamina e MDMA. Porém apenas o MDMA diminuiu a capacidade de foco e concentração dos participantes. A metanfetamina, mas não o MDMA, melhorou o desempenho cognitivo e a fala; também provocou perturbações no sono. Em resumo, tanto a metanfetamina quanto o MDMA produzem efeitos sobrepostos e divergentes.

Contudo, esses resultados não explicam por que as duas drogas são vistas de maneira tão diferente. Muitas pessoas afirmam que o MDMA não se compara a nenhuma outra anfetamina, sobretudo quando se trata de produzir sentimentos de conexão e abertura emocional. Elas dizem também que o MDMA produz um estado depressivo temporário peculiar — conhecido coloquialmente como Suicide Tuesday — nos dias que se seguem ao uso. Não encontramos evidências desse efeito.

Por que meus dados não batiam com as histórias que as pessoas contam sobre essas drogas? Nossos métodos de pesquisa estavam fora de sintonia com a maneira como as pessoas usam e experimentam drogas no mundo real? Talvez. Havíamos levado pessoas para um laboratório estéril, equipado com pelo menos uma dúzia de câmeras para gravar todos os seus movimentos, e pedido que morassem com três estranhos por duas semanas. E então demos a eles MDMA — uma droga ilegal — e pedimos que relatassem suas sensações. Não são exatamente condições que inspirariam uma abertura desenfreada.

Acho que esse é um bom momento para voltar aos conceitos de *set* e *setting*. Repito que, ao falar em estado mental (*set*), estou simplesmente me referindo às noções preconcebidas do usuário sobre a substância, suas expectativas sobre seus efeitos e seu estado de espírito e fisiologia. O ambiente (*setting*) tem a ver com o "lugar" social, cultural e físico em que o uso de drogas ocorre. Esses dois fatores afetam todas as experiências com substâncias e, sem dúvida, influenciaram nossos resultados. A questão é que os efeitos das drogas não são determinados apenas pela farmacologia (a ligação da substância ao receptor no cérebro). São a biologia *e* o ambiente que determinam nossas experiências. É por isso que, por exemplo, saber apenas quanta dopamina ou serotonina foi liberada em resposta a uma droga ao tentar caracterizar seu efeito no comportamento ou estado de espírito humano é essencialmente inútil. É preciso também levar em conta o ambiente.

Sabendo disso, tive a ideia de experimentar MDMA (100 mg a 150 mg) e metanfetamina (25 mg a 50 mg) em meu santuário com Robin, em nosso tempo protegido sozinhos. Meu raciocínio era simples. Primeiro, era o ambiente íntimo ideal, no qual eu me sentia bastante à vontade e confortável. Os sentimentos de ansiedade ou quaisquer outras emoções estranhas produzidas pelo ambiente seriam minimizados. Depois, esse ambiente era sempre o mesmo, o que significava que eu poderia experimentar as duas drogas em diferentes ocasiões sem me preocupar com a influência dele sobre os efeitos de uma droga, mas não da outra.

Como eu tinha visto no laboratório com os participantes da pesquisa, tanto o MDMA quanto a metanfetamina aumentaram dramaticamente a nossa euforia, minha e de Robin. O que quero dizer é que nos sentimos energizados e estimulados, e desfrutamos intensamente a companhia e a conversa um do outro; nos sentimos gratos por nossos filhos e pela vida que havíamos construído. Sob a influência do MDMA, no entanto, senti muito mais empatia, intimidade e abertura do que quando tomei metanfetamina.

Outra diferença notável que percebi entre as duas drogas é o que os jovens chamam de *rolling* ou ondas. Na minha experiência, o *rolling* é um efeito exclusivo do MDMA. Ele pode ser descrito como sensações intensas e intermitentes de prazer, gratidão e energia. Quando estou ondulando, só quero respirar fundo e me divertir. O simples ato de respirar pode ser extremamente agradável. Eu jamais saberia sobre esse ou qualquer outro efeito singular relacionado ao MDMA se tivesse confiado exclusivamente em meus indicadores ou resultados de laboratório. Antes de usar o MDMA, eu era ignorante demais até para saber que não estava informado o suficiente para fazer as perguntas mais apropriadas à pesquisa. Essas experiências me ajudaram a apreciar de maneira mais plena o valor potencial dos relatos anedóticos sobre drogas.

É difícil descrever adequadamente os efeitos peculiares produzidos pelo MDMA. Lembro-me de uma conversa que Lorraine e eu tivemos certa vez sobre o tema, quando eu ainda era ingênuo em relação à droga. Pedi que ela me dissesse qual era a diferença entre o MDMA e as outras anfetaminas. Ela me lançou um olhar triste, intenso e compreensivo, e disse: "Cara, se você não sabe, nunca saberá". Eu reagi: "Que tipo de resposta é essa?". Agora entendo.

De qualquer forma, tenho o dever de explicar essa diferença em termos que não usuários de MDMA possam entender. Talvez uma analogia musical ajude. Em 2015, numa noite fria de novembro num hotel de Liverpool, meu amigo músico Steven pôs um vídeo do YouTube de Al Green cantando "Jesus Is Waiting". Era uma apresentação de Green no programa *Soul Train*, em 6 de abril de 1974. Na época, *Soul Train* era o programa mais popular de música e dança negra da televisão americana. Mas, naquele dia, Green transportaria os dançarinos do *Soul Train* para a igreja negra.

Diante da plateia, com o braço direito numa tipoia, ele começou com o pai-nosso. De olhos fechados durante boa parte da canção e com o suor escorrendo pelo rosto, Green fez a apresentação mais transcendente que eu já tinha visto naquele programa ou em qualquer outro lugar. Ele me lembrou exatamente por que valorizo tanto nosso espaço sagrado compartilhado: "If you're broken down, Jesus is waiting. Don't let yourself down".*

Nos anos 1970, Green era um dos artistas favoritos da minha mãe, então eu já tinha ouvido essa música várias vezes. Ela fazia parte da trilha sonora da minha infância e ainda é uma das minhas músicas favoritas. Mas posso dizer com absoluta certeza que nenhuma das outras gravações de "Jesus Is Waiting" chega perto de me comover como acontece com a apresentação no *Soul Train*. Essa é a diferença entre MDMA e metanfetamina.

Ao reconsiderar os dados do nosso estudo de laboratório que comparava a metanfetamina com o MDMA, sou assombrado pelas muitas coisas que fiz de errado. Se tivéssemos permitido que nossos participantes tomassem cada droga com um parceiro íntimo num ambiente privado, acho que estaríamos em melhor posição para documentar diferenças mais claras entre os efeitos produzidos por cada uma delas. Evidentemente, também deveríamos ter incluído indicadores diretos de empatia, intimidade e abertura, entre outros, que correspondem mais de perto aos efeitos únicos que muitas pessoas relatam quando estão sob influência do MDMA. No momento, os indicadores normalmente utilizados em estudos de laboratório se revelam incapazes de captar alguns dos aspectos mais cruciais do uso de drogas recreativas.

Precisei de quase vinte anos e dezenas de publicações científicas na área de neuropsicofarmacologia para reconhecer meus próprios preconceitos contra as anfetaminas. Só espero que você

---

* "Se você está arrasado, Jesus está esperando. Não desaponte a si mesmo." (N. T.)

não precise de tanto tempo e atividade científica para entender por que adultos razoáveis podem usar essa classe de drogas.

E espero que esse conhecimento gere menos julgamento e maior empatia com aqueles que usam anfetaminas.

Quando olhei pela janela do voo da Korean Air com destino a Seul que decolava do aeroporto de Manila, senti uma enorme ambivalência. Fiquei aliviado, é claro, porque minha vida não estava mais em perigo, mas também profundamente triste pelo povo das Filipinas, sobretudo pelos mais pobres. Eram eles os principais alvos da guerra de Duterte à metanfetamina. Também não esqueci que, na medicina, a metanfetamina é usada para melhorar a vida dos pacientes. Os usuários recreativos a ingerem para se sentir bem e mais enérgicos. Em suma, as anfetaminas ajudam a fazer as pessoas se sentirem melhor. Como podemos ser contra pessoas que buscam a felicidade? Quando me acomodei no voo, os Isley Brothers cantavam nos meus fones de ouvido: "Dress me up for battle, when all I want is peace [...]. Nation after nation, turning into beast".*

---

* "Visto-me para a batalha, quando tudo que quero é paz [...]. Nação após nação transformando-se em animais." (N. T.)

6. Novas substâncias psicoativas: em busca da pura felicidade

> O negócio é o seguinte: você precisa se divertir enquanto luta pela liberdade, porque nem sempre você ganha.
>
> Molly Ivins

"Tenho que te dizer, essa é a minha droga preferida", sussurrou Robin em tom conspiratório. Estávamos sozinhos, na cama, ouvindo Bill Withers cantar "Grandma's Hand". Estávamos descomprimindo, refletindo sobre como havíamos enfrentado alguns acontecimentos difíceis recentes. Duas horas antes, cada um de nós havia tomado uma dose de 150 mg de 6-APB, uma nova substância psicoativa de estrutura semelhante à do MDMA (Figura 3). O pico dos efeitos estava começando e motivou a revelação de Robin. Ela me disse que o 6-APB a ajudava a abraçar a vulnerabilidade e a não temê-la. Que a fazia concentrar sua atenção nas coisas que *realmente* importavam, e não em aborrecimentos cotidianos insignificantes. Sem pressa, de forma muito refletida, ela observou: "A experiência do 6-APB... é... estimulante... protetora... hum... exatamente como 'Grandma's Hand'".*

---

* Trocadilho com o título da música: "... exatamente como as mãos da vovó". (N. T.)

3,4-metilenodioximetanfetamina   6-(2-aminopropil)benzofurano

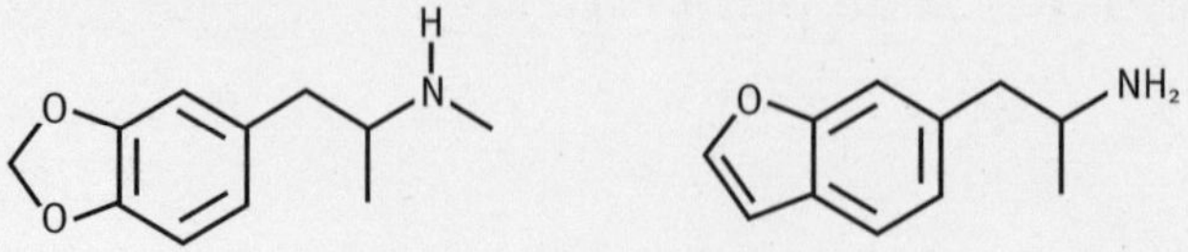

FIGURA 3. Estrutura química da 3,4 metilenodioximetanfetamina.

"Ahã", concordei, enquanto ouvia com paciência e atenção (que não são minhas virtudes mais fortes). Sob a influência do 6-APB, fiquei agradavelmente contente em fechar os olhos e a boca e em abrir a mente e os ouvidos. Desapareceram as elucubrações improdutivas cheias de mágoa que costumam encher minha cabeça. O simples ato de respirar fundo me trouxe uma alegria plena. Robin continuou: "6-APB… felicidade pura vezes seis!". Multiplicada por seis, disse ela, porque "o efeito é incrivelmente suave e duradouro". Isso foi um pouco antes da meia-noite de 22 de fevereiro de 2019.

Minha introdução às novas substâncias psicoativas

Quando uso a expressão "nova substância psicoativa", estou me referindo a uma classificação abrangente que inclui tudo, desde canabinoides sintéticos a estimulantes sintéticos e uma série de outros compostos pouco conhecidos que alteram o estado de espírito. Uma característica unificadora dessas substâncias químicas é que cada uma delas se assemelha a uma droga "clássica" ou "estabelecida", como a anfetamina ou a maconha, em termos de estrutura química e efeitos psicológicos produzidos. Além disso, muitas são relativamente novas e desconhecidas

das autoridades. Isso significa que podem estar legalmente disponíveis pela internet e outras fontes.

Antes de 2016, eu não estava interessado em 6-APB nem em várias outras substâncias psicoativas populares. Isso mudaria em virtude de dois encontros distintos e inesperados com catalães.

"Carl Hart... Carl Hart!", ouvi uma voz feminina com sotaque espanhol gritar de longe, quando saía do prédio das Nações Unidas em Nova York e ia direto para um táxi à minha espera. Era 19 de abril de 2016 e eu tinha acabado de fazer uma apresentação na Sessão Especial sobre Drogas da Assembleia Geral das Nações Unidas (mais conhecida como Ungass). O objetivo do encontro era avaliar a cooperação entre as nações na execução de uma abordagem integrada e equilibrada para lidar com as questões globais acerca das drogas e fazer recomendações nesse sentido. Na verdade, era uma reunião da campanha internacional para promover slogans alinhados com a proposta de livrar o mundo das drogas discutida neste livro. Que grande perda de tempo!

A mulher, cujo nome fiquei sabendo que era Araceli, correu e me cortou antes que eu pudesse abrir a porta do táxi. Com emoção em seus grandes e suaves olhos negros, ela deixou escapar: "Eu vim aqui para conhecê-lo!". Araceli tinha vindo de Barcelona, onde trabalhava para uma organização sem fins lucrativos chamada Energy Control. Quando eu lhe disse que não conhecia a organização, ela não se incomodou e explicou que eles ofereciam serviços de testagem de segurança de drogas gratuitos e anônimos para usuários de substâncias ilícitas. Desse modo, o consumo de drogas se tornava uma atividade menos precária, uma vez que os usuários eram informados sobre a composição química delas. "Brilhante", pensei.

Mas o fato de eu nunca ter estado na capital catalã foi um pouco demais para ela. Seus olhos enormes encheram-se de sincera pena. "Como é possível que um especialista em drogas nunca tenha ido a Barcelona?", perguntou. Ela me contou então que se os espanhóis fossem tão arrogantes quanto os americanos, então a Espanha, e Barcelona em particular, seria conhecida em todo o mundo como o "Centro do Universo das Drogas", devido à inovadora e humana política sobre drogas praticada no país. Eu também soube por Araceli que os espanhóis haviam descriminalizado todas as drogas já em 1973, muito antes dos portugueses, que só fizeram isso em 2000. Conhecer Araceli mais do que compensaria o tempo que eu havia perdido no fiasco da Ungass.

Em agosto daquele ano, no Boom Festival em Portugal, conheci outro catalão, chamado José. Assim como Araceli, ele trabalhava na Energy Control, e também enfatizou que Barcelona era o lugar certo para qualquer pessoa seriamente interessada em drogas. Foi José quem me apresentou o 6-APB. "É um MDMA melhor", disse. "Ele acaricia sua alma para que você possa fazer o mesmo pelos outros." Por fim, José e Araceli juntaram forças para me convencer a visitar Barcelona.

Em abril de 2018, dois anos após a Ungass, cheguei à capital da Catalunha pela primeira vez. Pretensamente, eu estava lá para preencher um pedido de subsídio com José. Estávamos em busca de fundos para organizar uma conferência em Columbia que oferecesse soluções para conter a onda de mortes relacionadas com drogas nos Estados Unidos. Um princípio orientador fundamental do nosso encontro, em contraste com o de um fórum acadêmico típico sobre o uso de drogas, era que o consumo de substâncias psicoativas é um passatempo humano normal, tão antigo quanto a própria humanidade. Seria tolice esperar que nossa espécie não usasse drogas. A tarefa dos governos responsáveis é equilibrar o desejo humano natural de alterar o estado de espírito com a saúde e segurança do público. Um dos objetivos da nossa conferência era destacar os serviços anônimos de testagem de segurança de drogas. Em nossa opinião, esses serviços não haviam recebido atenção acadêmica suficiente e praticamente inexistiam nos Estados Unidos, embora estivesse demonstrado empiricamente que reduziam o número de usuários expostos aos efeitos nocivos de substâncias adulteradas. Era uma situação triste.

Outro objetivo da reunião era chamar a atenção para as evidências de que leis excessivamente restritivas sobre drogas contribuem para a proliferação de novas substâncias psicoativas. Essa proliferação também pode colocar em risco a saúde dos usuários. Sei que muitas pessoas acreditam que, uma vez proibida uma droga, a demanda por ela (ou por seus efeitos desejados) tende a se dissipar. Nada poderia estar mais longe da verdade. Sempre haverá demanda por produtos que aumentam a alegria e mitigam o sofrimento humano. Uma série de novas substâncias psicoativas, entre elas o 6-APB, se destaca nesse sentido. E é por esse motivo, entre outros, que elas continuam a proliferar. Para contornar as duras restrições legais impostas às chamadas drogas clássicas, os fabricantes ilícitos simplesmente sintetizam e vendem novas substâncias psicoativas como alternativas. Por exemplo: a mefedrona é ocasionalmente vendida como uma alternativa ao MDMA porque ambas produzem efeitos semelhantes, embora os efeitos produzidos pela mefedrona tenham duração mais curta.[1] Contudo, como acontece com qualquer droga nova, muitos riscos associados podem não ser tão conhecidos quanto os relacionados às substâncias clássicas. Além disso, vender uma droga nova como se fosse uma droga já estabelecida pode levar a efeitos prejudiciais, sobretudo se os perfis farmacológicos das duas diferirem de maneira significativa. Como vimos, se uma pessoa desavisada consumir uma grande quantidade de carfentanil, uma nova substância psicoativa que por vezes substitui a heroína, as consequências podem ser fatais. É uma consequência muito frequente, mas previsível e evitável, da proibição da heroína.

Imediatamente após preencher o pedido de subsídio, comecei minha educação sobre drogas em Barcelona. Araceli e José me acompanharam numa visita à Energy Control e explicaram como funcionavam seus serviços de testagem de segurança. Todos os anos, eles analisam milhares de amostras usando cromatografia gasosa e notificam usuários anônimos sobre os resultados químicos detalhados. Os funcionários da Energy Control também oferecem instrução básica sobre segurança de drogas, inclusive informações a respeito de dosagem e combinações específicas de substâncias. Tudo isso está disponível gratuitamente para os cidadãos espanhóis. Em comparação com a maioria dos serviços de testagem de segurança de medicamentos que eu já tinha visto em outros países, o modelo da Energy Control era mais abrangente. Fiquei surpreso com a simplicidade elegante de sua abordagem. O objetivo principal era manter os usuários seguros, sem infantilizá-los e respeitando sua autonomia.

Depois disso, visitamos vários amigos e associados. Todos trabalhavam com drogas ou em algo relacionado a elas. Alguns eram químicos, farmacologistas e médicos, outros eram ativistas empenhados na redução de danos. Cada um tinha uma expertise distinta e gostava de falar longamente sobre ela. Pablo, por exemplo, era um inventor. Um de seus muitos dispositivos fornece automaticamente uma injeção de naloxona ao usuário quando os níveis de oxigênio no sangue caem abaixo de certo ponto. O potencial desse aparelho para salvar a vida de qualquer pessoa que tenha tomado uma overdose de opioides é óbvio.

Mas o que mais me lembro dessas visitas é que cada indivíduo tinha um estoque pessoal de drogas. Ao contrário do que acontece nos Estados Unidos, ter um estoque pessoal não constitui crime na Espanha. As drogas foram descriminalizadas. Além do mais, os estoques privados das pessoas eram guardados com produtos farmacêuticos que haviam sido testados na Energy Control. "Então é com isso que a liberdade se parece", eu não conseguia parar de pensar.

"Posso pôr um *hex* em você?", Catalina perguntou convidativamente, balançando diante de mim um saquinho de plástico transparente cheio de um pó branco como a neve. Não entendi se ela estava brincando sobre me lançar um *hex* (feitiço) ou se estava me oferecendo uma droga, ou as duas coisas. O olhar idiota no meu rosto revelou minha confusão. Ela riu e enunciou cada palavra devagar: "Você... gostaria... de um pouco... de *hex*?". Devo dizer que àquela altura eu nunca tinha ouvido falar de *hex*, muito menos pensado em ouvir essa pergunta. "Hã?", respondi. "O que é isso?"

Catalina explicou que a droga se chamava hexedrona e era um derivado sintético da catinona. Com uma estrutura semelhante à da anfetamina, a catinona é o principal componente psicoativo encontrado no khat, um arbusto comum na África Oriental. Alguns mastigam as folhas de khat para obter efeitos estimulantes. Nos últimos quinze anos ou mais, a popularidade das catinonas sintéticas aumentou significativamente, em parte porque elas geram efeitos de melhoria do humor semelhantes aos produzidos por drogas como anfetaminas, cocaína e MDMA. N-etilpentedrona, 3,4-metilenodioxipirovalerona (MDPV), metilona e mefedrona são apenas alguns exemplos de catinonas sintéticas de uso recreativo.

Nos Estados Unidos, essas drogas costumam ser chamadas genericamente de "sais de banho", porque em outros tempos eram disfarçadas e vendidas como tal de modo a contornar as leis. Você talvez se lembre do caso do canibal de Miami em que os sais de banho foram culpados de início. Em 26 de maio de 2012, Rudy Eugene, um homem de 31 anos emocionalmente instável, atacou de repente Ronald Poppo, um sem-teto de 65 anos, numa rua movimentada de Miami.[2] Durante o ataque de quase vinte minutos, Eugene mordeu repetidamente o rosto de Poppo. Quando a polícia chegou e matou Eugene, Poppo havia perdido um olho e metade do rosto.

Armando Aguilar, presidente do sindicato da polícia local, especulou imediatamente que "sais de banho" haviam desencadeado o terrível ataque. Essas drogas faziam os usuários "enlouquecerem e ficarem muito violentos", declarou. Para reforçar seu argumento, Aguilar falou à ABC News sobre vários outros incidentes que estariam associados ao uso de sais de banho. "Foram necessários quinze policiais para detê-lo, e, enquanto estava sendo atacado com uma arma de choque, ele implorava para que atirassem e o matassem", disse Aguilar, referindo-se a um incidente após um festival de música. Paul Adams, um médico do departamento de emergência, sustentou as afirmações de Aguilar sobre a propensão dessas drogas para produzir força sobre-humana. "Podemos dizer que elas são o novo LSD", atestou Adams à ABC News. "Eles [os pacientes] não são racionais, são muito agressivos e ficam mais fortes do que costumam ser. Na sala de emergência, é preciso de quatro a cinco pessoas para controlá-los, e tivemos alguns que conseguiram escapar."

Deixando de lado por um momento que nem Aguilar nem Adams tinham resultados de toxicologia que confirmassem o consumo de catinonas sintéticas (ou qualquer outra droga) por Eugene, as evidências das pesquisas que investigam os efeitos dessas drogas são absolutamente inconsistentes com as afirmações feitas por esses servidores públicos de confiança. Catinonas sintéticas produzem efeitos estimulantes. Nenhuma droga recreativa produz força sobre-humana ou incita o tipo de violência descrito por Aguilar e Adams.

Infelizmente, esses fatos inequívocos não impediram o frenesi da mídia. Manchetes sinistras alardeavam: NOVA DROGA-ZUMBI "SAIS DE BANHO" FAZ AMERICANOS SE COMEREM UNS AOS OUTROS e ATAQUE CANIBAL AO ROSTO DE UM HOMEM POSSIVELMENTE PROVOCADO POR "SAIS DE BANHO", SUSPEITAM AS AUTORIDADES.[3] O conteúdo desses artigos era ainda pior. Natashia Swalve e Ruth DeFoster fizeram uma revisão crítica da cobertura da grande imprensa desse incidente.[4] Descobriram que ela estava repleta de descrições sensacionalistas do ataque e dos supostos efeitos produzidos por catinonas sintéticas. Vários relatos alegavam que o uso de sais de banho atingira proporções epidêmicas — não era verdade — e clamavam por uma legislação mais severa em relação a essas drogas. Evidências científicas sobre catinonas sintéticas estavam obviamente ausentes.

Então, em 27 de junho de 2012, um mês depois do ataque, foram divulgados os resultados da análise toxicológica do sangue de Eugene. Nenhuma catinona sintética foi encontrada. A única droga encontrada em seu organismo foi o Δ^9-tetra-hidrocanabinol (THC), o principal componente psicoativo da maconha. Mas, ainda assim, em pequena quantidade, o que sugere que ele não havia fumado no dia do ataque. A verdade é que ainda não sabemos o que levou Eugene a se comportar de forma tão violenta. Mas não foram as drogas. Quem sabe questões de saúde mental ou religiosidade excessiva, como sugeriram alguns? É possível. Mas as provas que sustentam essas opiniões também são limitadas.

Ficamos sabendo, no entanto, graças à reportagem investigativa de Frank Owen, que Aguilar provavelmente vendera a história do canibal induzido por drogas como uma manobra diversionista. Segundo a teoria de Owen, em vez de correr o risco de que o assassinato do sr. Eugene, que era negro, pelo policial José Ramirez, que é latino, se tornasse um problema de relações públicas para o Departamento de Polícia de Miami, Aguilar "decidiu enterrar o ângulo racial alimentando os repórteres com uma narrativa alternativa irresistível: um monstro comedor de carne sob o efeito de uma nova droga sinistra chamada sais de banho havia devorado o rosto de um sem-teto".

Entristece-me que se continue a acreditar até hoje no velho clichê do "negro enlouquecido viciado em drogas". Esse é um dos motivos pelos quais oficiais de polícia como Aguilar divulgam histórias inacreditáveis sobre drogas de forma tão descarada.

No que diz respeito à relação entre o ataque e as catinonas sintéticas, a verdade foi revelada; mas o dano já havia sido feito. Como exemplo disso, o governo federal aprovou a Lei de Prevenção ao Abuso de Drogas Sintéticas, que baniu uma série de novas substâncias psicoativas, inclusive a mefedrona, no mesmo dia em que as descobertas toxicológicas sobre Eugene foram divulgadas. E embora as catinonas sintéticas não estivessem envolvidas no ataque de Miami, reportagens posteriores ainda a culpavam. A CBS News publicou um desses artigos em 2 de abril de 2015, quase três anos depois de os fatos virem a público.[5] O jornalista Jacob Sullum, que escreveu de maneira extensa e responsável sobre o assunto, talvez o tenha apresentado da melhor forma: "A lenda das drogas zumbis persiste com a ajuda de jornalistas que promovem o pânico, que sabem o que é uma boa matéria quando a veem e não se importam muito se é verdade".[6]

Levando em consideração o meu próprio conhecimento sobre catinonas sintéticas, complementado com as informações fornecidas por Catalina, aceitei entusiasticamente sua oferta: "Vamos lá!". Ela pesou meticulosamente o *hex* distribuído em várias fileiras, que variavam de uma dose de 30 mg a 50 mg. Em quinze minutos, os efeitos agradáveis começaram a aparecer. Senti-me eufórico, enérgico, lúcido e altamente sociável. Foi legaaaaal: parecia cocaína. É importante ressaltar que os efeitos não foram avassaladores ou desorientadores, então facilitaram discussões substantivas sobre o *hex* e outras drogas. Após algumas horas, quando os efeitos passaram, não senti nenhuma perturbação do humor ou nenhum outro efeito residual que pudesse sinalizar um motivo de preocupação. A experiência foi inequivocamente maravilhosa. E com certeza não tive vontade de comer o rosto de ninguém.

Na verdade, a experiência foi tão prazerosa que resolvi provar outras catinonas sintéticas, como a N-etilpentedrona e a 2-metilmetcatinona, enquanto estava em Barcelona. Elas também produziram efeitos agradáveis, mas o *hex* deixou uma impressão marcante em mim. Agora, ele faz parte das drogas que posso querer tomar antes de ir a algum evento social horrível, como uma recepção acadêmica ou uma festa anual de férias do departamento. O *hex*, como o álcool, aumenta a afabilidade, a euforia e a energia — sensações propícias para uma atmosfera festiva. É irônico que eu tenha de pensar se ele seria aceitável nesses eventos, mesmo vendo colegas e funcionários abusando abertamente do álcool. Por que devemos nos limitar ao álcool nesses ambientes, quando muitas outras drogas também aumentam a sociabilidade?

Também fumei ópio (que obviamente não é uma substância psicoativa nova) pela primeira vez em Barcelona e me senti incrivelmente sereno, tranquilo e contemplativo. Tive a sorte de ter sido bem recebido naquela comunidade de profissionais responsáveis que por acaso também usam drogas. Alguns deles eram pais — e seus filhos, aliás, pareciam saudáveis e felizes, amados e bem cuidados. Esses usuários de drogas adultos falavam sem reservas sobre seu uso *atual*, não no passado. E nossas conversas não eram sufocadas por tensão ou estranheza, como costuma acontecer quando se fala sobre os aspectos favoráveis do consumo de drogas. Em vez disso, tive uma troca revigorante de ideias e informações sobre meu tema preferido, sem falar no prazer de ser estimulado pelas guloseimas psicoativas. Foi emocionante.

Nascido nos Estados Unidos

Também não pude deixar de pensar que morava nos Estados Unidos, e que a invejável busca psicoativa dessa comunidade estava ocorrendo principalmente fora do meu campo de visão e sem mim.

Quando voltei para casa, esse sentimento se amplificou. Os canabinoides sintéticos estavam agora na mira da imprensa; eram as novas drogas a ser temidas. Um artigo publicado no *New York Times* em 20 de maio de 2018 observava que "erradicar os canabinoides sintéticos tem sido uma luta, pois seu uso persiste".[7] Qualquer ser pensante sabe que é praticamente impossível eliminar todos os canabinoides sintéticos. Essa classe de drogas é extremamente grande e contém vários medicamentos usados hoje pela medicina, inclusive o canabidiol (CBD), que é prescrito para tratar convulsões. Exasperado, pensei comigo mesmo: "Lá vamos nós de novo".

Quanto mais penso na matéria sobre os canabinoides sintéticos, mais me convenço de que ela evidencia muitos aspectos do que há de errado no enfoque da política americana sobre drogas. Os canabinoides sintéticos compõem também o maior grupo de novas substâncias psicoativas, e o que mais cresce, então eu seria negligente se não os discutisse com algum detalhamento.

No início, essas substâncias químicas foram sintetizadas por cientistas, como John W. Huffman e outros, com o propósito de estudar o canabinoide endógeno (endocanabinoide). A pesquisa de Huffman, por exemplo, buscava entender melhor como essa classe de drogas poderia ser utilizada na medicina.

Não é difícil perceber a imensa importância dessa linha de pesquisa, uma vez que o sistema endocanabinoide é uma rede amplamente distribuída por todo o corpo. Ou seja, essa família de substâncias químicas e seus correspondentes receptores são encontrados em muitas estruturas cerebrais e em outras áreas fora do cérebro. Ela está envolvida em grande parte das funções básicas, como apetite, imunidade, memória, humor, dor e sono.

Os cientistas não eram os únicos interessados nesses compostos. Os usuários de maconha também se interessaram por eles. Como o THC, muitas dessas drogas estimulam os receptores endocanabinoides no cérebro. Algumas, quando inaladas, produzem efeitos semelhantes aos da maconha, como euforia e relaxamento. É por isso que às vezes são chamadas de maconha sintética. Não esqueçamos que a maconha recreativa era proibida nos Estados Unidos até 2014, quando o uso adulto foi legalizado em dois estados (Colorado e Washington).

No início dos anos 2000, espalhou-se a notícia de que os canabinoides sintéticos eram legais e estavam disponíveis para qualquer pessoa que os conhecesse. Eles eram vendidos em *head shops*, lojas de conveniência e pela internet. Eram comercializados como incenso de ervas naturais ou mistura de ervas aromáticas sob várias marcas, como Spice ou K2. A maioria não era detectada por testes convencionais de urina, um recurso atraente para qualquer pessoa sujeita a exames aleatórios de drogas. Tudo isso contribuiu para que atraíssem quem buscava uma alternativa legal à maconha.

Então, em 2011, a situação legal dos canabinoides sintéticos começou a mudar. As autoridades americanas proibiram cinco compostos específicos (Tabela 1). Essa proibição deu início a um jogo de gato e rato entre autoridades e produtores de drogas, resultando na rápida introdução de substâncias químicas levemente modificadas para contornar as leis existentes. Funciona assim: a polícia detecta um novo canabinoide sintético no mercado ilícito; esse canabinoide é então banido, seguindo-se uma proliferação de novos substitutos, em geral mais potentes e potencialmente mais perigosos para o consumidor desinformado. A cada ano, cresce o número de canabinoides sintéticos proibidos e novos.

Canabinoide sintético	Ano da proibição
Canabiciclohexanol, CP-47,497, JWH-018, JWH-073 e JWH-200	2011
AM-2201, AM-694, JWH-019, JWH-081, JWH-122, JWH-203, JWH-250, JWH-398, SR-18 e SR-19	2012
APINACA, UR-144 e XLR-11	2013
5F-PB-22, AB-FUBINACA, ADB-PINACA e PB-22	2014
AB-CHMINACA, AB-PINACA e THJ-2201	2015
ADB-CHMINACA	2016
5F-ADB, 5F-AMB, 5F-APINACA, ADB-FUBINACA, AMB-FUBINACA, MDMB-CHMICA e MDMB-FUBINACA	2017
4-CN-CUMYL-BUTINACA, 5F-AB-PINACA, 5F-CUMYL-P7AICA, 5F-EDMB-PINACA, 5F-MDMB-PICA, FUB-144, FUB-AKB48, MAB-CHMINACA, MMB-CHMICA, NM2201 e SGT-25	2018

TABELA 1. Uma lista de canabinoides sintéticos e o ano em que foram proibidos nos Estados Unidos.

O jogo de gato e rato pode ter consequências reais para a saúde dos consumidores de produtos à base de canabinoides sintéticos. Pense no seguinte. Antes de 2011, o JWH-018 era provavelmente o ingrediente ativo em produtos vendidos como K2. Quando fumado, produzia efeitos semelhantes aos do THC, embora em doses menores. Em 2011, o JWH-018 foi proibido, o que levou os fabricantes a substituí-lo por um canabinoide sintético menos conhecido e mais potente. Em alguns casos, várias drogas foram vendidas como substitutos. Portanto, é provável que, depois que o JWH-018 foi banido, os compradores de K2 tenham recebido uma droga diferente ou múltiplas drogas. Para piorar as coisas, o rótulo na embalagem de muitos desses produtos nem sempre refletia com precisão o conteúdo, inclusive dose e droga. Não é difícil ver como isso pode ter levado a efeitos inesperados e malignos em consumidores desavisados.

Um bom exemplo são os eventos de 12 de julho de 2016 na cidade de Nova York.[8] Nesse dia, relatou-se que 33 pessoas de um bairro predominantemente negro do Brooklyn ficaram gravemente intoxicadas depois de consumir o que era chamado de maconha sintética. Alguns desses indivíduos ficaram debilitados e desorientados e até perderam temporariamente a consciência, mas por sorte ninguém morreu. Enquanto isso, entre as manchetes da mídia local e nacional podia-se ler: OVERDOSE DE MACONHA SINTÉTICA TRANSFORMA DEZENAS EM "ZUMBIS" EM NOVA YORK.[9] Na ocasião, reportagens e vídeos dramatizaram a extraordinária potência e os efeitos nocivos do K2. Todas eram apimentadas com citações sensacionalistas como esta, de um artigo do *New York Times*: "É como uma cena de um filme de zumbis, um espetáculo horrível".[10] O moralismo que desumanizava os usuários era palpável.

E, previsivelmente, quase todas essas matérias eram desprovidas de qualquer informação útil que pudesse melhorar a saúde e a segurança dos usuários de canabinoides sintéticos. Por exemplo: nenhum artigo confirmava que um canabinoide sintético fora realmente ingerido. Nenhum relatava qual era o conteúdo verdadeiro dos produtos que as vítimas teriam consumido. Nenhum mencionava que os efeitos nocivos observados poderiam ter sido causados por outras substâncias ou algum outro fator. Esse ponto é particularmente importante, porque a maioria das vítimas foi vista nas proximidades de uma clínica de metadona local, da qual algumas delas poderiam ter sido pacientes. É óbvio que os efeitos combinados da medicação opioide com outras drogas poderia ter contribuído para os efeitos adversos noticiados.

Fiquei frustrado com esses relatos irresponsáveis e a patente negligência com a saúde pública. Participei de um noticiário local e pedi às autoridades de saúde da cidade que recuperassem os supostos produtos e os testassem para determinar sua composição. Também pedi que obtivessem análises biológicas (sangue e urina) dos pacientes que haviam sido levados ao hospital para ver se elas correspondiam aos resultados dos produtos testados. Dessa maneira, possíveis causas específicas poderiam ser investigadas, e os resultados, divulgados. Membros da imprensa, da comunidade local e da comunidade mais ampla de usuários de drogas, entre outros, poderiam ser alertados, a fim de evitar mais danos a possíveis consumidores do agente causal. Isso não aconteceu, pelo menos não no início.

Vários meses se passaram até que o público recebesse qualquer informação útil sobre um possível culpado no assim chamado surto de "zumbis". Em 14 de dezembro de 2016, cinco meses depois do surgimento na imprensa popular de histórias sensacionalistas sobre zumbis, um artigo publicado no *New York Times* relatou que o vilão era um canabinoide sintético novo e mais potente.[11] Essa perspectiva veio das conclusões tiradas por pesquisadores num artigo publicado pouco tempo antes no *New England Journal of Medicine*.[12] Os pesquisadores obtiveram e testaram amostras de sangue e urina de oito dos 33 indivíduos que sentiram efeitos adversos, além de uma amostra do "incenso" à base de ervas "AK-47 24 Karat Gold", que fora considerado o produto responsável pelos efeitos nocivos. Os resultados revelaram que o canabinoide sintético AMB-Fubinaca fora identificado em todos os oito pacotes de AK-47 24 Karat Gold testados individualmente, e que seu metabolito (subproduto do corpo que metaboliza uma substância química) fora encontrado no sangue de todos os oito indivíduos. É importante ressaltar que a quantidade de AMB-Fubinaca contida em pacotes individuais de AK-47 24 Karat Gold variava de 14 mg/g a 25 mg/g. Além disso, metade dos pacientes testados tinha outras drogas em seu organismo, entre as quais um antidepressivo, um anti-histamínico, um benzodiazepínico e medicamentos à base de opioides.

Em 2016, quando ocorreu o incidente no Brooklyn, o AMB-Fubinaca ainda não havia sido banido. Por esse motivo, é provável que os vendedores o tenham incluído em seus produtos como um substituto para um canabinoide sintético recém-proibido. O problema é que o AMB-Fubinaca é consideravelmente mais potente do que o THC — e ainda mais potente do que JWH-018 —, o que significa que uma quantidade muito menor da substância é necessária para produzir efeitos, inclusive os desfavoráveis. Agora que ele foi banido, substitutos menos conhecidos e provavelmente mais potentes preencherão o vazio.

É por isso que a resposta automática do governo de proibir qualquer nova substância psicoativa leva invariavelmente ao surgimento de substâncias desconhecidas no mercado ilícito. Já ficou demonstrado que esse padrão coloca em risco a saúde de pessoas que buscam apenas alterar seu estado de consciência. Observe também que a maioria dos usuários de canabinoides sintéticos consome essas substâncias em busca de um efeito semelhante ao da maconha, e que efeitos adversos graves raramente são associados ao uso de maconha por adultos. Além disso, surtos de reações negativas aos canabinoides sintéticos — como o que foi relatado em vários estados, como Connecticut, Illinois, Maryland e Nova York — são praticamente desconhecidos em estados onde a maconha é legal. Se você estivesse mesmo preocupado com reduzir os problemas associados aos canabinoides sintéticos ilícitos, pressionaria pela expansão da maconha recreativa legalizada.

Saber que a saúde de pessoas normais e decentes é desnecessariamente colocada em risco por causa de líderes desonestos e insensíveis causa profundo desânimo. Quando se trata de formular políticas de combate às drogas, com demasiada frequência os legisladores são autorizados a simplesmente ignorar as evidências — e até mesmo inventar suas próprias. Perdi a conta das vezes em que vi políticos descarados usarem essa estratégia para enganar o público.

Vejamos por exemplo John Boehner, ex-presidente da Câmara, que se opôs à legalização da maconha durante todos os trinta anos de sua carreira política. Em 2011, ele escreveu a um eleitor dizendo que "pesquisas mostram que o uso de maconha em sua forma pura é prejudicial", e que era "irreversivelmente contrário à legalização da maconha".[13] Em 2018, após ter renunciado ao Congresso em 2015, Boehner entrou para o conselho diretor da Acreage Holdings, empresa canadense que é a maior proprietária multiestadual de licenças e ativos de cannabis nos Estados Unidos. Como você deve ter adivinhado, Boehner não se opõe mais à legalização da maconha. Agora, ele é um defensor. Agora, ele acredita que as leis que proíbem a substância estão "ultrapassadas".

Boehner é um hipócrita. Não me entenda mal, acho que a maconha deveria ser legalizada em todo o país. Minha posição é clara. Além do mais, tenho um enorme respeito e admiração por aqueles que são capazes de mudar de ideia diante de evidências novas e mais convincentes. Isso se chama flexibilidade cognitiva, uma marca registrada da inteligência. A nova posição de Boehner, contudo, foi motivada pela ganância. Ele não parece dar a mínima para os extensos danos causados pelas políticas proibitivas que outrora apoiou. Essas políticas põem em risco a saúde dos usuários de canabinoides sintéticos e facilitam o racismo na aplicação da lei. "Eu não tenho nenhum arrependimento", disse Boehner à National Public Radio. E, para nosso espanto, concluiu: "Para ser honesto, toda a parte de justiça criminal que essa questão envolve nunca me passou pela cabeça".[14]

Recentemente, o comportamento desonroso daqueles que ocupam posições de liderança chegou perto da minha casa. Em 14 de fevereiro de 2019, minha esposa e eu passamos a manhã inteira na escola do nosso filho Malakai. Estávamos lá porque haviam postado um vídeo nas redes sociais em que outro aluno o chamava de crioulo.* Tanto a diretora da escola quanto o coordenador se disseram chocados com o uso desse insulto racista pelos alunos. Mas, quando perguntamos o que pretendiam fazer a respeito, fomos informados de que ainda não haviam pensado nisso. E, quando pedimos para ver o vídeo, simplesmente se recusaram.

Essas pessoas não nos inspiravam exatamente confiança. Em uma série de ocasiões anteriores, havíamos chamado sua atenção para transgressões muito piores, de cunho racista, dirigidas a nosso filho. Fomos polidamente desconsiderados todas as vezes. Para dar apenas um exemplo entre muitos, a equipe de segurança costumava selecionar Malakai e outros meninos negros para inspeções de fotoidentificação antes de entrarem na escola. Esse tipo de verificação de identidade era altamente incomum nessa coesa comunidade escolar, da qual éramos membros havia quase vinte anos e que se orgulhava de seu sistema honrado e de seus elevados padrões éticos — além de cobrar mais de 50 mil dólares por ano em mensalidades.

Um incidente ocorrido em maio de 2018 é emblemático do duplo padrão a que meu filho era frequentemente submetido pela própria escola. Ele e alguns outros meninos negros — ainda usando o uniforme de atletismo da escola —, junto com seu treinador também negro, tinham acabado de retornar de uma competição realizada em outra escola e estavam indo para o vestiário recuperar seus cartões de identificação e outros

---

* No original, "nigger": nos Estados Unidos, termo mais ofensivo que um branco pode usar contra um negro, a tal ponto que, ao se referir a ele, costuma-se substituir pelo eufemismo "n-word". No entanto, seu uso é permitido entre os próprios negros. (N. T.)

itens relacionados à escola, inclusive suas lições de casa. Eles também queriam trocar o uniforme de corrida por roupas comuns. Para sua surpresa, no entanto, foram parados na cabine de segurança e tiveram o acesso negado.

Enquanto isso, um casal branco mais velho acenou para o agente de segurança e passou direto pela cabine, desimpedido. Eles não foram convidados a mostrar sua identificação nem foram questionados ou impedidos de entrar na escola. Isso levou o treinador a solicitar uma conversa com o supervisor do oficial de segurança, que, ao chegar ao local, acabou concedendo a autorização. O primeiro segurança acompanhou então a equipe até o vestiário. Ser escoltado também não é uma coisa comum. Mas então, depois de poucos minutos, ele advertiu os meninos em voz alta: "Hora de ir embora! Vocês já tiveram tempo suficiente aí!".

Esses alunos-atletas, que haviam acabado de retornar de uma competição em que tinham defendido o nome da escola, foram forçados a deixar o lugar. O fato de nenhum de seus pais ainda ter chegado para buscá-los não importava. Basicamente, disseram-lhes para dar o fora. Para piorar a situação, já era tarde da noite, não havia estrelas no céu e a escola fica em um bairro predominantemente branco, a vários quilômetros de casa. Imagine como eu e minha esposa nos sentimos ao chegar lá e descobrir que nosso filho não estava à nossa espera, que um funcionário da escola o havia expulsado e que ele precisara encontrar um estabelecimento público aberto que lhe permitisse ficar ali até a gente aparecer? Visões de Trayvon Martin e Tamir Rice, o menino negro de doze anos baleado e morto por um policial branco de Cleveland, me passaram pela cabeça. Fiquei horrorizado. Eu queria saber quem tinha sido o responsável por colocar meu filho nessa situação de risco.

Enviei imediatamente um e-mail à direção da escola solicitando uma reunião. Mais de duas semanas se passaram antes que isso acontecesse. O adiamento por semanas me irritou, ainda mais devido à natureza da minha preocupação e ao fato de já termos falado com a direção da escola sobre a prática discriminatória de sua equipe de segurança.

Ainda assim, tentei permanecer otimista. Disse a mim mesmo que eles deveriam estar usando esse tempo para implementar ações corretivas. Eu esperava que levassem o problema a sério, que entendessem que a discriminação perpetrada pelos seguranças poderia traumatizar Malakai e resultar em consequências negativas para seu desenvolvimento psicológico e seu comportamento. Eu esperava que entendessem que a inação *deles* era o problema, que, de maneira insidiosa, ela poderia moldar a percepção que meu filho tinha de si mesmo e de seu lugar no mundo, e que o levava, sem nenhuma sutileza, a adotar uma postura autoprotetora, hipervigilante, excessivamente suspeitosa, até paranoica, e definitivamente subserviente. Eu esperava que entendessem que esse tipo de tratamento desumanizador de cunho racista, sobretudo durante a adolescência, produz efeitos prejudiciais significativos na saúde mental dos meninos negros, e que esses efeitos persistem até a idade adulta, décadas depois.[15] E isso para não mencionar toda a série de outros possíveis estados patológicos, inclusive doenças cardiovasculares, que ocorrem com maior incidência entre aqueles que são sujeitos à discriminação racial.[16]

Que nada. Eu estava completamente errado, e isso ficou claro desde o início da reunião. A diretora e sua equipe não assumiram a responsabilidade nem apresentaram um plano corretivo concreto. Na verdade, eles dissimuladamente nos pediram, inclusive a Malakai, que ajudássemos a criar uma política de segurança escolar que não discriminasse os meninos negros. Àquela altura da minha vida, eu era capaz de reconhecer imediatamente esse tipo de estratégia de deflexão. Os dirigentes da escola inventaram esse falso pedido na tentativa de fingir vontade de agir sem de fato fazer nada. Era um insulto. Nem Malakai nem Robin nem eu temos qualquer experiência em questões de segurança, e, portanto, pedir que resolvêssemos esse problema para eles era claramente inadequado. Além do mais, embora saiba que sou professor em uma grande universidade, a diretora da escola nunca procurou minha ajuda em relação ao conteúdo ou ao desenvolvimento do currículo. Buscar minhas opiniões em assuntos relacionados à minha profissão seria muito mais apropriado do que buscá-las em questões de segurança.

Assim, diante desse cenário, o horror escandaloso manifestado pelos dirigentes da escola em reação ao fato de meu filho ser chamado de crioulo foi ao mesmo tempo indiferente e enlouquecedor. Eis o motivo: o dano causado a Malakai — e a outros meninos negros — ao ser insultado dessa maneira por um estudante ignorante não é nada em comparação com a miríade de danos causados por repetidos atos de discriminação chancelados pela escola e perpetrados por adultos.

Esses pensamentos pesaram muito em minha mente na noite de 21 de fevereiro. Eu tinha acabado de levar Kenya, nossa cadela de catorze anos, para fazer suas necessidades pela última vez. Estava esperando a ligação de Malakai para ir buscá-lo na escola após mais uma competição de atletismo. Acrescente-se ao meu estresse a tristeza usual que essa data em particular traz a cada ano. Nesse dia, em 1965, Malcolm X — um de meus heróis, em virtude de sua coragem e integridade públicas — foi assassinado, e, em 2011, também nesse dia, morreu Bob Schuster, um amigo querido e ex-diretor do Nida.

Estávamos a poucos minutos da eutanásia de Kenya. Sua saúde havia piorado de forma irreversível: ela tinha perdido a visão, mal conseguia ouvir, ficava confusa intermitentemente, parara de comer e agora estava quase imóvel. Apesar disso, sofri muito com minha decisão de matá-la. Intelectualmente, eu sabia que era a coisa certa a fazer. Emocionalmente, sentia o exato oposto. "Estou fazendo a coisa certa?", perguntava-me em silêncio. A expressão de tristeza no rosto do meu filho Damon enquanto acariciava Kenya pela última vez me encheu de dúvida e desespero. Lutei para conter minhas próprias lágrimas.

"Quais drogas você está usando?", perguntei à corpulenta veterinária enquanto ela se abaixava desconfortavelmente no chão da nossa cozinha. A lista de drogas que ela enumerou era familiar: xilazina, acepromazina e pentobarbital. "Acepromazina", perguntei, "isso é um tranquilizante, além de anti-histamínico, certo?" Ela me deu uma resposta que sugeria que não tinha certeza. Mas isso realmente não importava, porque eu só havia feito a pergunta para me distrair, para reprimir minhas emoções e conter a inevitável torrente de lágrimas que ameaçava expor publicamente minha angústia. Ao longo dos anos, aprendi que me concentrar nos detalhes de como as drogas funcionam é uma estratégia eficaz para evitar e esconder minhas emoções. Então, naquele momento, minha mente se ocupou com especulações sobre a estrutura química da acepromazina em relação a outros neurolépticos e anti-histamínicos, como a clorpromazina e a prometazina. Perguntei-me quão seletiva cada uma delas seria para receptores de dopamina e histamina.

Depois de três injeções rápidas, tudo acabou. Kenya relaxou num sono pesado; parecia em paz. Sua respiração desacelerou e ficou mais profunda. Logo depois, estava morta: seu rosto, como uma máscara, exibia uma expressão desconhecida. Era sem vida, desconcertante. Ainda me assombra.

Quase imediatamente após o sacrifício de Kenya, Malakai telefonou e saí para buscá-lo. No caminho, pensei no que lhe diria sobre a morte dela e sobre como ela me ensinara a amar. Eu queria que ele soubesse que não havia problema em chorar, que não havia problema em expressar sua angústia por ter perdido nossa querida cachorra. Queria que ele soubesse que eu também estava com o coração partido e sofrendo imensamente. Mas, quando ele entrou no carro, dei-lhe a notícia com poucas palavras e ainda menos emoção. Ele respondeu na mesma moeda. Voltamos para casa quase em silêncio, cada um com seu sofrimento.

Eu sentia por ele, mas não sabia o que dizer. Sentia por ele porque ele havia aprendido, desde muito cedo, como eu, a esconder esses sentimentos para se proteger, a compartimentar as coisas para parecer menos vulnerável. Eu cresci num mundo em que os meninos não choravam, ou, pelo menos, não deixavam que ninguém os visse chorar. O choro — ou uma expressão emocional semelhante — era interpretado como fraqueza, moleza. Naturalmente, também ensinei isso aos meus filhos.

Mas eu não estava pensando sobre a necessidade humana de se emocionar em reação a situações como a morte de um ente querido. Na verdade, estava concentrado exclusivamente em vaciná-los para evitar que fossem devastados pelo racismo americano contra os meninos negros. Eu não queria que meus filhos fossem vistos como fracos porque sabia que, se isso acontecesse, eles estariam liquidados. O racismo americano tem uma maneira de detectar e devorar meninos negros fracos como uma matilha de lobos cinzentos em busca de um cervo ferido.

Contudo, naquele momento, senti por Malakai, por ele estar crescendo num mundo em que meninos negros ainda tinham de esconder suas emoções, um mundo que insistia em chamá-lo de crioulo, assim como tinha feito com seu pai, seu avô e seu bisavô.

Quando chegamos em casa, a veterinária já havia levado o corpo de Kenya. Nós, como uma família, guardamos as coisas dela e nos preparamos para o dia seguinte como se fosse apenas mais um dia. Não foi, é claro. E eu sabia que em algum momento teria de voltar ao assunto com Malakai e ver se ele estava bem; quero dizer, *realmente* bem. Eu só não conseguia fazer isso naquele momento.

Primeiro, precisava trabalhar minha própria cabeça. Esse trabalho está além da experiência de terapeutas americanos típicos, que raramente são treinados em questões de raça, sobretudo no que se refere ao impacto do racismo no funcionamento da saúde mental e na criação dos filhos. Assim, limpei minha agenda nos dias seguintes e me isolei do mundo com Robin, numa folga facilitada por doses múltiplas de minha nova substância psicoativa preferida, o 6-APB. Foi uma experiência maravilhosamente catártica e curativa. O 6-APB é o ingrediente psicoativo por excelência para nutrir a alma desanimada. Ele me ajudou a obter um novo insight sobre as lutas do passado e as que tenho de encarar. Ao final da experiência, eu me sentia revigorado e magnânimo. Liguei para meu amigo David Nichols, o primeiro cara a sintetizar o 6-APB, e disse algo como: "Se ao menos mais pessoas pudessem ter experiências como essa, talvez nos tratássemos de forma mais humana, mesmo sendo estranhos e rivais". Dave respondeu: "Sim, eu ouço muito isso".

7. Cannabis: fazendo germinar as sementes da liberdade

> Eu fumo, mas não passo por todo esse sufoco só porque quero tornar legal minha droga preferida. É uma questão de liberdade pessoal.
>
> Bob Marley

"It's me again Jah", o apelo hipnotizante da voz de barítono de Luciano enchia meus fones de ouvido. "I pray my soul you'll keep."* Sua voz e suas letras eram complementadas pela bela manhã de Nova York, excepcionalmente tranquila. Eu acabara de sair do metrô para o campus de Morningside Heights de Columbia e passei pela Low Memorial Library. Com a capela em meu campo de visão, não pude deixar de pensar na minha juventude, quando minha mãe me obrigava a ir à igreja regularmente. Eu odiava aquilo. Era um domingo de outubro de 2016.

Na tentativa de diminuir a ansiedade desencadeada por essa lembrança, justapus rapidamente pensamentos agradáveis de minhas noites livres e relaxadas fumando maconha, imerso em minha música. A música ganhava vida. Eu ouvia todos os instrumentos, inclusive os que ficavam em silêncio quando eu estava sóbrio. Cada um deles solicitava, sem exigir, minha aten-

---

* "Sou eu de novo, Jah"; "Rezo para que você guarde a minha alma". (N. T.)

ção total. A maconha estreitava meu foco para a atividade em pauta, minimizando as intrusões cognitivas. Ela me ajudava a colocar em suspenso minha preparação para a guerra mental perpétua em face dos perigos de ser negro nos Estados Unidos, me permitindo desfrutar o momento em sua plenitude.

Eu estava a caminho do escritório para concluir uma tarefa inacabada e me preparar para as demandas da semana seguinte. Desde que me tornara chefe de departamento, três meses antes, raramente conseguia ficar sozinho para apenas pensar, que dirá para trabalhar sem interrupções em projetos importantes para mim. Assim, meus domingos sozinho no escritório se tornaram um refúgio ferozmente protegido.

Confortado e fortalecido pela voz divina de Luciano, eu já saboreava minha solidão dominical antes mesmo de chegar ao escritório. Mas, ao entrar no prédio, fui saudado por um cara branco desconhecido de quarenta e poucos anos, vestido de terno cinza, camisa branca impecável e óculos. Seu traje estava fora do tom em Schermerhorn mesmo num dia de trabalho, que dirá no fim de semana. "Estranho", pensei. Mas tentei continuar em movimento e evitar o contato visual. Não consegui. O contato visual tinha sido feito, e fui atingido por seu sorriso contagiante. O sorriso largo no rosto do estranho sugeria que ele sabia quem eu era e estava me esperando.

Meu santuário dominical estava agora ameaçado por aquele cavalheiro bem-vestido e sorridente que se punha entre mim e o escritório. Para piorar a situação, Luciano não cantava mais na minha cabeça. Sua voz fora substituída pela minha, que em silêncio repetia uma palavra simples: "Merda!". O sorriso falso em meu rosto escondia os verdadeiros pensamentos de um homem que queria desesperadamente ficar sozinho.

"Oi, dr. Hart", entoou com entusiasmo a voz forte, tingida por um sotaque sulista educado. "Sou Mike Schneider." Quando ele estendeu a mão para o tradicional aperto, minha mente se esforçou para localizá-lo. "Quem diabos é esse cara?", pensei comigo mesmo, sem abandonar o sorriso falso.

O professor campeão da distração esquecera que havia combinado um encontro para aquele dia. Mais tarde, eu me lembraria que tínhamos escolhido aquele domingo em particular porque o sujeito estaria na cidade para assistir a uma exposição de arte no fim de semana.

Poucos meses antes, o juiz Schneider me enviara espontaneamente um e-mail explicando que era o responsável por um juizado de menores para dependentes químicos no condado de Harris, no Texas, o terceiro mais populoso dos Estados Unidos. Ao longo dos seis anos em que dirigira o tribunal, ele ficara preocupado com o fato de muitos jovens estarem sendo diagnosticados com transtornos por uso de substâncias apenas porque possuíam ou haviam usado uma droga ilegal. Em sua quase totalidade, era o uso de cannabis que os havia levado à justiça. Muitos adolescentes estavam sendo obrigados a passar por programas de tratamento contra dependência de drogas só por terem usado maconha, mesmo aqueles cujo uso não atingia o nível da dependência.

Com muita razão, o juiz Schneider temia que alguns tribunais estivessem tratando de maneira excessiva ou maltratando muitas das pessoas que tentavam ajudar. Ele queria a minha opinião sobre o que sua equipe estava fazendo e o que deveriam aprender para melhor servir aqueles que compareciam diante dele.

Em minha primeira reunião com esse afável juiz, a discussão cobriu uma série de tópicos, desde a morte prematura do DJ Screw até como nossa sociedade criminaliza em excesso o uso de cannabis por adolescentes negros e latinos no condado de Harris. Descobri que ele estava no cargo havia mais de dezessete anos e que, em comparação com outros juízes com quem interagi, era atipicamente compassivo com os usuários de drogas e tinha a mente aberta em relação ao seu consumo. A simpatia e a franqueza do juiz Schneider, combinadas com sua curiosidade intelectual e seu interesse genuíno em melhorar a vida daqueles a quem servia, eram tão impressionantes que concordei em visitar seu tribunal em Houston e me encontrar com sua equipe.

Mas aquilo de que me lembro melhor sobre nosso primeiro encontro foi a discussão a respeito da maconha e a mudança de atitude em relação ao seu uso e regulamentação. Especulamos sobre o motivo de não haver um movimento significativo em defesa da legalização da cannabis recreativa no Sul dos Estados Unidos. No início de 2016, a erva era legal para uso adulto em quatro estados: Alasca, Colorado, Oregon e Washington. No final daquele ano, mais quatro estados a haviam legalizado: Califórnia, Maine, Massachusetts e Nevada. Nenhum deles tinha uma população negra tão alta quanto a média nacional de 12%.

Em contraste, a proporção de cidadãos negros que vivem em muitos dos estados do Sul é maior do que a média nacional, e os policiais dessas regiões costumam citar o cheiro de maconha como justificativa para parar, revistar ou deter negros. O juiz Schneider especulou que a comunidade policial e seus apoiadores contestariam vigorosamente qualquer legislação que buscasse flexibilizar as leis relativas à maconha porque estavam cientes de que alegar terem detectado o cheiro da erva é uma das maneiras mais fáceis para estabelecerem causa provável, e os juízes quase nunca questionam o testemunho de policiais.

Ainda pior, houve inúmeros casos em que os policiais citaram os perigos fictícios representados pela maconha para justificar suas ações mortais. Em 6 de julho de 2016, em St. Anthony, Minnesota, Jeronimo Yanez alvejou e matou Philando Castile, um motorista negro indefeso, enquanto sua namorada e a filha pequena observaram impotentes. Castile informou ao policial que possuía uma arma de fogo, para a qual tinha porte. Mas, em questão de segundos, Yanez disparou sete balas no homem sem motivo aparente. O policial alegou que o cheiro de maconha constituía um claro perigo iminente. Ele foi absolvido de homicídio culposo.

Como costuma acontecer, tanto os defensores da posse de armas quanto os defensores da maconha ficaram praticamente em silêncio sobre essa injustiça. Esse silêncio ensurdecedor se tornou vergonhosamente comum quando a vítima é um homem negro.

É evidente que essa não foi a primeira vez, nem será a última, em que um policial afirmou que "a cannabis torna os negros homicidas" para justificar o uso de força letal. Michael Brown, de Ferguson, Missouri, em 2014,[1] e Keith Lamont Scott, de Charlotte, Carolina do Norte, em 2016, foram mortos por policiais que usaram alguma versão dessa falsa defesa. Nenhum deles foi acusado.[2]

Ramarley Graham (Nova York, 2012), Rumain Brisbon (Phoenix, 2014) e Sandra Bland (Prairie View, Texas, 2015) também tiveram suas vidas interrompidas em consequência de uma interação com as autoridades policiais iniciada sob o pretexto de suspeita de uso de maconha.

Mas nenhuma dessas caricaturas de justiça causou impacto mais agudo do que a morte de Trayvon Martin, de dezessete anos. Na noite de 26 de fevereiro de 2012, ele saiu de uma loja de conveniência com as coisas que havia acabado de comprar — uma latinha de suco de melancia Arizona e um pacote de Skittles — e seguiu para a casa do pai. Mas, antes que o adolescente desarmado pudesse chegar lá com segurança, foi detectado como um animal de caça, perseguido como se estivesse na selva e mortalmente baleado pelo guarda da vizinhança, George Zimmerman.

Ainda me lembro da minha sensação inicial de choque como se fosse ontem. Não acreditei quando fiquei sabendo dos detalhes desse ato monstruoso e brutal. Zimmerman, de 28 anos, que se identifica como branco, ligou para o número não emergencial da polícia local depois de meramente ver Trayvon a caminho da casa do pai e alegou que o adolescente parecia "estar drogado". Então, sem nenhuma razão aparente, perseguiu o jovem, ignorando a orientação em contrário do atendente da polícia. "Não precisamos que você faça isso", ele o advertiu. Minutos depois, Zimmerman sacou uma pistola semiautomática 9 mm e matou o adolescente a sangue-frio.

Pensei nos pais de Trayvon e chorei. Podia ter sido meu filho. Pensei em meu filho Damon, que tinha a mesma idade de Trayvon. Essa percepção me encheu de pavor. Chorei ainda mais. Fiquei profundamente triste. O pior é que me sentia impotente para proteger crianças que se pareciam comigo.

E então, para piorar as coisas, os advogados de Zimmerman culparam Trayvon pela própria morte. Eles argumentaram que o adolescente era agressivo e paranoico por conta do uso de maconha e que isso o levara a atacar seu cliente. A equipe de Zimmerman voltou ao velho e batido roteiro do negro enlouquecido pela maconha, ilustrando o poder persuasivo duradouro desse mito. Arrastar na lama a reputação de uma criança morta foi cruel e deplorável.

Isso me irritou. Peguei uma cópia do relatório toxicológico de Trayvon, examinei-o cuidadosamente e escrevi um artigo de opinião para o *New York Times* apontando que a ideia de que a maconha causa violência é uma falácia indesculpável.[3]

Àquela altura da minha carreira, eu tinha dado literalmente milhares de doses de maconha a participantes de pesquisas e concluído um número considerável de estudos que avaliavam os efeitos neurofisiológicos, psicológicos e comportamentais da droga.[4] Eu nunca tinha visto um participante se tornar violento ou agressivo sob a influência de cannabis, como a equipe de Zimmerman afirmava ao descrever as ações de Trayvon.

Os principais efeitos de fumar maconha são contentamento, relaxamento, sedação, euforia e aumento da fome, todos com pico de cinco a quinze minutos após a inalação e duração de cerca de duas horas. É verdade que concentrações muito altas de THC — muito além dos níveis de Trayvon — podem causar paranoia leve e distorções visuais e auditivas, mas mesmo esses efeitos são raros e costumam afligir apenas usuários muito inexperientes.

O exame toxicológico de Trayvon Martin, realizado na manhã seguinte à sua morte, encontrou apenas 1,5 nanograma de THC por mililitro de sangue em seu corpo. Essa descoberta sugere fortemente que ele não havia fumado maconha pelo menos nas últimas 24 horas. Esse nível também está muito abaixo dos níveis de THC que considerei necessários, em minha pesquisa experimental com dezenas de indivíduos, para induzir intoxicação: entre 40 ng/ml e 400 ng/ml. Na verdade, seu nível de THC era significativamente inferior ao nível-padrão de cerca de 14 ng/ml de muitos dos participantes do meu estudo que consomem a erva todos os dias. Trayvon não poderia estar intoxicado com maconha no momento do tiro, como alegado por Zimmerman; a quantidade de THC encontrada em seu organismo era baixa demais para ter qualquer efeito significativo sobre ele.

Mas não importa. Ao apresentar os resultados da toxicologia de Trayvon, a equipe de defesa de Zimmerman criou uma cortina de fumaça suficiente para o júri declarar o guarda de rua branco como não culpado do assassinato de um menino negro indefeso.

Na década de 1930, vários relatos da mídia exageravam a conexão entre o uso de maconha por negros e crimes violentos. Alguns chegavam a alegar que o consumo de maconha era uma causa de matricídio. Essas invenções foram usadas para justificar a discriminação racial e para facilitar a aprovação do Marijuana Text Act em 1937, que essencialmente proibiu a droga. Durante as audiências no Congresso sobre a regulamentação da maconha, Harry J. Anslinger, comissário do Federal Bureau of Narcotics, declarou: "A maconha é a droga mais causadora de violência da história da humanidade".[5]

Como podemos ver, a retórica da *reefer madness* não evaporou: ela evoluiu e se reinventou. Em seu recente *Tell Your Children: The Truth about Marijuana, Mental Illness, and Violence*, Alex Berenson escreve: "A maconha causa paranoia e psicose".[6] Essa opinião não está de acordo com as evidências científicas. Acho importante que você entenda como alguém pode chegar a essa interpretação, porque a cada nova geração o mito da *reefer madness* é reformulado e disfarçado como prova empírica, em vez do que de fato é: retórica mal informada.

Para começo de conversa, um pouco de informação sobre como os estudos nessa área são realizados pode ajudar a reduzir sua suscetibilidade a aceitar afirmações absurdas. Normalmente, alguns milhares de adultos são separados em grupos com base no seu consumo declarado atual ou anterior de maconha: usuários em um grupo e não usuários no outro. Em seguida, os pesquisadores verificam se os grupos diferem nos indicadores de psicose.

As primeiras perguntas que você deve fazer são: o que é psicose? E como ela é determinada ou diagnosticada? Do ponto de vista clínico, a psicose é um transtorno mental que envolve a perda de contato com a realidade e se caracteriza por alucinações, convicções irracionais e desorganização da fala e do comportamento. Os especialistas costumam pensar na psicose em associação com a esquizofrenia, mas ela também pode estar presente em outros transtornos. Para que uma pessoa seja diagnosticada com psicose, ela deve ser avaliada por um psiquiatra ou psicólogo. Essa avaliação pode ser bastante complexa e demorada.

Na maioria das pesquisas, os participantes não passam por uma avaliação de transtorno psicótico. Essas avaliações são demasiado impraticáveis. Em vez disso, eles preenchem questionários com cerca de vinte itens que investigam *sintomas* psicóticos. Uma descoberta consistente é que os participantes do grupo da maconha têm maior probabilidade de terem sentido pelo menos um sintoma de psicose. Evidentemente, isso não significa que eles tenham um transtorno psicótico.

Muito mais informações são necessárias para que se possa determinar isso. Mas, infelizmente, essa ressalva crucial é mal compreendida, e essa é uma das razões pelas quais o público é inundado com manchetes sensacionalistas e enganosas, como MESMO O USO INFREQUENTE DE MACONHA AUMENTA O RISCO DE PSICOSE EM 40%.[7]

Para ser claro, é possível experimentar *sintomas* psicóticos sem preencher os critérios para um *transtorno* psicótico. Muitas pessoas, inclusive eu, experimentaram em algum momento de suas vidas pelo menos um desses sintomas. Porém, um número consideravelmente menor de nós jamais atendeu aos requisitos para um transtorno. Esse ponto fica mais claro depois que verificamos alguns dos sintomas listados em questionários psicóticos típicos. "Ouço vozes que outras pessoas não ouvem" e "Às vezes me sinto desconfortável em público" são dois desses itens. Não é difícil ver que o primeiro pode ser clinicamente significativo, ao passo que parece um pouco exagerado sugerir que o último esteja relacionado exclusivamente à psicose. Além disso, é importante ter em mente que os sintomas contidos nesses questionários podem ocorrer apenas por um breve período e não indicam necessariamente um estado permanente.

Uma questão relacionada a isso diz respeito a como a causalidade é determinada. É verdade que pessoas com diagnóstico de psicose têm maior probabilidade de relatar o uso atual ou anterior de maconha do que as não psicóticas. A conclusão simples, mas sem nenhum discernimento, a tirar disso é que o uso da maconha causa psicose. Essa interpretação, contudo, ignora as evidências que mostram uma ligação ainda mais forte entre o uso de tabaco e psicose,[8] para não falar das associações demonstradas entre psicose e o uso de estimulantes.⁹ Essa interpretação também ignora dados de vários estudos que mostram que a posse de gatos na infância é significativamente mais comum em famílias em que a criança foi posteriormente diagnosticada com um transtorno psiquiátrico, como esquizofrenia.¹⁰

Todas essas coisas "causam" psicose, ou há outra resposta mais provável? Uma das lições mais fundamentais que tento ensinar aos meus alunos é que uma correlação ou ligação entre fatores não significa necessariamente que um fator seja a causa do outro. Por exemplo: existe uma forte correlação entre o número de guarda-chuvas abertos e a quantidade de precipitação, mas seria uma tolice concluir que abrir guarda-chuvas faz chover.

Em 2016, Charles Ksir e eu realizamos uma extensa revisão da literatura e concluímos que os indivíduos que são suscetíveis a desenvolver psicose (que geralmente não aparece até por volta dos vinte anos) também são suscetíveis a outras formas de comportamento problemático, como mau desempenho escolar, mentir, roubar e uso precoce e pesado de várias substâncias, entre elas a maconha.¹¹ Muitos desses comportamentos aparecem mais cedo no desenvolvimento, mas o fato de uma coisa ocorrer antes da outra não é prova de causalidade. (Uma das falácias lógicas mais comuns ensinadas nas aulas de lógica é: "Depois disso, portanto por causa disso".) Também é importante notar que o aumento de dez vezes no consumo de maconha no Reino Unido entre 1970 e 2000 não esteve associado ao aumento das taxas de psicose no mesmo período, uma prova adicional de que as mudanças no uso de cannabis pela população em geral provavelmente não contribuirão para as mudanças no índice de psicose.

Década após década, o público foi manipulado psicologicamente sobre os reais efeitos da cannabis. Uma torrente de mentiras flagrantes foi divulgada para justificar a proibição da maconha. Mas, como Martin Luther King comentou certa vez: "Nenhuma mentira pode viver para sempre". O fato de a maconha ser a substância proibida mais usada nos Estados Unidos — 27 milhões de cidadãos americanos a consomem mensalmente[12] — torna difícil espalhar afirmações distorcidas sobre a droga e ser digno de crédito. Muitas pessoas têm hoje experiências de uso de maconha que entram em conflito com as distorções sobre essa droga disseminadas por autoridades públicas. Nos últimos anos, ficou infinitamente mais difícil enganar o público sobre os reais efeitos produzidos pela maconha, embora alguns policiais assassinos de negros ainda consigam fazê-lo. Não se pode ignorar também que o consumo de maconha, em comparação com o uso de outras drogas, é menos estigmatizado. Assim, é mais provável que os fumantes de cannabis saiam do armário do que os usuários de outras drogas, e que não demorem a denunciar as mentiras pronunciadas em público por praticantes de manipulações e violência psicológica. Tenho esperança de que aqueles que fumam maconha também comecem a falar em defesa de negros brutalizados acusados de atos fictícios em decorrência do uso da droga.

Existe agora um movimento florescente para liberalizar as políticas que regulam a erva nos Estados Unidos e em outros lugares. Você deve se lembrar que a maconha ainda faz parte do Anexo I da Lei Federal de Substâncias Controladas. Esta designação denota que a cannabis "não tem uso médico aceitável em tratamentos" e que é portanto proibida, inclusive para fins medicinais. Na prática, deixando de lado o fato de que desde 1976 o governo federal americano fornece maconha a um seleto grupo de pacientes, cidadãos de todo o país votaram repetidamente pela legalização da maconha medicinal em nível estadual. Desde 2010, por exemplo, o número de estados que permitem que pacientes usem a droga para condições médicas específicas saltou de dezesseis para 33 — número que deve continuar aumentando a cada temporada eleitoral.

Se a lei federal sobre a maconha é a teoria e as iniciativas eleitorais estaduais são a prática, então as palavras de Albert Einstein estão certas: "Na teoria, teoria e prática são a mesma coisa. Na prática, não são". Existem grandes incongruências entre o que é declarado na lei federal sobre a maconha e a realidade clínica em um número cada vez maior de estados.

Essa duplicidade regulatória não passou despercebida pelo Congresso, pelo menos a julgar pelo teor geral de uma audiência sobre cannabis da qual participei há alguns anos. Normalmente, essas audiências podem ser resumidas como trocas de desinformação, dominadas pelo ultrapatriotismo antidrogas proclamado por democratas e republicanos. Essas produções coreografadas consagradas pelo tempo costumam ser imunes a dados concretos.

Dessa vez, não. Os membros desse comitê do Congresso não só apoiaram a remoção das restrições da lei sobre a maconha como alguns chegaram a ser francamente hostis às testemunhas que se dedicaram a estigmatizar a droga e a espalhar o medo.

Em resposta à avaliação tendenciosa dos efeitos relacionados à maconha apresentada pela dra. Nora Volkow, diretora do Nida, o tom do deputado democrata Gerald Connolly, da Virgínia, mudou de receptivo para confrontador. Em sua defesa, não foi preciso muito esforço para reconhecer a parcialidade inadequada da dra. Volkow. O depoimento dela mais pareceu uma campanha de terror antimaconha de uma época anterior — enfocando estritamente os potenciais efeitos tóxicos — do que uma apresentação fundamentada e objetiva da compreensão científica atual da droga e seus efeitos.

"Dra. Volkow, seu testemunho parece desconsiderar completamente muitos outros dados", acusou Connolly.[13] E ele tinha razão. Os comentários dela omitiam qualquer menção a descobertas científicas que demonstram, por exemplo, que a maconha melhora o humor, o sono e o apetite, entre uma série de outros efeitos favoráveis. O fato de a dra. Volkow ter ostensivamente deixado de reconhecer qualquer efeito benéfico potencial derivado da cannabis levou o exasperado Connolly a declarar que as ações do Nida "impediram a realização de pesquisas legítimas que poderiam beneficiar a saúde humana".

Parece apenas uma questão de tempo até que o Congresso pondere se a maconha deve ser legalizada em todo o país.

O movimento a favor da liberação da erva não se limita à maconha medicinal. Um número cada vez maior de promotores de estados onde o uso recreativo da droga ainda é proibido diz que não vai mais processar os casos de porte de maconha. Essa atitude significa basicamente a legalização do consumo da cannabis, mas não a venda, em lugares como Baltimore, Brooklyn, Chicago, Manhattan e Filadélfia. Em algumas jurisdições, as condenações anteriores por porte de maconha estão até sendo retiradas dos registros.

Porra, já estava na hora! As autoridades dessas cidades sabem há muitos anos que seus departamentos de polícia realizam prisões por porte de maconha de forma racialmente discriminatória. Ainda pior, esse tipo de racismo continuou apesar de a posse da droga ter sido descriminalizada em todas essas cidades. Vejamos Baltimore, por exemplo, onde os negros representam cerca de 60% da população e quase a mesma proporção dos fumantes de cannabis. A descriminalização entrou em vigor em outubro de 2014. No entanto, entre 2015 e 2017, a polícia local prendeu 1514 indivíduos por posse de maconha; 1450 eram negros.[14] Ou seja, 96% dos presos. Isso é discriminação racial. É vergonhoso.

Sem dúvida, os holofotes que expuseram o racismo ajudaram esses promotores a ver além da cortina de fumaça que exagera os perigos para a segurança pública representados pelos usuários de maconha. Marilyn Mosby, uma procuradora de Baltimore, justificou sua decisão de não processar mais os casos de porte da erva: "Processar esses casos não tem valor para a segurança pública, causa um impacto desproporcional nas comunidades de cor e corrói a confiança da população, além de ser um uso caro e contraproducente de recursos limitados".[15] Concordo inteiramente.

Essas decisões da promotoria chegam num momento em que o apoio nacional à legalização da cannabis está em alta. Em 2018, como mostra a Figura 4, 66% dos americanos disseram que a erva deveria ser legalizada, refletindo um aumento constante nas últimas três décadas.[16] Nesse sentido, no início de 2020, onze estados, além de Washington, DC, já permitem o uso recreativo da maconha por adultos (Tabela 2). Esse número sem dúvida aumentará nos próximos anos, porque vários governadores, nos últimos tempos, fizeram do apoio à legalização da cannabis uma questão-chave em suas candidaturas bem-sucedidas. Além disso, o Uruguai, em 2013, e o Canadá, em 2018, foram as duas primeiras nações a legalizar totalmente a maconha.

Penso frequentemente sobre as mudanças no cenário da regulamentação da maconha e me pergunto como chegamos até

O apoio à legalização da maconha continua a crescer
Você acha que o uso da maconha deve ser legalizado?

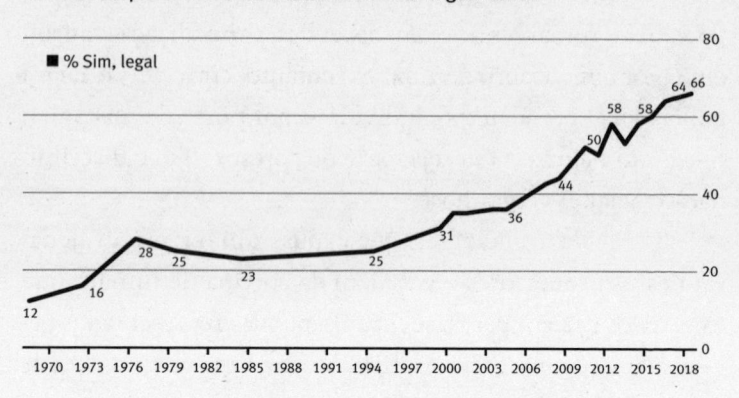

■ % Sim, legal

(Gráfico de linha mostrando a evolução do apoio à legalização da maconha de 1970 a 2018: 1970: 12; 1973: 16; 1976: 28; 1979: 25; 1982: 23; 1985: 23; 1988: 25; 1991: 25; 1994: 25; 1997: 25; 2000: 31; 2003: 36; 2006: 36; 2009: 44; 2012: 50; 2015: 58; 2018: 64, 66)

FIGURA 4. A proporção de americanos que apoiam a legalização da maconha aumentou dramaticamente desde 1970.

Estado	Ano de aprovação
Alasca	2014
Califórnia	2016
Colorado	2012
Distrito de Columbia	2014
Illinois	2019
Maine	2016
Massachusetts	2016
Michigan	2018
Nevada	2016
Oregon	2015
Vermont	2018
Washington	2012

TABELA 2. Até janeiro de 2020, onze estados, além de Washington, DC, haviam aprovado leis legalizando a maconha recreativa.

aqui. Existem agora novos dados científicos que contradizem as histórias contadas na década de 1930 que levaram à proibição da erva? A ciência é a força motriz por trás disso? Como podemos enquadrar o fato de que inúmeras mães continuam perdendo a custódia dos filhos pelo simples uso da droga, sobretudo se ele ocorre durante a gravidez? Será que toleraríamos que crianças fossem afastadas de suas mães apenas porque elas beberam uma taça de vinho?

É possível que as evidências científicas recentes estejam estimulando mudanças na política de maconha? Essa pergunta me vem à cabeça toda vez que embarco ou desembarco no aeroporto LaGuardia. Pois a verdade é que faz décadas que sabemos bastante sobre os efeitos da maconha. Por volta da época em que a droga foi proibida, o prefeito da cidade de Nova York, Fiorello LaGuardia, encomendou um estudo abrangente de seu uso e efeitos. As conclusões do relatório LaGuardia foram publicadas em 1944[17] e eram claras, mas incongruentes com a retórica que levou à aprovação do Marijuana Text Act. Em suma, as conclusões eram que indivíduos "que fumaram maconha durante anos não apresentavam deterioração mental ou física que possa ser atribuída à droga", e que as preocupações sobre os efeitos catastróficos do uso da erva eram infundadas. Essas conclusões são compatíveis com os dados de centenas de estudos posteriores sobre a maconha, inclusive o meu. Duvido que novas informações sobre os efeitos da droga tenham sido o motor para as mudanças que temos visto.

O movimento atual está sendo impulsionado por um aumento no consumo de maconha? Provavelmente não, porque as taxas de uso da erva eram mais altas no final dos anos 1970. Para dar um exemplo, apenas cerca de 45% dos alunos do último ano do ensino médio relataram já ter fumado maconha em 2019,[18] em comparação com 60% em 1979.[19]

Não há dúvida de que o dinheiro contribuiu enormemente para a mudança de atitude das pessoas sobre a legalização da maconha. Não é preciso ser um gênio para ver que os estados podem gerar milhões de dólares a cada ano em novas receitas fiscais graças à legalização da droga. Por exemplo, a Secretaria da Fazenda do Colorado informou que as vendas de maconha em 2018 ficaram pouco abaixo de 1,55 bilhão de dólares. Elas vêm aumentando a cada ano desde 2014, quando o primeiro ano de consumo lícito de maconha por adultos gerou 683,5 milhões de dólares. Em termos de receita tributária gerada para o estado, o valor ultrapassou 266,5 milhões de dólares em 2018, em comparação com 247 milhões em 2017. De 2014 a 2018, os impostos estaduais sobre a maconha geraram quase 1 bilhão de dólares em receita tributária para os cidadãos do Colorado.[20] Outros estados estão prestando atenção.

PENSEI MUITO EM TODAS as mães que perderam a custódia dos filhos porque usaram cannabis durante a gravidez. Eu nem estava ciente da extensão desse problema até Lynn Paltrow, diretora executiva da National Advocates for Pregnant Women (NAPW), ter chamado minha atenção para ele. Fiquei horrorizado ao saber das muitas injustiças enfrentadas por mulheres grávidas apenas por seu possível uso de drogas. Eu queria ajudar, então entrei para o conselho de diretores da NAPW.

Você pode imaginar alguém lhe dizendo que seu filho vai ficar melhor sem você só porque você fumou um baseado?

Essa é a terrível realidade que vivem muitas mulheres, mesmo em estados onde a droga é legal. Aos olhos da justiça, o uso de maconha por mulheres grávidas equivale a abuso infantil.

Em nenhum lugar isso ficou mais claro do que na Conferência de Direito Juvenil do Texas de 2019. Hoje em dia, raramente participo de conferências, mas resolvi participar dessa proferindo uma palestra sobre os mitos e realidades a respeito da maconha. O juiz Mike Schneider e os demais organizadores do evento achavam que meu ponto de vista seria instrutivo para os participantes. Mike e eu nos tornamos amigos nos últimos dois anos e meio, o que me dificultou recusar o convite dos organizadores, mas ao mesmo tempo fiquei feliz com a oportunidade de educar os profissionais do tribunal de família, inclusive os juízes.

O grande salão de baile estava repleto de oficiais da lei do Texas — homens, mulheres, asiáticos, negros, latinos, brancos. Não era a minha turma — policiais, promotores, juízes, oficiais de liberdade condicional. Eles me deixavam desconfortável. Mas devo dizer que esse desconforto tinha mais a ver com a persistência do impacto psicológico de encontros hostis com policiais no passado.

Como parte da minha palestra, eu disse ao público que, evidentemente, o uso excessivo de drogas deve ser desencorajado durante a gravidez. Não importa se a droga é álcool, cafeína, tabaco ou maconha. O consumo de qualquer uma dessas substâncias só deve ser feito após consulta a um profissional de saúde e deve ser limitado. Da mesma forma, mulheres com dietas pouco saudáveis durante a gravidez podem pôr em risco não só a própria saúde, mas também a dos fetos. No entanto, expliquei que as consequências negativas para a saúde e o desenvolvimento infantil da exposição pré-natal à maconha são frequentemente exageradas. Esses exageros, por si sós, podem prejudicar as mulheres e seus filhos, aumentando o estigma injustificado associado ao uso de cannabis por mulheres grávidas. No passado, esse estigma profundo resultou que crianças fossem tiradas das mães e até mesmo que as mães fossem encarceradas.

Quando terminei de falar, o enorme salão estava em silêncio. Aquela multidão não estava acostumada a ouvir nada que contradissesse a mensagem "Drogas são ruins, ponto final!". Lentamente, algumas pessoas começaram a se manifestar. Suas afirmações, em geral disfarçadas na forma de perguntas, deixavam claro no que elas acreditavam: "Você está *desencorajando* ou *promovendo* o uso da maconha". Tentei ajudar esses especialistas da lei a ver que existem maneiras menos rígidas de pensar na maconha especificamente e sobre as drogas em geral. A sessão de perguntas e respostas de vinte minutos se arrastou pelo que pareceu uma eternidade. A minha sensação era de ter sido teletransportado de volta à década de 1980, quando o slogan de Nancy Reagan "Just Say No" [Basta dizer não] era visto como uma excelente educação sobre drogas.

"Você sabe que está no Texas, não é?", me perguntou um sujeito com um sorriso de autossatisfação no rosto vermelho envelhecido. Como eu não estava inteiramente certo da intenção por trás da pergunta, dei-lhe um sorriso mecânico que estava prestes a ser seguido por alguma merda maldosa. Mas meu sorriso deve ter mostrado apreciação suficiente do caráter especial do Texas, porque ele logo avançou para o cerne da questão. Ele queria que eu soubesse que estava errado, que o uso de maconha no pré-natal ocasiona inequivocamente deficiências cognitivas e outras anormalidades na prole. Ele até citou um "especialista" que compartilhava sua posição: o dr. Ira Chasnoff.

Pediatra de formação, Chasnoff talvez seja mais conhecido por exagerar o número de fetos expostos à cocaína no período pré-natal e por aumentar de maneira insana os efeitos da exposição pré-natal à cocaína no desenvolvimento infantil. Na década de 1980, sem as evidências necessárias, ele e outros alertaram sobre os extraordinários horrores que aguardavam os chamados bebês do crack à medida que crescessem. De maneira espantosa, Chasnoff aconselhava os pais de bebês expostos à cocaína a "não fazerem muito contato visual com os bebês", porque isso perturbava a criança.[21] Esse conselho não apenas era infundado, mas também ia contra todas as principais teorias sobre o vínculo entre pais e filhos. Era inacreditavelmente irresponsável.

Apesar disso, em 2017, Chasnoff estava de volta. Agora dedicado à exposição pré-natal à maconha, ele publicara um editorial no *American Journal of Obstetrics and Gynecology*.[22] Nem objetivo nem informativo, o artigo apresentava uma série de interpretações equivocadas de descobertas de pesquisas anteriores para chegar a uma conclusão conveniente. Por exemplo, Chasnoff declarava que "um padrão consistente de déficits" fora observado em crianças expostas à maconha no período pré-natal. Isso é simplesmente incorreto.

A totalidade das evidências mostra que, na esmagadora maioria dos indicadores, o desempenho cognitivo de crianças expostas à maconha não difere em nada do das crianças nos grupos de controle. Além disso, mesmo quando se observa uma diferença estatística, não é apropriado concluir que ela equivale a um déficit, ou que tenha impacto no funcionamento diário do indivíduo. É por isso que é essencial determinar se a pontuação em testes cognitivos se encontra dentro do índice normal da população.[23] Se os cientistas (assim como os não cientistas) não estiverem cientes dessa armadilha, eles correm o risco de rotular inadequadamente as crianças como defeituosas, como aconteceu durante a pretensa epidemia de bebês do crack.

Minha maior preocupação não é que as mulheres grávidas sejam aconselhadas a evitar o consumo de maconha. Elas já recebem bom aconselhamento quanto a nutrição, riscos ambientais e uso de substâncias. O que me preocupa são os moralistas desinformados e vociferantes, disfarçados de cientistas, que deturpam os dados disponíveis sobre a exposição pré-natal à cannabis e injustificadamente promovem o medo. Esse comportamento imprudente contribuiu para que crianças fossem separadas das mães e colocadas em orfanatos. Isso pode ser muito mais prejudicial para as crianças do que o uso de maconha pela mãe.[24] O fato é que muitos pais que usam drogas são bons pais, e seus filhos estão claramente melhor junto deles.

Infelizmente, esse fato é com frequência desconsiderado. Uma proposta recente, por exemplo, recomenda que mulheres grávidas — ou em risco de engravidar — sejam testadas quanto ao uso de maconha, mas não quanto à capacidade de serem mães.[25] Isso é absurdo e apenas restringe as liberdades civis das mulheres, expondo-as a consequências legais que os homens não precisam enfrentar.[26] E, levando em conta a disseminação do racismo na aplicação das leis de combate às drogas, as mulheres negras podem ter certeza de que cairá sobre seus ombros o peso das consequências resultantes dessa ou de qualquer outra política draconiana proposta.

Durante uma recente visita a uma loja de maconha em Denver, fiquei impressionado com o seguinte pensamento: "O discurso público sobre a maconha muitas vezes omite a alegria que as pessoas buscam e experimentam com o prazer que ela proporciona". Observei um fluxo contínuo de pessoas — jovens, velhos, mulheres, homens, todos, aparentemente, cumpridores da lei — entrando e saindo da loja. Eles exibiam uma expressão secreta familiar: "Mal posso esperar para fumar isso... ficar numa boa". Educada e discretamente, todos selecionaram sua erva, pagaram por ela e foram embora. Eu fiz o mesmo.

Naquela mesma noite, entrei em contato com amigos e compartilhei as coisas que havia comprado. A maconha acentuava o que o nosso humor e a noite tinham de mais agradável, mas também promovia comportamentos pró-sociais como compartilhamento, franqueza e amizade. Considerando que a vida pode ser emocionalmente desgastante, é tolo e infantil promulgar leis que proíbam o acesso a essa planta produtora de prazer. Hoje em dia, estou convicto de que a maconha é um ingrediente-chave para a felicidade de um grande número de pessoas. Que tipo de indivíduo impede a busca responsável do outro pela felicidade? Alguém não muito humano, com certeza.

8. Psicodélicos: somos a mesma coisa

> Se as palavras "vida, liberdade e busca da felicidade" não incluem o direito de fazer experimentos com a sua própria consciência, então a Declaração de Independência não vale o cânhamo em que foi escrita.
>
> TERENCE MCKENNA

NOS ÚLTIMOS ANOS, as drogas psicodélicas se tornaram chiques. Agora, mesmo os convencionais caretas de classe média se vangloriam abertamente de suas experiências sob a influência dessas substâncias, e a autenticidade de suas aventuras psicodélicas é engrandecida se acontecerem em lugares exóticos e forem conduzidas por um xamã ou algum outro líder reivindicador de tradição. Os psicodélicos compreendem drogas que incluem a dietilamida do ácido lisérgico, mais conhecida como LSD; a psilocibina, ingrediente ativo dos cogumelos mágicos; a dimetiltriptamina, também conhecida como DMT, componente psicoativo do chá de ayahuasca; e outras substâncias capazes de produzir profundas alterações de percepções e emoções.

Não muito tempo atrás, eu estava me exercitando na academia de Columbia quando um veterano militar branco de meia-idade me reconheceu e quis compartilhar comigo suas façanhas. Ele não se referiu a essas substâncias como psicodélicos; ele as chamou de "medicamentos vegetais". Ele considerava particularmente importante que eu soubesse que "não ficava chapado" e que só usava as plantas para facilitar sua "jornada espiritual".

"O que há de errado em ficar chapado?", perguntei, com um olhar inexpressivo no rosto. Pego desprevenido, o veterano congelou antes de balbuciar um pensamento defensivo e incoerente. Veja bem, eu sabia que ele tivera de reunir uma boa dose de coragem para compartilhar sua história comigo, então não queria parecer desdenhoso. Mas foi exatamente isso que senti: desprezo. Eu não estava com raiva dele em particular. O fato é que estava ficando cada vez mais irritado com a ginástica mental que alguns usuários de psicodélicos fazem para se distanciar de outros usuários de drogas. A irritação que eu sentia por alguns defensores dos psicodélicos estava começando a afetar minha visão de toda uma classe de drogas. E eu sabia que isso não estava certo.

Muitas pessoas compartilharam comigo suas experiências positivas de mudança de vida após terem usado substâncias como ayahuasca, LSD e psilocibina. Algumas disseram que as consumiam para se sentir em harmonia com o universo ou para mergulhar em sua conexão com outros seres humanos; outras, que as usavam para explorar o significado de suas vidas ou para vivenciar um caleidoscópio de cores e imagens magníficas.

Para ser franco, elas pareciam ter se tornado pessoas melhores depois disso. São conscienciosas com o bem-estar dos outros e expressam o desejo de construir um mundo mais justo. Por tudo isso, sou grato. Mesmo assim, muitas vezes encontrei indícios sutis de excepcionalismo, uma crença de que os psicodélicos eram de alguma forma uma classe superior de drogas. Isso me perturbava.

Felizmente, um encontro fortuito numa festa de véspera de Natal em 2017 ajudou a mudar meu pensamento sobre os psicodélicos. Foi nessa ocasião que conheci o cineasta Amir Bar-Lev, que concluíra recentemente seu primoroso documentário *Long Strange Trip*, sobre a banda de rock Grateful Dead. Na época, eu sabia muito pouco sobre ela e me importava menos ainda com sua música. Estava ciente de que o grupo tinha uma base de fãs aguerridos, os Dead Heads, que os seguia por todo o país sempre que faziam turnês. Mas, sem refletir muito, havia classificado os Dead Heads como um bando de hippies velhos que se recusavam a crescer e deixara de considerar a possibilidade de que o uso que faziam dos psicodélicos poderia ser uma forma de explorar a liberdade, uma forma de experimentar uma vida mais significativa.

Assim, à medida que aprendi mais sobre a banda e sua jornada, não foi difícil ver por que o LSD e outros psicodélicos eram os ingredientes principais da experiência do grupo. Duvido, por exemplo, que as pessoas apreciariam tanto a música do Grateful Dead sem a ajuda de psicodélicos.

Amir é um homem atencioso, sincero e modesto. Ele não se envolve em conversas apenas para soprar sua corneta. Ele ouve com atenção e paciência e inspira os outros a fazerem o mesmo na sua presença. À medida que Amir falava sobre seu filme, meu respeito pelos Dead, especialmente por Jerry Garcia, aumentava. Garcia era visto por muitos como o líder da banda, mas rejeitou com convicção esse título até sua morte, em 1995. Ele tinha uma forte crença nos princípios igualitários e considerava cada membro da banda um igual.

Amir me pegou de surpresa quando disse que minha posição sobre o uso de drogas por adultos, especificamente que se trata de um direito inalienável, estava muito de acordo com a visão de Garcia.

"O quê?", perguntei incrédulo enquanto Amir se explicava. Tive dificuldade em processar a ideia de que um ícone psicodélico e eu podíamos compartilhar visões semelhantes sobre as drogas. O movimento psicodélico popular de hoje parece ser dominado por pessoas que justificam o uso dessas drogas envolvendo-o em jargão médico ou espiritual. Com alguma justificativa: nos últimos quinze anos ou mais, um número crescente de estudos demonstrou que psicodélicos como a cetamina e a psilocibina produzem vários resultados terapeuticamente benéficos, entre os quais a redução de estados de ânimo depressivos e a indução de experiências espiritualmente significativas e pessoalmente transformadoras.[1] A mídia abraçou essas descobertas e gerou uma onda de comentários positivos na imprensa popular.

Além disso, um número cada vez maior de livros populares e palestras públicas apregoa os benefícios do uso de psicodélicos. Michael Pollan, em *Como mudar sua mente*, defende de maneira persuasiva que psicodélicos como o LSD e a psilocibina podem ser pessoalmente transformadores.[2] Uma quantidade cada vez maior de dados científicos apoia essa conclusão. Em *A Really Good Day*, Ayelet Waldman narra sua experiência de um mês tomando pequenas doses subperceptuais (abaixo do limiar da percepção) de LSD para tratar seu transtorno de humor.[3] Waldman, como outros, foi inspirada a usar "microdoses" de LSD após a leitura de *The Psychedelic Explorer's Guide*, de James Fadiman.[4] Embora não haja praticamente nenhuma evidência sólida que sustente o uso de microdoses de psicodélicos para tratar doenças ou melhorar o desempenho — essa pesquisa não foi feita —, a microdosagem se tornou a última moda. Juntos, esses esforços têm contribuído para remover o estigma associado ao uso dessas substâncias, contanto que a razão para o uso não seja ficar chapado. Se o seu objetivo é buscar alívio de uma doença física ou emocional, alcançar a transcendência espiritual ou encontrar seu deus, legal. Mas se você quer apenas se divertir, nada feito.

Essa distinção arbitrária não faz sentido. Muitas vezes, o alívio da dor, seja de base psicológica ou anatômica, contribui para sentimentos de intenso bem-estar e felicidade, ou seja, para a sensação de estar "se divertindo". Desemaranhar esses conceitos profundamente pessoais e idiossincráticos é uma tarefa difícil, se não impossível. Da mesma forma, as experiências sagradas que afetam de maneira positiva a autopercepção, a visão de mundo, os objetivos e a capacidade de transcender as próprias dificuldades são difíceis de separar dos sentimentos de prazer ou felicidade. Além do mais, as drogas psicodélicas não são as únicas capazes de produzir essas reações. Eu certamente experimentei todos esses efeitos depois de consumir heroína, cocaína, MDMA ou qualquer outra droga que discuto neste livro.

A heroína e a cocaína não são classificadas como psicodélicos; já o MDMA, que estruturalmente é uma anfetamina, muitas vezes é classificado dessa forma. Após uma única administração de uma grande dose (> 250 mg), é absolutamente possível experimentar mudanças perceptuais de visão proeminentes e transitórias, por vezes chamadas de trilhas — uma série de imagens separadas seguindo objetos em movimento. Mas a maioria das pessoas que tomam MDMA não procura alterações visuais e nunca experimentará tais efeitos, porque as doses típicas variam de cerca de 75 mg a 125 mg. Dentro dessa faixa, os efeitos magnânimos, eufóricos e de aumento da empatia que muitos de nós buscamos na substância têm muito mais probabilidade de ocorrer. Assim, se dependesse de mim — o que não é o caso —, eu não classificaria o MDMA como psicodélico. É uma anfetamina, ponto final.

No entanto, a discussão levanta várias questões mais amplas sobre o motivo de certas drogas serem classificadas como psicodélicas e outras não. Por que alguns psicodélicos, mas não outros, conseguiram se livrar de estereótipos ridículos sobre seus efeitos e seus usuários e, assim, aumentar sua aceitação popular e respeitabilidade? A metanfetamina, uma prima química do MDMA, nunca é chamada de psicodélica. Por que não? Em doses grandes o suficiente, ela também pode produzir alucinações visuais. Além disso, contribuiu para alguns dos meus momentos mais transcendentes e me ajudou a consolidar alguns dos meus relacionamentos mais importantes. Minhas experiências com metanfetamina, em sua maioria, rivalizam com as que tive com MDMA e foram muito mais significativas do que as que tive sob a influência dos assim chamados psicodélicos.

Admito que, até o momento, tomei apenas alguns psicodélicos: 4-acetoxi-DMT, 2C-B, cetamina e psilocibina. Além disso, devido às minhas experiências limitadas com essas substâncias, sempre tomei doses na extremidade inferior do espectro. Como observei no capítulo 3, a quantidade de droga ingerida é um dos fatores mais cruciais para determinar os efeitos resultantes. É possível que eu tivesse achado os psicodélicos melhores se tivesse aumentado a dose. Da mesma forma, o ambiente em que o uso da droga ocorre pode exercer uma poderosa influência na maneira como o indivíduo sente os efeitos. Muitas pessoas tomam psicodélicos na presença de um guia ou xamã, alguém que aparentemente serve como monitor de segurança e também como intérprete da experiência. Alguns acham essa presença reconfortante; eu acho esquisito e nunca fiz isso. Por essas razões, talvez não seja justo fazer uma comparação entre minhas experiências com metanfetamina e psicodélicos.

De qualquer modo, o que estou tentando dizer é que a classificação das drogas é geralmente discricionária e depende de quem a faz. A maioria das pessoas, sobretudo os profissionais bem formados, classifica as drogas da maneira que melhor atende aos seus próprios objetivos. Uma droga como o MDMA, por exemplo, é classificada como psicodélica por brancos respeitáveis de classe média porque eles usam e gostam dela. A metanfetamina, entretanto, não está incluída entre os psicodélicos porque os elitistas da classe média a desprezam. A percepção, nas palavras de Frank Keating, ex-governador de Oklahoma, é de que se trata de "uma droga de gentalha branca".[5] Você consegue imaginar a metanfetamina sendo rotulada como psicodélica? Pessoas respeitáveis recusariam a ideia, temendo que a droga arruinasse a reabilitada reputação de seus amados psicodélicos. Por extensão, sem dúvida, os usuários de psicodélicos também temeriam que seus nomes fossem manchados.

No entanto, os psiconautas — elitistas da droga que usam psicodélicos para explorar estados alterados de consciência — não podem descartar de pronto a fenciclidina, também conhecida como PCP ou pó de anjo, porque ela se estabeleceu há muito tempo como um psicodélico. Você também deve saber, a propósito, que o termo psiconauta é outra tentativa de dissociar os usuários de classe média de psicodélicos dos usuários de drogas como crack e heroína, que são depreciativamente chamados de cracudos, noias ou cheiradores.

Na década de 1950, a Parke, Davis & Company tentou desenvolver o PCP como um anestésico intravenoso. Ele se mostrou seguro e eficaz, mas, em algumas pessoas, também produzia uma prolongada despersonalização — uma sensação de observar a si mesmo de fora do próprio corpo. Esse efeito gerou preocupação e um estudo mais cuidadoso de toda a gama de efeitos comportamentais, neurológicos e fisiológicos produzidos pela droga. Em um dos primeiros estudos, um grande grupo de residentes de psiquiatria e estudantes de medicina recebeu PCP por via intravenosa em doses de 0,1 mg/kg, semelhantes às doses usadas para fins médicos e recreativos.[6] Os efeitos consistentes foram distorções da imagem corporal e, mais uma vez, despersonalização. Vários participantes da pesquisa relataram experiências agradáveis, como devaneios oníricos; alguns apresentaram pensamento desorganizado. Nenhum se tornou violento. Resultados semelhantes se repetiram em vários estudos.

Agora sabemos que o PCP produz muitos de seus efeitos ao bloquear seletivamente um subtipo de receptor de glutamato chamado N-metil-D-aspartato (NMDA). O glutamato, como a dopamina e a serotonina, é um dos muitos neurotransmissores do cérebro. O PCP é um antagonista seletivo ou bloqueador do receptor NMDA. A cetamina — desenvolvida pela alteração do PCP — é estruturalmente semelhante ao seu composto original (ver a Figura 5) e também uma antagonista do receptor NMDA, mas não é tão seletiva quanto o PCP. Seus efeitos, por exemplo, não duram tanto quanto os do PCP, o que diminui a probabilidade de efeitos colaterais indesejados. Talvez essa seja uma das razões pelas quais a cetamina suplantou o PCP na medicina. De fato, algumas das descobertas recentes mais animadoras da pesquisa psiquiátrica foram obtidas com o uso da cetamina no tratamento da depressão. Seus efeitos terapêuticos são observados dentro de 24 horas, o que é notavelmente mais rápido do que os sete a catorze dias que costumam ser necessários para que os efeitos benéficos produzidos por medicamentos antidepressivos tradicionais como escitalopram, fluoxetina ou venlafaxina comecem a ser sentidos.

Outro fator que praticamente eliminou o uso do PCP na medicina tem a ver com as alegações de que o uso ilícito da droga produz violência extraordinária em usuários. Em algum momento da década de 1970, surgiram vários relatos na mídia nesse sentido. As narrativas policiais cimentaram ainda mais a suposta ligação entre o PCP e a violência. Você talvez já tenha ouvido a história de um usuário de PCP que se tornou incontrolavelmente violento, desenvolveu força sobre-humana e ficou imune à dor depois de tomar a droga. Ele teve de ser baleado

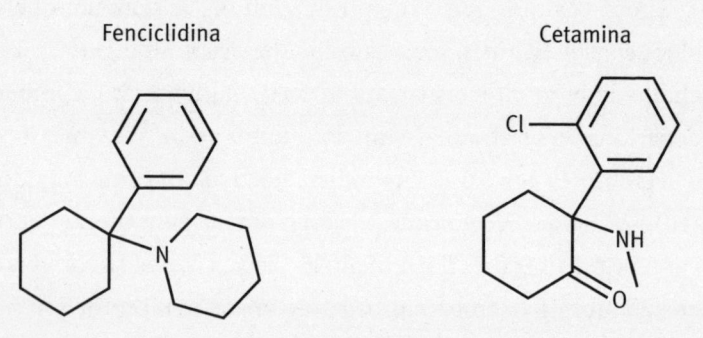

FIGURA 5. Estrutura química da fenciclidina (PCP) e da cetamina.

pelo menos 28 vezes para que a polícia conseguisse contê-lo — ou pelo menos é o que diz a história. Soa familiar? Lembra a do negro sobre-humano viciado em cocaína?

A verdade é que não há provas de que os acontecimentos dessa história sejam verídicos. Trata-se de uma lenda urbana. Mas isso não parece importar, porque a história continua viva e é recontada incansavelmente. Essa lenda e outras contribuíram para a falácia de que é necessária uma força tremenda para apreender um suspeito usuário de PCP. Em 1988, meu falecido amigo dr. John Morgan e seus colegas suspeitavam de alegações infundadas sobre a violência induzida por PCP, então revisaram a literatura clínica sobre o assunto e publicaram suas descobertas em uma revista científica, tendo seu artigo revisado por pares.[7] Depois de uma cuidadosa avaliação de quase cem casos em que se dizia que o PCP havia feito com que as pessoas se envolvessem em atos violentos, os pesquisadores não descobriram nenhuma conexão entre o PCP e a violência. Eles concluíram que as suposições populares de que a droga causava violência exclusivamente entre seus usuários não se justificavam.

Com evidências científicas sólidas, poderíamos pensar que o mito do usuário violento de PCP acabaria morrendo. Mas não é assim que funcionam os mitos das drogas. Eles não morrem, são revitalizados a cada nova geração. O incidente de Rodney King é um bom exemplo. Em março de 1991, quatro policiais de Los Angeles — todos brancos — foram flagrados por uma câmera espancando violentamente King — que era negro — depois de o pararem por uma infração de trânsito. A polícia bateu em King de tal maneira que ele sofreu vários ferimentos graves, inclusive fraturas no crânio, ossos e dentes quebrados e danos cerebrais permanentes. Durante o julgamento, os policiais disseram ter usado muita força por terem pensado que King estava sob a influência do pó de anjo. Mas isso não era verdade. O exame toxicológico revelou que ele havia consumido apenas álcool.

Apesar de tudo isso, em 29 de abril de 1992, os quatro policiais foram absolvidos. Los Angeles explodiu em protestos e atos de desobediência civil que duraram cinco dias. Um ano depois, dois dos policiais — Stacey Koon e Laurence Powell — foram condenados num tribunal federal por violarem os direitos civis de King e sentenciados a dois anos e meio de prisão. Esses eventos reacenderam a velha conversa sobre racismo e brutalidade policial que temos há mais de cinquenta anos. No entanto, como de costume, o discurso estava desprovido de qualquer questionamento sobre o mítico "criminoso violento induzido pelo PCP" como argumento crível para o uso de força excessiva da polícia. Em muitas comunidades negras, essa omissão reverbera até hoje.

PCP ENCONTRADO NO CORPO DE ADOLESCENTE ALVEJADO 16 VEZES POR POLICIAL DE CHICAGO. Era essa a manchete de uma matéria publicada no *Chicago Tribune* em 15 de abril de 2015.[8] Fiquei deprimido só de ler o título, embora estivesse acostumado com a alegação da polícia de que o uso de força era necessário porque a vítima tinha PCP no corpo. E fiquei ainda mais deprimido ao ler a matéria toda: "Um adolescente empunhando uma faca tinha PCP no organismo [...] isso pode fazer com que o usuário se torne agressivo e combativo". Lá vamos nós de novo.

Lembro-me de ter lido de passagem sobre o assassinato de Laquan McDonald, um adolescente negro de dezessete anos, por um policial de Chicago em outubro de 2014. A identidade do policial foi ocultada do público por meses. Mas, na cena do tiroteio, Pat Camden, porta-voz do sindicato dos policiais, logo assumiu o controle da narrativa. Ele disse à mídia que McDonald "foi até um carro, furou o pneu do veículo com uma faca e continuou andando". De acordo com Camden, quando os policiais ordenaram que ele largasse a faca, o adolescente, em vez de obedecer, supostamente investiu contra a polícia, obrigando um policial a disparar. O repórter Quinn Ford escreveu no *Chicago Tribune*: "McDonald levou um tiro no peito e [...] foi declarado morto" pouco tempo depois.[9] A implicação era que o policial havia disparado apenas um tiro para defender a si mesmo e outros policiais. A história parecia familiar e verídica. Fiel à forma, foi vendida ao público como a versão oficial dos eventos que ocorreram na noite de 20 de outubro de 2014.

Acontece que a polícia mentiu e os meios de comunicação fizeram um péssimo trabalho de jornalismo. O público não teria tido conhecimento desse e de outros detalhes cruciais não fosse pela excepcional reportagem investigativa de Jamie Kalven, que obteve uma cópia da autópsia de McDonald por meio de uma solicitação baseada na Lei da Liberdade de Informação. E, em 10 de fevereiro de 2015, mais de três meses após o assassinato, ele publicou um artigo na revista *Slate*[10] no qual detalhava o que havia descoberto, inclusive várias informações que contestavam — ou pelo menos questionavam seriamente — a história contada pela polícia e a grande mídia. A principal delas era que McDonald fora alvejado dezesseis vezes e não apenas uma, como havia sido sugerido, e que o fuzilamento fora captado por uma câmera do painel de um dos carros da patrulha. Kalven pediu que a polícia divulgasse o vídeo.

As autoridades locais, entre elas o prefeito Rahm Emanuel e altos escalões da polícia, se recusaram a disponibilizar as imagens ao público. Em vez disso, em colaboração com a mídia, recorreram ao mesmo roteiro batido que funcionara tão bem em incidentes anteriores envolvendo má conduta policial: jogar a reputação da vítima na lama e culpar uma droga por seu suposto comportamento destrutivo. Assim, os resultados do exame toxicológico de McDonald foram divulgados. Haviam encontrado PCP em seu organismo, ou assim foi dito. Previsivelmente, esses relatos enfatizaram que a droga tinha o potencial de tornar os usuários agressivos e violentos. Nenhum dos relatórios mencionou que os exames toxicológicos falso-positivos para PCP são comuns para vários medicamentos prescritos e de venda livre, como tramadol, venlafaxina, alprazolam, clonazepam, carvedilol, dextrometorfano e difenidramina. Nenhum deles mencionou as evidências científicas indicando que a relação entre PCP e violência não existe.

Mas então, em 24 de novembro de 2015, treze meses após o incidente, um juiz ordenou que as autoridades municipais divulgassem o vídeo do tiroteio. Seu conteúdo era terrível e contradizia completamente o relato da polícia. McDonald estava se afastando quando o policial Jason Van Dyke — um homem branco — avançou rapidamente em direção a ele e abriu fogo a menos de cinco metros de distância. Van Dyke, num ato que pode ser mais bem descrito como indiferença imoral pela vida negra, enfiou dezesseis balas no corpo do adolescente, várias delas quando McDonald já jazia indefeso na calçada.

Van Dyke fora colocado em serviço administrativo remunerado de 21 de outubro de 2014 até o dia em que o vídeo foi liberado para o público. Poucas horas antes da liberação, Anita Alvarez, promotora do condado de Cook, enfim acusou o policial de assassinato em primeiro grau. Sua decisão foi claramente influenciada pela crescente pressão pública: ela havia assistido ao vídeo mais de um ano antes, sem tomar nenhuma providência contra o assassino.[11]

Como era de se esperar, a defesa de Van Dyke recorreu ao mito do "homem negro enlouquecido por PCP". James Thomas O'Donnell, um perito convocado pela defesa, afirmou que o PCP pode causar "comportamento furiosamente violento" e fazer com que uma pessoa sinta que tem "poderes sobre-humanos". Van Dyke disse ao tribunal que o rosto de McDonald "não tinha expressão. Seus olhos estavam vidrados". Ele havia atirado em McDonald por temer pela própria vida. O júri não acreditou. Van Dyke foi condenado por assassinato em segundo grau e dezesseis atos de agressão qualificada com arma de fogo, um para cada bala que disparou.

De acordo com os estatutos de Illinois, Van Dyke teria de cumprir uma pena de quatro a vinte anos de prisão apenas pela condenação por assassinato. Além disso, cada ato de agressão qualificada acarretaria um mínimo de seis anos atrás das grades. Em resumo, Van Dyke deveria ter recebido uma pena de prisão de pelo menos cem anos. Mas o juiz Vincent Gaughan descartou todas as condenações por agressão qualificada e o sentenciou a apenas seis anos e nove meses de prisão. Van Dyke poderá sair em liberdade condicional depois de cumprir cerca de três anos atrás das grades. Isso não parece justiça. É desmoralizante e vergonhoso.

Para mim, é difícil entender como uma pessoa, qualquer pessoa, é capaz de atirar em outro ser humano, um ser humano que não representa nenhuma ameaça, dezesseis vezes a sangue-frio. O fato de as autoridades de Chicago terem protegido Van Dyke das consequências de seu crime por mais de um ano ainda enche meu coração de angústia. Não era possível que os que estavam no comando vissem McDonald como um ser humano, como merecedor de um tratamento digno, como eles próprios e seus entes queridos. Acho que Jamie Kalven acertou na mosca quando escreveu: "Laquan McDonald — um cidadão de Chicago tão marginalizado que era quase invisível até o momento de sua morte".

Muitas outras pessoas trabalharam de maneira incansável para garantir que Laquan McDonald fosse finalmente visto. Uma delas foi William Calloway, que entrou com o pedido baseado na Lei da Liberdade de Informação que obrigou a administração municipal a liberar o vídeo para exibição pública. Ele tornou possível que todos nós víssemos não apenas Laquan McDonald, mas também o arrepiante desrespeito pela vida de um menino negro demonstrado por autoridades públicas.

Nos últimos anos, defensores dos psicodélicos pressionaram com sucesso por uma aceitação mais ampla de determinadas substâncias, ao mesmo tempo que se dissociaram silenciosamente de outras. Em 2019, por exemplo, Denver e Oakland aprovaram medidas que descriminalizaram o uso pessoal de cogumelos com psilocibina e outras plantas e fungos psicoativos. Espera-se que o MDMA receba a aprovação da FDA para o tratamento do transtorno de estresse pós-traumático nos próximos anos.

Os entusiastas dos psicodélicos, no entanto, mantiveram um gritante silêncio quando Van Dyke usou o PCP como justificativa para sua selvageria. Também não ouvimos um pio deles quando Betty Jo Shelby, uma policial branca de Oklahoma, evocou a ameaça do "homem negro enlouquecido por PCP" para justificar o assassinato de Terence Crutcher, um negro desarmado. Em 16 de setembro de 2016, dia em que foi morto, Crutcher tinha PCP em seu organismo, mas um vídeo do incidente deixa claro que não estava agressivo nem violento. Shelby, ainda assim, foi absolvida das acusações de homicídio culposo. A lenda do usuário de PCP sobre-humano e violento continuará viva. Isso significa que mais pessoas morrerão sem a menor necessidade.

Fico profundamente perturbado com o silêncio ensurdecedor da comunidade psicodélica enquanto outros usuários de drogas continuam a ser brutalizados em virtude de equívocos relacionados ao PCP. A questão que me instiga é: por que tanto silêncio diante dessas descaracterizações flagrantemente nocivas do PCP? Talvez tenha a ver com o fato de que os homens negros carregam o peso desse mito justificador de assassinatos. Ou pode ser que os psiconautas estejam apenas protegendo estrategicamente sua missão para garantir o apoio público a alguns psicodélicos selecionados, como DMT, MDMA e psilocibina. Chamar a atenção para o fato de que o PCP também é um psicodélico pode colocar em risco a reputação e, portanto, a disponibilidade de outras substâncias dessa classe.

Mas talvez seja possível que a maioria das pessoas, inclusive os defensores dos psicodélicos, não saiba que o PCP é um psicodélico. Além disso, a lenda do "homem negro enlouquecido por PCP" é tão onipresente na educação sobre drogas e nas representações populares que sua validade não é questionada. Para ser franco, não sei ao certo qual o motivo da falta de envolvimento público por parte da comunidade quando se trata de corrigir informações equivocadas sobre o PCP. Espero que as informações apresentadas aqui ajudem a mudar esse cenário.

Lembro-me vividamente de ter lamentado essa situação numa conversa recente com meu amigo Rick Doblin. Rick é o fundador e diretor executivo da Multidisciplinary Association for Psychedelic Studies (Maps). Nos últimos trinta anos, ele trabalhou obstinadamente para conseguir aprovar e financiar estudos sobre psicodélicos. Nessa busca, ele se juntou a pesquisadores — alguns dos quais o consideram um inimigo mortal —, terapeutas, pacientes e ativistas. Poucas pessoas neste planeta conhecem o processo de aprovação de medicamentos da FDA melhor do que Rick, que é doutor em políticas públicas e tem décadas de experiência trabalhando com agências regulatórias. A Maps, sob a sua liderança, tem sido a força mais importante por trás do recente aumento na aceitação do uso de psicodélicos, sobretudo o MDMA. Mas o que mais se destaca em Rick é seu sorriso radiante, sempre presente. Se existe um eterno otimista, essa pessoa é ele.

Em resposta à minha frustração quanto ao silêncio da comunidade no tocante às noções equivocadas sobre o PCP e a violência, Rick manifestou preocupações semelhantes. Mas ele também me perguntou o que eu tinha feito para mudar ou melhorar a situação. Eu evitara participar de conferências e eventos focados exclusivamente em psicodélicos por muitas das razões mencionadas acima, inclusive a opressiva falta de diversidade racial e o elitismo generalizado nesses espaços no que diz respeito ao tema das drogas. Contudo, a pergunta de Rick me obrigou a reconhecer que eu também era um membro da comunidade psicodélica e, como tal, tinha responsabilidades, como oferecer informações sobre questões que me diziam respeito e deveriam preocupar a todos nós.

Rick me desafiou a dar uma série de palestras em eventos patrocinados pela Maps. Antes que eu respondesse, me contou sobre como aumentar a disponibilidade de psicodélicos para adultos havia se tornado a missão da sua vida. Em 1972, Rick, que é judeu, era um estudante universitário cheio de angústias. Embora profundamente preocupado com a possibilidade de ser enviado para a Guerra no Vietnã, ele estava ainda mais aterrorizado com as atrocidades cometidas no Holocausto. "Com o fato de as pessoas poderem desumanizar outras e matá-las", disse. "Um dia, isso poderia acontecer comigo." Rick afirmou que os psicodélicos o haviam ajudado a ver que estamos todos conectados, a ver a bondade em todos os seres humanos. Ele acredita que se outras pessoas puderem experimentar esse tipo de insight, então talvez possamos vir a nos comportar e viver com mais compaixão. É essa crença que o motiva a cada dia a continuar sua missão.

Depois de minhas conversas com Rick, quase sempre tenho o desejo de ser uma pessoa melhor. Talvez eu tenha sido injusto ao criticar uma comunidade inteira, pensei. Lembrei-me da canção "We Are One", do Maze. Pensei em sua letra, que implora por um melhor tratamento mútuo e celebra a alegria que decorre disso. Eu estava determinado a ser melhor, mais indulgente. Os verdadeiros psiconautas, como Rick, possuem os valores que desejo replicar. Então, concordei em fazer minha parte e em falar em seus eventos sempre que possível.

A franqueza e a abordagem imparcial de Rick me lembraram estranhamente de minha repulsa presunçosa por Jerry Garcia como alguém indigno de consideração respeitável em discussões sobre drogas, liberdade ou felicidade. Eu estava muito errado. Garcia, ao contrário da minha visão desinformada, não usava apenas psicodélicos, mas também outras drogas, como cocaína e heroína. Ao contrário de alguns em seu círculo, entes queridos e membros da banda, não desprezava os usuários de drogas não psicodélicas nem depreciava os outros por se comportarem fora das convenções sociais, contanto que esses comportamentos não infringissem a liberdade alheia. Quem dera que mais pessoas do movimento psicodélico de hoje imitassem esses aspectos da vida que Garcia tentou viver. Se assim fizessem, poderiam de fato obter uma apreciação adequada do documento de fundação do país — a Declaração de Independência — e do que Garcia quis dizer quando sentenciou: "A busca da felicidade. Essa é a liberdade básica e definitiva".

9. Cocaína: todo mundo ama a luz do sol

> A felicidade está dentro de nós, e a maneira de tirá-la de lá é a cocaína.
>
> ALEISTER CROWLEY

"BEM-VINDO À COLÔMBIA!" foram as palavras jubilosas que me saudaram quando entrei na sala VIP de uma boate em Bogotá. Carreiras perfeitamente separadas de cocaína estavam dispostas sobre a mesa de centro, diante da mulher que havia feito a saudação. Eu tinha ido à capital colombiana para dar uma palestra no fórum da Semana Psicoativa de 2018, que terminara apenas algumas horas antes. Estávamos na festa de encerramento do evento. Parecia uma cena saída de *New Jack City: A gangue brutal* ou de alguma outra terrível história de advertência destinada a alertar os jovens contra o uso e o tráfico de cocaína. Mas as coisas nem sempre são o que parecem ser.

O paradoxo brasileiro

Em nenhum lugar isso fica mais claro do que no Rio de Janeiro.
   Em 2013, conheci a socióloga carioca Julita Lemgruber na Conferência Internacional de Reforma das Políticas de Combate às Drogas em Denver. Ela me incentivou a visitar o Bra-

sil e dar uma série de palestras. Achava que minhas opiniões sobre as drogas e a sociedade, sobretudo minha crença de que as substâncias químicas servem como bodes expiatórios para evitar a abordagem de problemas sociais complexos, teriam ressonância entre os brasileiros.

Fiquei lisonjeado, mas não sabia se isso era verdade ou não. Eu não sabia quase nada sobre o Brasil, e menos ainda sobre seu enfoque na questão das drogas. Além disso, estava constrangido com minha incapacidade de falar português. Eu passara anos tentando corrigir outras deficiências em minha formação educacional, mas aprender outros idiomas continuava a ser uma lacuna gritante em meu conjunto de habilidades. Eu não queria fazer o papel do "americano idiota" que não dá a mínima para aprender uma língua estrangeira. Recusei educadamente o convite de Julita.

Mas Julita não é o tipo de pessoa que aceita um não como resposta. Ela é insistente, persuasiva e obstinada. Sem dúvida, esses atributos contribuíram para que fosse escolhida para ser a primeira mulher diretora da Secretaria de Estado de Administração Penitenciária do Rio de Janeiro no início dos anos 1990 e nomeada ouvidora da polícia do mesmo estado entre 1999 e 2000. Julita não tem a aparência tradicional que se espera de uma pessoa que exerce esse papel. Ela se veste com roupas da moda e usa um estiloso corte de cabelo pixie carmesim com franja reta. Mas por trás de seu rosto jovem há décadas de experiência, decepção e sabedoria.

Julita é uma pessoa independente, uma pensadora destemida que não tem medo de ir aonde as evidências mandarem. Sua perspectiva tem evoluído continuamente no decorrer de uma longa carreira de trabalho em estreita relação com a polícia. Hoje, ela está convencida de que as políticas draconianas sobre drogas e a discriminação racial estão no cerne do crime e da violência que ela passou grande parte da vida tentando conter. Essa crença move seus esforços inabaláveis para pressionar por leis menos restritivas sobre as drogas e pela inclusão significativa de pessoas marginalizadas na sociedade brasileira. Quanto mais eu sabia sobre Julita, mais difícil era dizer não.

Então, em maio de 2014, lá estava eu no Rio, descansando num hotel de luxo com vista para a famosa praia de Ipanema. Quando o sábado chegou, fui convidado a participar da marcha anual da maconha. Mas o foco exclusivo da marcha na cannabis, como se ela e seus usuários estivessem mais perto do topo da hierarquia das drogas, me fez pensar. No fim das contas, porém, participei e percorri toda a praia, de uma ponta a outra. Caminhei ao lado de Jean Wyllys,[1] uma celebridade e político local autor de projetos para legalizar a maconha. Centenas de pessoas participaram da passeata. Era uma comunidade de bondade reunida pelo desejo de legalizar o uso recreativo de maconha por adultos. A vibração me lembrou do sucesso de Roy Ayers de 1976, "Everybody Loves the Sunshine". Foi legal, e festivo também. As pessoas vendiam, compartilhavam e fumavam maconha abertamente. E também trocavam outras coisas: comida, bebida, amor, o que você quiser — e era permitido, ou assim parecia.

Ao longo do dia, alguém me disse que *todas* as drogas eram descriminalizadas no Brasil desde 2006. Isso me surpreendeu. Eu supunha que o Brasil seguia cegamente os Estados Unidos no que dizia respeito à política de combate às drogas. Mas estava errado. De acordo com a lei brasileira, ao contrário da lei americana, uma pessoa flagrada portando substâncias em quantidade compatível com o uso pessoal não deve ser submetida à prisão. Em vez disso, pode receber uma advertência e ser obrigada a prestar serviço comunitário ou frequentar um programa ou curso de educação sobre drogas. No entanto, quem é pego vendendo drogas proibidas ainda está sujeito a duras sanções criminais.

Na manhã seguinte à Marcha da Maconha, encontrei-me com Julita num restaurante do Leblon, bairro de classe alta próximo a Ipanema, para discutir a programação de eventos que ela havia preparado para mim. Parecia exaustiva, até mesmo assustadora. Eu viajaria por três estados, daria várias palestras e entrevistas, visitaria uma série de lugares e faria reuniões com as partes interessadas em cada estado — tudo ao longo de uma semana, mais ou menos. Fiquei cansado só de ver o itinerário. Isso era típico de Julita — orientada para os detalhes, mesmo que isso a mate, e eficiente, mesmo que isso mate você.

Tive vergonha de expressar qualquer apreensão sobre a tremenda tarefa que ela havia planejado para mim. O jeito era apenas sorrir e aguentar.

No entanto, acabei comentando sobre algo que tinha ouvido no dia anterior, durante a marcha. Elogiei os legisladores brasileiros por aprovarem uma lei de combate às drogas tão progressista. "Queriiiido", disse Julita muito lentamente, em um tom meigo. "Que merda", pensei. Percebi meu erro antes mesmo que ela prosseguisse. Elogiar políticos é sempre complicado, porque a maioria acabará nos decepcionando, ainda mais quando se trata de políticas de combate às drogas. Mas era tarde demais. O estrago estava feito. Julita iria agora me contar fatos de grande importância, e não havia como pará-la.

Fixando seus olhos bondosos, mas intensos, nos meus, ela repetiu o famoso gracejo do compositor brasileiro Antonio Carlos Jobim: "O Brasil não é para principiantes".

Minha educação sobre o Brasil começou naquele momento. Julita passou os trinta minutos seguintes me explicando, praticamente sem fazer nenhuma pausa, como as políticas de combate às drogas *realmente* funcionam no país. De fato, era verdade que o *uso pessoal de drogas* não devia ser punido com a prisão, segundo a lei, mas continuava sendo um delito. Então, na verdade, a lei é de *despenalização*, não de *descriminalização*. Além disso, a lei não quantifica o uso pessoal. Ela não define as quantidades de drogas em termos de quanto é considerado uso pessoal e quanto é considerado tráfico. Esse fator crítico é determinado primeiro pelos policiais na rua, que decidem quem será ou não preso. Os presos, independentemente da quantidade de drogas que possuam, acabam sendo julgados em tribunais criminais como vendedores.

Evidentemente, o juiz pode, em última instância, decidir que o réu não é um traficante, depois de considerar a quantidade de droga em questão, o histórico legal da pessoa e outros fatores atenuantes. Mas essa decisão quase nunca é tomada, sobretudo se o réu for negro e pobre. Outra característica menos discutida da lei brasileira sobre drogas é que ela aumentou o tempo mínimo de prisão por tráfico de três para cinco anos.

Para ir direto ao ponto, a supostamente progressista lei de combate às drogas do Brasil *aumentou* em muito o número de indivíduos que estão na prisão por tráfico. As detenções por drogas respondem agora por quase um terço de todas as prisões efetuadas, enquanto, em 2006, quando a lei foi aprovada, respondiam por cerca de 10%. Além disso, as evidências mostram que os indivíduos condenados por tráfico são, em sua maioria, réus primários desarmados e flagrados com pequenas quantidades de droga. E, a julgar pela demografia da população carcerária, os afro-brasileiros estão arcando com o peso dessas prisões. Embora representem cerca de metade da população em geral, eles constituem 75% dos presidiários.[2] A mensagem parece ser que, se você é branco, é usuário. Pode ir para casa. Mas, se é negro, é traficante. Deve ir para a prisão. E pode ficar lá por meses sem jamais comparecer perante um juiz.

"A lei é tão boa ou tão justa quanto aqueles que a interpretam", disse Julita, com palpável frustração na voz. Ela me disse para dar uma olhada ao redor no restaurante. "Quantos negros você está vendo?", perguntou. Eu era o único. Veio-me então à mente o extraordinário romance de Toni Morrison, *Paraíso*. Nele, a autora observa que o paraíso é "definido por quem não está lá, pelas pessoas que não têm permissão para entrar".[3]

Em agosto de 2015, tive uma experiência que tornou essa questão pessoal. Àquela altura, eu já havia visitado o Brasil várias vezes e aprendido um pouco sobre a discriminação constante contra os pobres, especialmente os definidos como negros. Devo salientar que meu status de professor e cientista de uma prestigiada universidade americana me proporcionou alguma proteção contra o racismo no Brasil. Durante essa visita de agosto, porém, foi noticiado na imprensa que haviam me negado acesso a um dos hotéis cinco estrelas de São Paulo, onde eu ia fazer uma palestra.[4] Em 24 horas, a história viralizou e provocou um clamor público de ira e constrangimento por ter sido negada a entrada de um homem negro num hotel por causa de sua raça. Recebi uma avalanche de apoios. Centenas de pessoas me enviaram palavras de encorajamento e pedidos de desculpas pelas redes sociais e por e-mail. Eu não conseguia andar pelas ruas de São Paulo sem que alguém me parasse para manifestar sua simpatia e tristeza pela forma como eu fora tratado pelos funcionários do hotel.

Felizmente, a história não era verdadeira. Nunca tive a entrada negada pelo pessoal do hotel. Eu desconhecia completamente a extensão desse drama até ler sobre ele na internet. O que achei mais perturbador foi que a flagrante discriminação racial que ocorre todos os dias na sociedade brasileira não gera uma fração da atenção, simpatia e culpa que esse falso evento gerou.

Vejamos dois exemplos flagrantes de racismo que ocorreram naquela mesma semana. Em um caso, foi divulgado pela imprensa e confirmado pelo governo que a polícia vinha retirando grupos de meninos negros dos ônibus públicos no Rio de Janeiro numa tentativa de impedir que essas crianças chegassem a Ipanema e às praias vizinhas. Nenhuma delas era acusada de crimes; não obstante, a medida foi justificada como uma estratégia de prevenção contra o crime. Uma parcela muito grande dos moradores do Rio apoia essas medidas racialmente discriminatórias. Até onde sei, nenhuma autoridade pública pediu desculpas a esses meninos negros por essa política mesquinha e vergonhosa.

Outro caso envolveu um protesto em reação ao massacre, em 14 de agosto de 2015, de dezenove pessoas, quase todas negras, por um esquadrão policial clandestino que estaria vingando a morte de dois colegas policiais. Sem que eu soubesse, o protesto acontecera a algumas quadras do meu hotel, na sexta-feira, 28 de agosto, mesmo dia em que dei uma palestra para um grupo de advogados criminais. Foi triste constatar que ao menos quatro vezes mais pessoas compareceram à minha palestra do que ao protesto.

De início, fiquei intrigado com o enorme interesse público pela suposta discriminação racial perpetrada contra mim. Mas agora está claro que a imprensa e o público se sentem muito mais confortáveis ao concentrar o foco em atos individuais de discriminação racial — ainda mais quando a vítima é uma figura pública americana — do que na discriminação racial constante contra cidadãos comuns sem voz. Há incontáveis exemplos desse fenômeno tanto no Brasil quanto nos Estados Unidos.

Quanto mais tempo passo no Brasil, mais paralelos vejo com meu próprio país. Alguns surgiram com clareza cruel. Em ambos os países, por exemplo, os formadores de opinião e as autoridades — inclusive políticos, jornalistas, policiais e educadores — são refinadamente hábeis em usar questões relacionadas às drogas para depreciar e subjugar os negros e pobres. Os exageros das questões em torno do crack exemplificam esse fenômeno: a droga é considerada culpada pelos problemas sociais mais incômodos de ambos os países, que vão desde as altas taxas de desemprego entre negros até a desumanidade e a criminalidade.

Os políticos escapam do problema fazendo a droga da moda de bode expiatório. Assim, esquivam-se de encarar os problemas concretos que as pessoas enfrentam: educação precária, número insuficiente de empregos com salários decentes, acesso a moradia, discriminação racial e ausência de serviços públicos básicos, para citar apenas alguns. Mas isso não é novidade. Os políticos sabem que é muito mais conveniente oferecer o que parecem ser soluções imediatas para falsas crises de drogas, como a contratação de mais policiais, do que investir em políticas sociais apropriadas cujos benefícios podem não ser vistos por vários anos após o ciclo eleitoral.

Crack nos Estados Unidos: a epidemia

Por volta de 1985, o crack se tornou amplamente disponível nas principais cidades americanas. No final da década de 1980, passou a ser acusado de tudo, desde o desemprego dos negros até as altas taxas de homicídio e os bebês viciados em crack. O problema com essa linha de argumentação é que as taxas de homicídio per capita e de desemprego eram mais altas em 1980 e 1982, respectivamente, antes da introdução do crack. Também sabemos agora que toda a questão dos bebês do crack foi extremamente exagerada.[5]

Mas por que deixar os fatos atrapalharem uma boa reportagem? A história do crack seria encenada da mesma forma que outros pânicos anteriores com drogas, o que quer que as evidências apontassem. Ao apavorar a população sobre os perigos de uma droga supostamente nova, os moralistas culturais encontram oportunidades sedutoras para impor suas opiniões à sociedade. Eles "ajudam" a traçar linhas claras entre o bem e o mal — não importa que saibamos que as pessoas não são inteiramente boas nem inteiramente más — e promovem uma mentalidade do *nós-contra-eles* — não importa que saibamos que isso provoca tensões perigosas entre os grupos.

Cresci em Miami, numa área totalmente negra com poucas oportunidades econômicas. Pessoas de fora caracterizavam nosso bairro como sem lei e inseguro para quem não fosse negro. Como mencionei antes, o sentimento no final dos anos 1980 era que os traficantes de crack e o vício eram os responsáveis por tudo o que afligia a minha vizinhança. O mesmo foi dito sobre muitas outras comunidades negras. A crença popular sustentava que a droga era tão viciante que os usuários precisavam de uma única dose para ficar dependentes pelo resto da vida. Numa denúncia muito disseminada sobre traficantes de crack, Barry Michael Cooper escreveu no progressista *Village Voice* que, devido à droga, "o fora da lei é a lei".[6]

Eu mesmo fui enganado. Na verdade, decidi estudar neurociência porque queria curar o vício do crack. Também aderi a Nancy Reagan — e a outros personagens legais, como Pee-wee Herman, interpretado pelo ator Paul Reubens, que exerce um forte apelo junto aos jovens — ao promover slogans que instavam as pessoas a "simplesmente dizer não" às drogas. E quem não era fã do enorme mural *Crack Is Wack*, de Keith Haring, localizado no East Harlem, em Nova York, perto da esquina da Segunda Avenida com a rua 128?

Para ser franco, acho que a questão do crack deu a sujeitos pedantes, pseudointelectuais e conscienciosos, como eu aos 21 anos, uma razão de ser — sem falar nas perspectivas de carreira. Recebi elogios rasgados — é isso aí! — por aconselhar os jovens negros a ficarem longe das drogas. Era uma atitude afirmativa. Eu me sentia bem, como se estivesse fazendo algo importante. E, embora não fosse capaz de verbalizar isso na época, sabia que potenciais empregadores brancos se sentem muito mais à vontade em contratar homens negros para policiar o comportamento de homens negros do que para servir em outras funções. Não é por acaso que eles ocupam uma proporção substancial dos cargos de segurança de nível mais baixo.

Para os políticos, o crack foi um paraíso. Eles usaram a questão para justificar uma guerra ainda mais intensa às drogas. O Congresso aprovou novas leis sob o pretexto de proteger os "verdadeiros" americanos das drogas, dos traficantes e dos malfeitores. Como já mencionei, a lei contra o abuso de drogas de 1986 estabeleceu penalidades cem vezes mais severas para as infrações relacionadas ao crack do que para os delitos relacionados à cocaína. Em 1988, outra lei contra o abuso de drogas chegou a prometer "país livre das drogas" em 1995. Esse objetivo — atenção: alerta de spoiler — não foi alcançado. Mas isso não impediu o Congresso de aumentar significativamente o orçamento da polícia ano após ano no esforço antidrogas. Como era de se esperar, o frenesi do crack levou a um número recorde de pessoas presas por violações da legislação antidrogas e deu início à era do encarceramento em massa. Mais de 2 milhões de americanos dormirão atrás das grades esta noite.

O discurso sobre o crack tinha um viés descaradamente racista. A aplicação das leis federais contra a droga é apenas um exemplo dessa prática deplorável. Os negros respondiam pela desproporcional porcentagem de 85% dos condenados por crimes relacionados ao crack, embora a maioria dos usuários e traficantes fosse — e continue sendo — branca. Sem dúvida, esse tipo de racismo contribuiu para estatísticas assustadoras, como a seguinte: apesar de representarem apenas 6% da população geral, os homens negros representam quase 40% dos prisioneiros nos Estados Unidos.

A narrativa de raça e patologia na qual o crack estava submerso também permeou a mídia e a cultura popular. O filme *New Jack City: A gangue brutal*, de 1991, é emblemático desse fenômeno. Ele narra a ascensão e a queda de Nino Brown, um fictício traficante negro de crack interpretado por Wesley Snipes. Na história, Nino era brilhante, carismático, trabalhador, persuasivo e implacável o suficiente para assumir o controle de todo um conjunto habitacional em Nova York, de forma que pôde abrir o negócio de crack mais lucrativo que a cidade já vira. Porra! Na época, até eu queria secretamente ser Nino.

O filme recebeu ótimas críticas. De acordo com Roger Ebert, ele oferecia aos americanos "um retrato doloroso, mas verdadeiro, do impacto das drogas [crack e cocaína] nesse segmento da comunidade negra".[7] Beleza, mano Roger! Você acertou em cheio. *New Jack City* confirmava minha opinião sobre o crack. Provavelmente porque dramatizava as reportagens sensacionalistas da mídia que eu lia o tempo todo. Então, sem nenhuma surpresa, as palavras de Ebert ressoaram em mim: "Nós vemos como elas [as drogas] são vendidas, como são usadas, como destroem, o que fazem às pessoas".

Crack nos Estados Unidos: a epidemia que não foi

Anos depois, percebi que estávamos todos terrivelmente errados. Não erramos apenas ao adotar essas opiniões sobre o crack; também erramos — de uma maneira deplorável — ao desumanizar irresponsavelmente aqueles que vendiam ou usavam a droga. Isso permitiu que as autoridades mudassem o foco de uma "guerra às drogas" para uma "guerra às pessoas". Para ser mais direto, foi uma guerra contra o meu povo. Ainda não superei o profundo arrependimento que sinto toda vez que penso no papel ignorante e traidor que desempenhei ao difamar o crack e as pessoas alvejadas pela campanha.

Espero que meu trabalho atual como acadêmico e cientista ajude a esclarecer as coisas. Dei milhares de doses de crack a pessoas como parte da minha pesquisa e estudei cuidadosamente suas reações imediatas e retardadas sem incidentes. É claro que essa droga pode, em casos raros, exacerbar problemas cardiovasculares preexistentes. Mas, em geral, seus efeitos cardiovasculares são comparáveis aos que ocorrem quando as pessoas praticam exercícios intensos regularmente.

Ao contrário da crença popular, os efeitos produzidos pelo crack são positivos em sua maioria. Os participantes da minha pesquisa relatam de maneira consistente sentimentos de bem-estar e prazer depois de fumar a droga. O prazer é uma coisa boa, algo que deve ser abraçado. É estranho me sentir obrigado a escrever algo assim, porque é uma ideia óbvia. Mas sei que ainda existem pessoas que se apegam obstinadamente à crença de que o prazer induzido pelo crack é tão avassalador que leva a maioria dos usuários ao consumo incontrolável.

Os dados contradizem isso. O potencial de dependência do crack — ou da última droga difamada — não é extraordinário. O fato é que quase 80% de todos os usuários de drogas ilegais não enfrentam problemas como a dependência.[8] Em outras palavras, agora sabemos de maneira inequívoca que os efeitos do crack foram ridiculamente exagerados; ele não é mais prejudicial do que a cocaína. Eles são, na verdade, a mesma droga.

Publiquei essas e outras descobertas em respeitadas revistas científicas, e também em veículos populares.[9] Dei inúmeras palestras públicas e entrevistas dissipando mitos sobre o crack e chamando a atenção para este fato particularmente sombrio: as tão conhecidas representações populares do crack arruinaram mais vidas do que a droga em si.

Tom, o lenhador de Idaho

Nossa reação ao crack nas décadas de 1980 e 1990 pesou ainda mais sobre mim no verão de 2015, quando trabalhei numa clínica de Genebra onde pessoas diagnosticadas com dependência de heroína recebiam diariamente várias doses da droga como parte do tratamento. Às vezes, enquanto observava os pacientes que obtinham e injetavam seus remédios naquele ambiente confortável e respeitoso, eu não podia deixar de pensar no contraste entre a abordagem dos suíços à heroína e a nossa abordagem em relação ao crack — ou, aliás, qualquer droga proibida.

Um dia, quando estava na clínica, recebi um e-mail de um homem chamado Tom Wright. Ele dizia ser o roteirista de *New Jack City* e perguntava sem meias palavras algo como: "Por que você está xingando o meu filme?". Às vezes, quando falava publicamente sobre a cocaína, eu reprovava o filme por ser irreal e prejudicial. Mas não imaginei que os autores do filme teriam coragem de me procurar. "Deve ser uma brincadeira", pensei. Não, não era uma piada. Era, de fato, *o* Tom Wright, o próprio sr. New Jack.

Depois de alguns e-mails amigáveis, marcamos um encontro para quando eu voltasse aos Estados Unidos. Nos encontraríamos na entrada do campus de Columbia, na esquina da Broadway com a rua 116, e depois caminharíamos até um restaurante para almoçar. Enquanto andava em direção ao nosso ponto de encontro, um pensamento angustiante me passou pela cabeça: "Droga, como vou reconhecer Tom?". Eu nunca havia estado com ele, e a entrada da Broadway está sempre cheia de gente. "Ah, sim", um segundo pensamento expulsou o primeiro. "Brancos e asiáticos são a esmagadora maioria das pessoas que entram no campus." Isso significava que provavelmente seria fácil localizar o escritor de *New Jack City*.

Não foi. Embora ele estivesse a apenas alguns metros de distância, vários minutos se passaram antes que eu o reconhecesse — em parte, porque eu estava tentando evitar ser emboscado pelo sujeito branco de meia-idade vestido com camisa de flanela que acabara de acenar para mim. Talvez ele tivesse me reconhecido da TV ou algo assim. Eu não tinha certeza. Mas eu não faria contato visual com ele, porque isso poderia ser percebido como um convite para uma conversa. Ignorando meu comportamento pouco convidativo, o sujeito da camisa de flanela se apresentou. Era Tom. Eu estava à espera de um homem negro, alguém vestido como Teddy Riley ou como um membro dos Cash Money Brothers. Não poderia estar mais errado. Tom parecia muito mais um lenhador do que um *new jack*.

Mais tarde, brincamos sobre minha percepção equivocada. Ele disse que isso acontece com frequência, em parte porque era assim que os produtores de *New Jack City* queriam. Em janeiro de 1991, quando o filme estreou no Festival de Cinema de Sundance, pediram a Tom que ficasse em casa. É difícil comercializar um filme "autêntico" sobre negros urbanos e crack se o roteirista é branco e de Idaho.

O pessoal da Warner Bros. estava ciente desse problema de imagem desde o momento em que havia comprado o roteiro de Tom. A fim de resolvê-lo, contrataram Barry Michael Cooper para alterar o enredo. Cooper, um escritor negro da cidade de Nova York, certamente tinha mais "credibilidade nas ruas" do que Tom. Além disso, já havia escrito um artigo influente sobre o crack intitulado "Kids Killing Kids: New Jack City Eats Its Young".

Publicado no *Village Voice* em dezembro de 1987, o longo ensaio detalhava a chamada epidemia de crack de Detroit — mas, estranhamente, não a de Nova York. No artigo, Cooper apresentava aos americanos convencionais o termo *new jack*: "Um novato calculista que gosta de matar pessoas, além de estabelecer sua própria reputação". Aqueles que ele chamava de *new jacks* não eram apenas a turma do crack — o que já seria ruim o suficiente —, mas também os jovens negros em geral. Ele criticava meus contemporâneos por tudo, desde o desejo de ter dinheiro até as roupas que usavam e o rap que ouviam. Apelando com força ao sensacionalismo, ele contava uma história que culpava os jovens negros de Detroit por grande parte do caos da cidade. Como você deve ter adivinhado, considerando a época, Cooper clamava por leis mais duras contra as drogas. Elas eram necessárias, alegava ele, porque minha geração era excepcionalmente "imune à punição severa por tráfico de drogas".

Americanos de todos os estratos sociais morderam o anzol e engoliram essa representação desumanizadora da juventude negra. Os produtores do filme não podiam perder tendo Cooper a bordo como narrador. Ele retrabalhou o roteiro original de Tom para aproximá-lo mais de seu artigo do *Village Voice*. Mudou o foco da heroína para o crack. O título do roteiro também foi alterado: *O poderoso chefão: parte III* virou *New Jack City: A gangue brutal*.

Por que a versão original se chamava *O poderoso chefão: parte III*? Tom fora inicialmente contratado pela Paramount Pictures para escrever o roteiro final da trilogia de *O poderoso chefão*. Mas havia um problema: a estrela do filme de Tom seria um homem negro. Na década de 1970, pano de fundo do filme, Nicky Barnes fora uma das figuras mais proeminentes do submundo de Nova York. Então, naturalmente, ele teria papel de destaque no roteiro de Tom, certo? Errado. Não havia possibilidade de os mandachuvas da Paramount fazerem *O poderoso chefão* com um negro num papel de destaque. Para piorar a situação, Eddie Murphy, então a grande máquina de dinheiro da Paramount, queria interpretar o personagem de Barnes. A cúpula do estúdio, porém, temia que a imagem de astro do cinema de Murphy ficasse manchada, possivelmente de forma irreversível, se ele interpretasse um traficante de drogas. Então, em vez de desenvolver o roteiro original de Tom, a Paramount permitiu que ele o vendesse para outro estúdio, matando dois coelhos com uma cajadada só. Quincy Jones, então na Warner Bros., pegou o roteiro, montou uma equipe, e o resto, como dizem, é história negra.

Durante nossa conversa, tive a sensação de que Tom praticamente não havia tido nenhuma influência sobre o que viria a ser *New Jack City*. "Rapaz, você tem sorte!", pensei enquanto ele continuava. Tom fora excluído das atividades promocionais do filme, então era praticamente anônimo. Poucas pessoas associam seu rosto à obra. Era exatamente o que eu gostaria que acontecesse se fosse ele. Eu com certeza não divulgaria meu papel na criação de qualquer coisa que dependesse de extremas distorções para reforçar noções equivocadas de que os jovens negros são excepcionalmente propensos a cair na selvageria.

Hoje, nos Estados Unidos, o crack não é mais considerado a pior droga da história da humanidade. Essa distinção agora — e por enquanto — pertence aos opioides, mas, dentro de alguns anos, você pode apostar que pertencerá a outra droga. Quanto ao crack, muitos reconhecem que exageros sobre ele nos levaram a adotar políticas absurdas, que, entre outras coisas, contribuíram para uma marginalização ainda maior dos negros. Com efeito, em 3 de agosto de 2010, o presidente Obama assinou a Lei de Sentenciamento Justo, que reduziu a disparidade de sentenças entre crack e cocaína de 100:1 para 18:1. Foi um importante reconhecimento da nossa tolice do passado, mas, para ser claro, qualquer disparidade de sentença nesse caso não faz nenhum sentido científico.

New Jack Rio

Em todo caso, apesar do terrível e prolongado impacto das políticas americanas sobre o crack, o Brasil está seguindo um caminho semelhante cerca de trinta anos depois. Muitos brasileiros estão convencidos de que as "cracolândias" são um dos problemas mais urgentes do país.[10] Supostamente, são lugares onde "demônios" se reúnem para fumar a droga, bem como se envolver em outros comportamentos que ofendem a cultura dominante. (Nos Estados Unidos, chamávamos esses lugares de "crack houses".) Localizadas em áreas favelizadas, as cracolândias também têm a reputação de serem controladas por jovens traficantes que usam mentiras, coerção e violência para "fisgar" os usuários a fim de garantir clientes fiéis a longo prazo. Alguns afirmam que elas são a principal fonte da ruína dos afro-brasileiros. Soa familiar?

Eu sei que a maioria das histórias sobre o crack não condiz com a realidade. Por isso, um dos primeiros lugares que visitei no Brasil foi uma cracolândia. Advertiram-me de que esses lugares estão cheios de "zumbis" imprevisíveis, movidos sobretudo pelo desejo de outra pedra. Uma pessoa que me aconselhou a não fazer a visita os descreveu como "bárbaros". Observei reações semelhantes aos meus planos de visitar favelas, bairros abandonados pelo governo que abrigam muitos dos cidadãos mais pobres do país. Nas favelas, é comum o Estado não oferecer serviços públicos básicos, como atendimento médico, saneamento e transporte. O vazio costuma ser preenchido pelos próprios membros da comunidade, igrejas evangélicas, ONGs e, é claro, organizações criminosas. Cracolândias e favelas compartilham algumas características importantes. Ambas são habitadas principalmente por pessoas à margem da sociedade que sofrem de percepções incendiárias e desumanas — construídas, em sua maioria, por gente de fora da cidade — e vivem em condições precárias, onde predominam a miséria, a ilegalidade e a violência. As cracolândias costumam se localizar em favelas ou, como em São Paulo, em regiões degradadas do centro da cidade.

Um adesivo na traseira de um carro da polícia chamou minha atenção no caminho para minha primeira visita a uma favela. Ele dizia: "Crack, é possível vencer". Achei que era apenas uma propaganda *retórica* da guerra às drogas, sem pensar que estava promovendo uma guerra *de verdade*. Eu estava completamente errado. Quando chegamos à Maré, um dos maiores conglomerados de favelas do Rio, vi uma verdadeira zona de guerra. As Forças Armadas estavam por toda parte, uma força de ocupação para os 140 mil moradores do lugar.

Segundo a história oficial, os militares eram necessários para restaurar a ordem e deter a violência causada pelo tráfico de crack. O crack era o inimigo, e seria derrotado. Outros diziam que era só fachada, que as tropas haviam sido enviadas à Maré devido à proximidade dos Jogos Olímpicos, que seriam realizados no Rio em 2016. A Maré margeia a rota principal para o aeroporto internacional da cidade. As autoridades temiam que atividades desagradáveis pudessem extrapolar os limites da favela e cair sob os holofotes mundiais. Em vez de arriscar um possível constrangimento, tomou-se a decisão de trazer as forças do Exército.

Quando cheguei à Maré pela primeira vez, em maio de 2014, fiquei surpreso com a impressionante quantidade de soldados que patrulhavam o complexo. Eu nunca tinha visto nada parecido, e havia passado um bom tempo no exército. Mas, ao que parece, os militares também ficaram surpresos com a nossa presença ali. Eu estava com um grupo de brasileiros brancos de aparência burguesa. Parecíamos europeus num safári no Quênia, com olhos arregalados de espanto e câmeras de alta definição. Um pouco aborrecidos, mas definitivamente confusos, os soldados exigiram saber por que estávamos ali. Eles tinham o poder de nos obrigar a dar meia-volta e ir embora. Sabiam muito bem que a maioria dos brasileiros de classe média evita as favelas como a peste, o que significava, entre outras coisas, que tinham carta branca para perpetrar atos desumanos com impunidade e longe dos olhos curiosos da imprensa.

Lembro vagamente que alguém do nosso grupo disse aos soldados que eu tinha vindo dos Estados Unidos para falar com crianças de favelas sobre como evitar as drogas. Um dos homens armados transmitiu essa informação por rádio a um superior, que acabou permitindo que continuássemos nosso caminho.

Todo o encontro foi surreal, eu diria que até mesmo assustador. Ficamos a apenas alguns metros de distância de uma dezena ou mais de soldados fortemente armados, que pareciam adolescentes. Muitos deles cresceram e ainda vivem nas mesmas favelas que ocupam. Pensei na época em que servi no Exército, quando tinha a idade deles, armado com um rifle automático carregado. Assim como eles, eu fazia o que me era ordenado. Felizmente, nunca recebi ordem de subjugar minha própria comunidade. Senti pelos soldados: eram apenas garotos. Senti pelos moradores: centenas são mortos todos os anos por homens uniformizados, a maioria policiais.

No Brasil, nem sempre é fácil distinguir entre as Forças Armadas federais e a polícia estadual. Ambas invadem rotineiramente as favelas. Em relação à polícia estadual, é importante entender que ela engloba dois tipos de forças: polícia civil e polícia militar. As polícias civis são responsáveis pelas investigações criminais, ou seja, trabalhos de detetive, perícias e processos judiciais. As polícias militares, por sua vez, estão organizadas como as Forças Armadas federais. Na verdade, seus membros servem ao mesmo tempo como reservistas no Exército brasileiro e recebem treinamento em contrainsurgência. As unidades das polícias militares também são equipadas com veículos blindados e fuzis automáticos de alta potência. Sua única missão é manter a ordem pública, o que inclui frequentes operações de ocupação. O problema é que, às vezes, as autoridades consideram a vida cotidiana nas favelas uma "desordem pública" que justifica invasões. No Brasil, a polícia militar é frequentemente utilizada como um exército invasor contra os próprios cidadãos pobres do país.

Fui a várias favelas e às chamadas cracolândias. De fato, vi pessoas fumando crack em cachimbos improvisados e tomando bebidas alcoólicas em copos de plástico. Vi discussões acaloradas e exaltadas. Mas vi principalmente pessoas conversando, rindo e cuidando com carinho de seus filhos e animais de estimação. Vi pessoas vivendo a vida.

Sobretudo, vi a pobreza generalizada. Um grande número de pessoas vivia em barracos de construção precária, desprovidos de serviços básicos e cercados por pilhas de lixo. Parecia que as autoridades não removiam o lixo em algumas dessas comunidades havia meses. Eu cresci em um conjunto habitacional, mas mesmo assim fiquei absolutamente chocado e perturbado por aquelas condições de moradia. Tentei não mostrar minha consternação, porque também estava grato por estar na presença de pessoas tão dignas e generosas.

Os moradores foram extremamente calorosos e acolhedores. Os supostos usuários e traficantes de drogas estavam ansiosos por compartilhar comigo. A meu pedido, uma pessoa até me deu uma pedra de crack para que eu pudesse testar a pureza; infelizmente, não consegui encontrar nenhum lugar no país para fazer a testagem. Alguns contaram histórias de parentes presos pela polícia por suspeita de tráfico de drogas que nunca mais foram vistos com vida. Os moradores não precisavam ser informados de que problemas como pobreza generalizada, educação de baixo nível, alto desemprego e violência atormentavam suas comunidades muito antes de o crack aparecer pela primeira vez no Brasil.

Isso é confirmado pelos dados. O Brasil tem sido assolado por altas taxas de desemprego, geralmente de dois dígitos, desde que se tornou um país democrático, em 1988. O desemprego atingiu o pico no final dos anos 1990, com quase 15%. A taxa de desemprego costuma ser de pelo menos o dobro da dos Estados Unidos. Os índices de homicídio estão consistentemente entre os mais altos do mundo há décadas. Entre 1990 e 2003, aumentou de 22 para 29 por 100 mil habitantes. Esse aumento foi seguido por uma ligeira queda para 27 por 100 mil em 2011, mas atingiu o pico de 31 por 100 mil em 2017. Em 2018, esse número caiu para 25 por 100 mil, mas ainda cinco vezes maior do que as taxas de homicídio dos Estados Unidos.

Segundo a retórica popular, as gangues de traficantes são as grandes responsáveis pela instabilidade social e pela violência nos centros urbanos do Brasil, como o Rio de Janeiro. Os políticos costumam invocar isso para justificar os tanques e soldados que se tornaram comuns em algumas favelas. Vestidas com uniformes de combate, as polícias estão em guerra contra os pobres e os negros do país, uma guerra travada em plena luz do dia, numa sociedade democrática.

Milícias locais fortemente armadas se tornaram um aspecto normal da vida nas favelas. Compostas sobretudo de policiais aposentados e fora de serviço, elas supostamente surgiram para proteger os moradores das favelas dos traficantes, mas, na verdade, agem de forma muito semelhante às organizações criminosas que afirmam manter sob controle: entram em conflito com os traficantes pelo controle de regiões lucrativas, extorquem dinheiro dos moradores e lojistas e vendem drogas. No Rio, as milícias controlam quase metade das pouco menos de mil favelas da cidade. Em comparação, os traficantes controlam menos de 40%.[11]

Em 2018, a polícia matou mais de 6100 pessoas em todo o país. Esse número é cerca de seis vezes maior que o de vítimas da polícia nos Estados Unidos, cuja população ultrapassa a do

Brasil em 115 milhões de pessoas. Muitas das mortes por policiais no Brasil equivalem a execuções extrajudiciais, tal como nas Filipinas. A ouvidoria da polícia de São Paulo examinou centenas de homicídios cometidos por policiais em 2017 e concluiu que em três quartos dos casos eles usaram força excessiva — às vezes contra pessoas desarmadas.

A maior proporção de homicídios cometidos pela polícia tende a ocorrer no Rio de Janeiro, cidade onde o notoriamente insensível presidente Jair Bolsonaro fez carreira. De 2003 a 2018, em média, a polícia do Rio matou 930 cidadãos a cada ano, 70% deles de ascendência africana. Em 2018, esse número subiu para 1534; mais de quatro pessoas foram mortas todos os dias nas mãos da polícia.[12] Em meados de 2019, o número médio de cidadãos mortos por policiais havia subido para mais de cinco por dia.

Muitas pessoas, entre as quais me incluo, consideram esses assassinatos policiais uma verdadeira campanha de genocídio. Mas não é assim que pensam Bolsonaro e seus partidários. Continuamente, o atual presidente do Brasil faz comentários públicos que demonstram flagrante desrespeito pelo devido processo legal e encorajam a brutalidade da polícia. Os suspeitos deveriam ser mortos a tiros nas ruas "como baratas", disse ele. Não foi à toa que Jean Wyllys temeu pela própria vida e fugiu do país logo após a eleição de Bolsonaro. Wyllys foi um inimigo declarado de Bolsonaro quando ambos eram deputados federais.

A barbárie de Bolsonaro corre o risco de ser superada pela do governador do Rio de Janeiro, Wilson Witzel.* Ex-juiz, Wit-

---

* Acusado de corrupção envolvendo recursos da Saúde em meio à pandemia do novo coronavírus, Witzel foi afastado do cargo em agosto de 2020. (N. E.)

zel é conhecido por instar a polícia a "mirar na cabecinha e... fogo!" ao lidar com suspeitos.[13] Com esse tipo de líderes, o fim da longa história de instabilidade social e violência do Brasil contra grupos específicos não parece estar próximo.

Apesar da complexa mistura de fatores que contribuem para os problemas urgentes do país, muitos brasileiros buscam enfrentá-los começando pelos usuários de crack e traficantes de drogas. Da mesma forma que as autoridades americanas há mais de trinta anos, as autoridades brasileiras consideram justificado massacrar pobres pardos e negros contanto que o objetivo final seja a "segurança pública". Isso significa, entre outras coisas, erradicar os usuários e traficantes de crack, quaisquer que sejam os danos colaterais. O conhecido roteiro — assustar o público sobre a violenta imprevisibilidade de usuários e traficantes da droga — permite que as autoridades desviem a atenção de preocupações legítimas e aumentem o orçamento das forças de segurança e dos provedores de "tratamento".

Em 2014, o país destinou 4 bilhões de reais a esse esforço. Nesse valor estão incluídas campanhas de conscientização e educação pública, embora o que se alardeia como educação não possa ser considerado informativo. A educação sobre drogas no Brasil se resume a dizer às pessoas para não consumirem drogas ilegais. Já o tratamento consiste principalmente em enviar os usuários para instalações administradas por organizações cristãs evangélicas, onde o foco é a oração e o trabalho manual. Por qualquer padrão moderno da medicina, isso dificilmente pode ser considerado um tratamento, que dirá um tratamento eficaz. A maior parte dos fundos e do foco dos esforços contra o crack do Brasil estão voltados para a polícia, assim como ocorre nos Estados Unidos.

Isso sem dúvida levará a mais mortes de negros e os empurrará ainda mais para as margens da sociedade. Os afrodescendentes constituem cerca de 50% da população do Brasil, mas representam menos de 5% das autoridades eleitas e são praticamente inexistentes em postos de classe média.

Então, o que deve ser feito no Brasil? É uma pergunta complicada, com respostas que vão muito além do escopo deste livro. Mas esforços significativos para aumentar a equidade educacional e econômica seriam um bom começo. Outra solução seria deixar de usar o crack ou qualquer outra forma de cocaína como bode expiatório. Qualquer pessoa que acredite que o crack — ou, aliás, qualquer droga — é o maior problema das pessoas marginalizadas está sendo ou desonesta ou ingênua, ou as duas coisas. Na verdade, a cocaína proporciona um alívio ao sofrimento dos pobres e à dissonância cognitiva vivida por brasileiros brancos conscienciosos e abastados, que sabem que o que está acontecendo no seu país é obsceno.

Luz do sol para iluminar meu dia

Voltemos a Bogotá, onde me sentei à mesa cheia de cocaína, meio que ouvindo o químico que demonstrava como distinguir entre cocaína de alta e baixa pureza. Cada carreira continha porcentagens variáveis da droga, que iam de cerca de 20% a 90%. Ele sabia disso porque havia analisado as amostras antes, ao se preparar para a demonstração. Lembro-me desse homem gentil se referindo à cocaína como "luz do sol para iluminar seu dia". Também me lembro vagamente de ele dizer que é possível obter uma estimativa muito boa da pureza verificando a umidade da substância. Quanto mais úmida a cocaína, melhor é a qualidade. Pelo menos, acho que foi o que ele disse.

Honestamente, tive dificuldade em prestar atenção. Minha mente havia voltado ao Brasil e a sua hipocrisia em relação à cocaína. Eu estava fixado no incidente do "helicoca", quando, em 24 de novembro de 2013, a Polícia Federal brasileira apreendeu um helicóptero que transportava meia tonelada de cocaína. O helicóptero pertencia a uma empresa da família do senador brasileiro Zezé Perrella. Na época, seu filho Gustavo era deputado federal por Minas Gerais. Gustavo usava parte de suas verbas oficiais para abastecer o helicóptero e contratara o piloto como assistente pessoal. Apesar dessas conexões, nenhum dos Perrella foi processado. O piloto foi acusado e condenado a dez anos de prisão por tráfico de drogas; os Perrella recuperaram o helicóptero.

Incidente semelhante ocorreu em junho de 2019, quando um membro da comitiva militar do presidente Bolsonaro foi preso com 39 quilos de cocaína a caminho da reunião do G20 no Japão. Durante uma escala em Sevilha, as autoridades espanholas encontraram a droga na mala de mão do sargento Manoel Silva Rodrigues, da Força Aérea Brasileira. Bolsonaro viajava em outro avião, que não pousou em Sevilha. Ele disse em um comunicado: "Se for descoberto que o piloto cometeu um crime, ele será julgado e condenado de acordo com a lei". Rodrigues foi a única pessoa presa e continua atrás das grades na Espanha. Parece que ele é o bode expiatório nesse caso.

Pensar no grande número de brasileiros pobres e negros presos e mortos a cada ano na campanha contra a cocaína supervisionada por indivíduos abjetos — que, a propósito, gostam da droga tanto quanto qualquer outro — fez com que eu me sentisse desesperançado, até mesmo cúmplice. Em que medida eu era diferente dos brasileiros brancos liberais que usam em segredo sua cocaína — e outras drogas — sem apoiar publicamente os usuários de drogas condenados?

"Que tal um pouco de sol?", perguntou o químico, observando que meus pensamentos estavam em outro lugar. Sua pergunta me trouxe de volta para a sala e me provocou outra: "Que tipo de hóspede rejeita tamanha hospitalidade?". Eu não, com certeza. Minha mãe me deu uma boa criação, me educou para ter boas maneiras. Depois que a cocaína acariciou suavemente meu nariz e os efeitos se fizeram sentir, ouvi Bill Withers cantando em minha cabeça: "Ain't no sunshine when she's gone".* Talvez nos amássemos mais se tivéssemos mais sol em nossas vidas. Temos um longo caminho a percorrer.

---

* "Não há luz do sol quando ela se vai." (N. T.)

10. A ciência das drogas: a verdade sobre os opioides

> O amor é uma droga…
> Tom Robbins

Quando comecei a escrever este livro, o veredicto sobre os opioides parecia bem definido. Essas drogas devastaram grande parte do país, causando dependência imediata e um enorme número de mortes inesperadas por overdose. Logo descobri que a coisa não era tão simples. Como no caso do crack décadas antes, a história dos opioides é muito mais complexa do que fomos levados a crer. Peço que você leia este capítulo com a mente aberta e permita que as evidências determinem sua perspectiva.

"blahhhh!" O som do vômito fez Robin correr para o banheiro, onde eu me encontrava ajoelhado diante do vaso sanitário como se fosse um altar. "Você está bem?", perguntou ela, com um olhar preocupado no rosto. Três semanas antes, eu havia lhe dito que faria um autoexperimento, durante o qual deliberadamente me absteria de opioides para ver como seria a reação. E de fato o levei a cabo, no outono de 2017.

Poucos anos antes, eu não poderia me imaginar tomando opioides de forma constante, muito menos me submeter voluntariamente à abstinência deles. Eu tinha medo demais. Os relatos da mídia sugeriam que uma pessoa podia ser fisgada depois de apenas algumas doses. E, uma vez viciado, o indivíduo corria o risco inevitável de morrer de overdose ou dos sintomas de abstinência. Quem precisava disso? Eu não, certamente.

Em 2014, em Genebra, na Suíça, dei uma palestra sobre um livro que tratava do uso de metanfetaminas. No momento reservado a perguntas e respostas, disse algumas coisas desinformadas sobre a heroína, embora ela não estivesse no escopo do programa. Falei algo como "o uso crônico dessa droga produz, sem dúvida, deterioração física; ela danifica o corpo". O fato de não ter nenhuma prova disso não me inibiu. A declaração parecia verdadeira e estava de acordo com meus próprios preconceitos sobre a heroína.

Imediatamente após a palestra, conheci Barbara Broers, uma das participantes do evento. Ela é professora da Universidade de Genebra e internista especializada no tratamento da dependência de drogas. Por vários anos, trabalhou numa clínica da cidade onde dependentes de heroína recebem doses diárias da droga como parte de seu tratamento, da mesma forma que as pessoas tomam doses diárias de um betabloqueador ou insulina para controlar os sintomas relacionados à hipertensão ou ao diabetes.

Barbara me disse que queria saber mais sobre o que eu pensava das questões que havia levantado na minha palestra. Ela me convidou para uma caminhada no monte Salève na manhã seguinte. Aceitei, embora não tivesse roupas ou sapatos adequados. Era inverno, estava frio e havia neve por toda parte. Para piorar as coisas, o pico do monte Salève fica quase 1500 metros acima do nível do mar. Tendo chegado havia pouco da cidade de Nova York, eu sabia que ficaria sem fôlego rápido se me esforçasse demais. Mas meu ego anulou minha razão. Não podia ser tão ruim, pensei. Se Barbara consegue, eu também consigo.

Logo percebi que eu é que iria aprender, não Barbara. Ficou claro que eu não era páreo para ela em vários níveis. Barbara é uma atleta dedicada, embora sua modéstia a impeça de dizer isso. Ela não tem carro; caminha, corre e anda de bicicleta por toda parte. Enquanto caminhávamos, sua resistência era evidente: ela falava a mil por hora, sem qualquer sinal de fadiga ou falta de ar. Também ouvia com paciência e atenção. De minha parte, eu ofegava como um peixe fora d'água enquanto tentava acompanhar seu ritmo, físico e intelectual.

"A heroína é uma das drogas mais seguras que existem", disse ela num tom calmo e pragmático. E qualificou sua declaração com as considerações farmacológicas de praxe, como a necessidade de prestar atenção à dose administrada e ao nível de tolerância do usuário. Não tenho certeza do que eu disse, ou se disse alguma coisa, mas tenho certeza de que o olhar incrédulo em meu rosto dizia: "Cai fora daqui!". Barbara começou me contando sobre sua experiência com pacientes na clínica de heroína e como eles respondem bem ao tratamento. Muitos deles também sofrem de outras doenças, inclusive transtornos psiquiátricos. Ela afirmou que a heroína, em comparação com medicamentos antidepressivos e antipsicóticos, tem muito menos efeitos colaterais. Certo, eu sabia disso: muitos medicamentos psiquiátricos têm efeitos colaterais graves. Em alguns casos, esses efeitos são tão debilitantes que os pacientes se recusam a tomá-los.

Eu também sabia que a heroína é produzida pela adição de dois grupos acetil à morfina. Essa pequena modificação da morfina permitiu aos Laboratórios Bayer — sim, os mesmos que nos deram a aspirina — comercializar a heroína como um supressor de tosse não viciante. Corria o ano de 1898 e havia uma pequena preocupação com o risco de dependência física causado pelos medicamentos antitussígenos mais comumente usados na época, a morfina e a codeína. Ambas as drogas são derivadas da papoula e, como a heroína, pertencem à classe dos opioides. Sabemos agora que todos os opioides, inclusive a metadona, a oxicodona e o fentanil, são capazes de produzir dependência física. Naquela época, porém, esse efeito ainda não havia sido observado com a heroína, que parecia um substituto ideal. Essa visão iria evoluir e os usos médicos da droga seriam restritos sobretudo ao alívio da dor. Hoje, a heroína é usada clinicamente em vários países, como a Irlanda e o Reino Unido, mas não nos Estados Unidos.

Barbara continuou sua aula. Ela disse que uma de suas observações clínicas mais consistentes era que a heroína, em muitos pacientes, é mais eficaz no controle de sintomas psicóticos, como alucinações, do que os medicamentos tradicionais. De início, achei um pouco difícil digerir essa informação, mas, depois que superei o choque, pude pelo menos ver como isso poderia ser possível em teoria.

Antipsicóticos são drogas usadas para tratar a esquizofrenia e outros transtornos do gênero. Segundo a teoria dominante, os comportamentos psicóticos, como alucinações e delírios, são causados pela hiperativação das células de dopamina no mesencéfalo. Os medicamentos antipsicóticos bloqueiam os receptores de dopamina e, portanto, evitam sua atividade excessiva. Essas drogas supostamente eliminam as vozes na cabeça dos pacientes esquizofrênicos e reduzem seus delírios. Na realidade, a coisa não é tão simples. Os antipsicóticos não são uma cura. Muitos pacientes relatam que eles não os livram de fato das vozes, apenas as tornam menos assustadoras. Em outras palavras, os antipsicóticos não são balas mágicas que atingem seletivamente os sintomas psicóticos. São ferramentas obtusas que causam uma cascata de efeitos em vários sistemas de neurotransmissores. Uma desvantagem importante desses medicamentos é que eles produzem uma sedação considerável e muitas vezes deixam os pacientes letárgicos e debilitados.

A heroína também produz uma série de ações neurobiológicas, algumas das quais levam igualmente à sedação. Mas, ao contrário dos antipsicóticos, gera muitos efeitos positivos no estado de ânimo, como uma notável sensação de bem-estar. Então, sim, posso ver como a heroína pode ser mais eficaz do que muitos medicamentos antipsicóticos para acalmar as vozes na cabeça de portadores de psicose. Também posso ver como ela pode ser mais reforçadora. Se os pacientes gostarem dela, é mais provável que a tomem. A maioria dos pacientes não aprecia os medicamentos antipsicóticos tradicionais.

Depois de passar um dia inteiro com Barbara, me convenci de que precisava aprender mais sobre a heroína. Eu precisava aprender mais com ela. Por exemplo: eu ainda não entendia muito bem por que uma pessoa pensaria em usá-la diante dos riscos a princípio tão altos. Eu queria saber mais. E também me sentia extremamente desconfortável com o fato de ser tão ignorante em relação a um tema sobre o qual era supostamente um especialista. Minha conversa com Barbara acendeu um fogo em mim. Eu estava decidido a tomar medidas para remediar minha ignorância.

Felizmente, eu teria um período sabático no ano seguinte. Barbara sugeriu que eu passasse parte da minha licença em Genebra, trabalhando na clínica de heroína. Isso nos permitiria continuar nossas interações enquanto eu aprendia em primeira mão sobre a droga num ambiente clínico. Agarrei a oportunidade.

Em 2015, passei vários meses na clínica de heroína de Genebra. No início, ainda tive de lidar com alguns dos meus preconceitos mais arraigados sobre a droga e seus usuários. Eu achava que a maioria delas desenvolvia dependência depois de usar medicamentos opioides para tratar alguma outra doença. Estava errado. Apesar da narrativa atual, a taxa de dependência entre pessoas com prescrição de opioides para dor nos Estados Unidos, por exemplo, varia de menos de 1% a 8%.[1]

Agora sei também que a maioria dos usuários de heroína não fica viciada na droga.[2] As chances de o indivíduo se tornar dependente aumentam se ele for jovem, desempregado e/ou sofra de distúrbios psiquiátricos concomitantes.[3] É por isso que os suíços proporcionam a todos os pacientes de heroína um assistente social, um psicólogo, um psiquiatra e outros profissionais de saúde em sua equipe de tratamento.[4] Eles não cuidam apenas das questões médicas e de saúde mental, mas também oferecem serviços sociais de importância crucial. Todos os pacientes têm moradia e muitos estão empregados.

Outros mitos que eu alimentava foram sendo destruídos a cada dia que passava na clínica. Por exemplo: os pacientes eram obrigados a comparecer em horários programados, duas vezes por dia — de manhã e à noite —, sete dias por semana.

Como relógios suíços, os pretensos viciados chegavam sempre na hora certa. Quase nunca se atrasavam. E, em decorrência da participação no programa, sua saúde havia melhorado; eles estavam felizes e levavam vidas atiladas. Tornou-se impossível sustentar a noção equivocada de que dependentes de heroína são degenerados irresponsáveis.

Os suíços iniciaram esse tipo de tratamento na década de 1990, quando havia uma grande preocupação com a disseminação do vírus HIV por agulhas contaminadas usadas para injetar heroína nas ruas. Em reação a essa crescente crise de saúde, que a polícia, com seu enfoque usual na redução do suprimento de drogas, não conseguia controlar, o governo suíço decidiu implementar a abordagem pragmática de fornecer heroína, agulhas limpas e outros serviços a um grupo seleto de dependentes como parte de seu tratamento. A abordagem funcionou. As pessoas permaneceram em tratamento. O número de novas infecções transmitidas pelo sangue, como HIV e hepatite C, diminuiu drasticamente. Os pequenos crimes cometidos por usuários da droga também diminuíram. E nenhum deles jamais morreu enquanto recebia heroína na clínica.

Não quero que você fique com a impressão de que a manutenção com heroína é uma panaceia. Não é. Não é sequer uma *cura* para a dependência; é simplesmente um *tratamento*. Não existem curas em medicina psiquiátrica. Não temos uma cura para a depressão, a esquizofrenia ou a ansiedade. Temos apenas medicamentos e terapias que tratam os sintomas, e isso permite que os pacientes funcionem melhor, apesar de suas doenças.

Mas o que também é verdade é que as perturbações psicossociais que levaram ao diagnóstico de dependência não estão mais presentes na maioria dos pacientes inscritos em programas de manutenção com heroína. Esses usuários são mais saudáveis e mais responsáveis. De acordo com o *DSM-5*, isso não importa. Esses indivíduos ainda carregam o rótulo de "transtorno por uso de opioides"; ainda são considerados viciados. Exceto que agora são descritos como viciados em remissão. Dito de outra forma, uma vez viciado, sempre viciado. Essa classificação não é exclusiva da dependência de opioides. Também se aplica a outras drogas, como álcool, anfetamina, maconha e cocaína.

Não há base científica para a rotulagem permanente desses indivíduos como dependentes. Esta sentença de prisão perpétua parece estar baseada puramente em histórias anedóticas e convenções. Tenho esperança de que essa caricatura de diagnóstico seja corrigida em edições futuras do *DSM*.

Isso em nada deprecia o sucesso dos programas de manutenção com heroína na Suíça e em outros lugares. Cerca de vinte anos depois de os suíços terem estabelecido seus programas, vários outros países europeus, como Bélgica, Holanda, Alemanha e Dinamarca, empregam agora enfoques semelhantes para tratar a dependência de heroína em pessoas que repetidamente fracassaram em programas de tratamento convencionais, como os focados na abstinência e auxiliados pela metadona. Os pacientes desses programas, como os da Suíça, têm empregos, pagam impostos e vivem uma vida longa, saudável e produtiva.

A heroína, ao que parece, é um tratamento eficaz para a dependência de heroína. Isso foi uma grande novidade para mim em 2015. Eu estava animado para voltar aos Estados Unidos e compartilhar o que havia aprendido. Na época, estávamos sendo inundados por um fluxo contínuo de terríveis advertências contra a devastação causada pelos opioides. Também nos diziam com frequência que o tratamento era ineficaz ou inadequado.

Quando voltei da Suíça, concordei em participar de um painel de discussão sobre o tema "Heroína: uma epidemia nacional" (título dos organizadores). Quase nunca participo de painéis de discussão sobre drogas, porque, invariavelmente, pelo menos um colega vai apresentar informações erradas, e, se eu o corrigir, vou acabar parecendo um babaca. Concordei em participar dessa vez porque queria compartilhar o que havia aprendido em Genebra e porque o momento era perfeito.

Peter Shumlin, então governador de Vermont, era um dos participantes. Em 2014, como já mencionei, ele ganhou reconhecimento nacional graças ao seu enfoque exclusivo na "crise da heroína" em seu discurso de início de ano. Ele exortou os cidadãos a ver a dependência como um problema de saúde, e não uma questão de justiça criminal. A imprensa adorou. Shumlin foi considerado um progressista com visão do futuro.

Não era. Logo ficou claro que, em relação às drogas, ele era apenas mais um político estúpido. Durante nossa discussão, compartilhei minha experiência em Genebra e expliquei o sucesso do tratamento em vários países. Propus que o oferecêssemos nos Estados Unidos. Shumlin, em um tom arrogante de desdém, reagiu dizendo algo como: "Os americanos não precisam seguir o exemplo de nenhuma outra nação". Não pude acreditar. Seu comentário me irritou e me deixou desanimado. É precisamente esse tipo de ignorância obstinada que impede tantas pessoas de receberem um tratamento que de fato funciona, quer envolva manutenção com heroína ou não.

Infelizmente, muitos americanos compartilham da opinião de Shumlin. E talvez seja ainda mais preocupante o grande número de médicos e cientistas americanos especializados em drogas que acham a ideia de fornecer heroína para pacientes com dependência simplesmente errada. Para esses médicos e cientistas, não importa que o tratamento funcione bem. Ou que tenha sido validado cientificamente. O uso de heroína, mesmo como tratamento, parece imoral.

Essa rigidez ideológica é uma das principais razões pelas quais o tratamento assistido com heroína é raramente mencionado nos Estados Unidos. A manutenção com heroína não é discutida como uma opção de tratamento nem é ensinada como parte da formação que médicos iniciantes e especialistas em dependência devem concluir. Isso parece uma negligência do dever.

Às vezes, penso com saudade nas discussões que tive com Barbara e sua equipe sobre dependência, opioides e a vida em geral. Nossas conversas não eram restringidas por noções puritanas que obrigam as pessoas, por vergonha, a ter pensamentos, expressões e vidas restritas e insípidas. Era como se as algemas tivessem sido retiradas do meu pensamento, especialmente sobre drogas. Lembro-me de uma conversa que tive com Anne, uma das médicas da equipe. Em resposta ao meu lamento de que os médicos americanos muito provavelmente jamais irão considerar a heroína uma alternativa de tratamento viável para qualquer problema, ela disse uma coisa que não esquecerei tão cedo. Primeiro, me contou que seus pacientes costumam descrever a heroína em termos muito amorosos. Então, com os olhos fixos nos meus, me perguntou: "Como posso ser contra o amor?".

Essas experiências me transformaram. Elas me fizeram questionar tudo que eu pensava saber sobre a heroína. Deixei de acreditar em boa parte das bobagens que havia aprendido a respeito dessa droga. Eu tampouco acreditava agora, como antes, que a heroína inevitavelmente leva à morte ou a algum outro fim trágico. Todas as evidências das pesquisas mostram claramente que os usuários de heroína são, em sua maioria, pessoas que usam a droga sem que isso traga maiores problemas, como a dependência; são cidadãos conscienciosos e íntegros.

Reconheço que esta declaração requer alguma defesa.

Desde o início do século XX, quando a heroína foi proibida nos Estados Unidos, a droga e seus usuários têm sido depreciados na imprensa popular, na política, na arte, em todos os lugares. É claro que é possível encontrar de vez em quando retratos simpáticos de certos usuários de heroína, ainda mais se são brancos, jovens e fisicamente atraentes. Mas o número dessas representações mais compassivas não é nada em comparação com as negativas.

As manchetes dos jornais costumam parecer alertas histéricos sobre o perigo da heroína: HEROÍNA SUSPEITA EM 20 MORTES EM 2 SEMANAS.[5] Artistas costumam criar obras influentes que cimentam a má reputação da heroína. Quem entre nós não ficou profundamente comovido ao ouvir Johnny Cash cantando "Hurt", que descreve de forma pungente os horrores do uso da droga? Ou ao ouvir Neil Young cantando "The Needle and the Damage Done", canção inspirada na morte de seu ex-colega de banda Danny Whitten, um usuário de heroína?

Você talvez não saiba, mas Johnny Cash nunca usou heroína, nem recebeu treinamento especial sobre seus efeitos. Portanto, é provável que sua visão do tema não seja a mais confiável. Já o autor de "Hurt", Trent Reznor, líder do Nine Inch Nails, definitivamente usava a droga. Mas seu uso por si só também não faz dele um especialista. Igualmente importante, mesmo antes de usar heroína, Reznor sofria de depressão. Como eu disse, pessoas com diagnóstico de transtorno psiquiátrico têm uma chance maior de se tornar dependentes. Isso faz com que seja extremamente difícil separar os efeitos da depressão dos da heroína ao tentar determinar a causa real do sofrimento de Reznor quando escreveu "Hurt". Da mesma forma, Danny Whitten, a inspiração para a música de Neil Young, não morreu de uma overdose de heroína, mas de overdose de sedativos e álcool.

A questão é que uma pessoa não deve ser considerada especialista em heroína apenas porque escreveu uma canção ou um artigo sobre os horrores da droga. Tampouco deve ser considerada uma autoridade sobre a substância apenas porque a usou de maneira patológica. É como dizer que Donald Trump é ginecologista porque já teve uma predileção mórbida por agarrar mulheres pela virilha sem a permissão delas. Além disso, as descrições mais populares do uso de heroína não são nada precisas e não contam toda a história. Tudo o que é preciso fazer é cavar um pouco, e então fica perfeitamente claro que a heroína — e, aliás, qualquer outro opioide — não é o vilão que foi pintado.

Quando se trata de heroína da rua, o foco da preocupação devem ser os contaminantes que podem estar misturados à substância. Hoje, a heroína ilícita é com frequência adulterada com opioides mais potentes, como o fentanil e seus análogos. Os adulterantes costumam ser muito mais perigosos do que a heroína em si. Essas substâncias produzem um efeito semelhante ao da heroína, mas são muito mais potentes. Isso pode ser obviamente problemático — até mesmo fatal — para usuários que ingerem grandes doses da substância pensando se tratar apenas de heroína ou outro opioide puro. O fentanil é o culpado pela morte de Prince, o astro do rock. Noticiou-se que ele morreu após tomar um comprimido contendo fentanil que acreditava ser Vicodin.

Uma solução óbvia para muitas dessas mortes acidentais é legalizar a heroína, como fizemos com a maconha em onze estados e com as bebidas alcoólicas. A legalização garantiria um nível mínimo de controle de qualidade. Durante a Lei Seca, o álcool produzido em alambiques ilícitos muitas vezes continha contaminantes que deixavam as pessoas doentes ou mesmo as matavam. Esse problema acabou quando a lei foi revogada. Nesse meio-tempo, deveríamos oferecer serviços gratuitos e anônimos de testagem de pureza das drogas. Se uma amostra contivesse adulterantes, os usuários seriam informados. Como observei nos capítulos anteriores, esses serviços já existem fora dos Estados Unidos, em lugares como Áustria, Bélgica, Holanda, Portugal, Espanha e Suíça, onde o primeiro objetivo é manter os usuários seguros.

Numa tentativa de contornar a natureza imprevisível dos mercados ilícitos de heroína, algumas pessoas obtêm prescrições de opioides como substitutos. Por um lado, isso é bom porque a pureza da heroína das ruas é frequentemente ruim. Em geral, os opioides receitados são de qualidade superior e têm nível farmacêutico. Mas, por outro lado, medicamentos de prescrição populares como Percocet, Vicodin e Tylenol 3 contêm uma dose extremamente pequena de opioide em combinação com uma dose consideravelmente maior de acetaminofeno (também conhecido como paracetamol) — e a exposição excessiva ao acetaminofeno é a maior causa de danos ao fígado nos Estados Unidos.[6] Alguns usuários podem inadvertidamente correr o risco de causar danos ao fígado tomando muitos desses comprimidos.[7] Precisamos informar as pessoas para não exagerar nos comprimidos de opioides com paracetamol, porque ele pode ser muito mais fatal do que a dose baixa de opioides normalmente contida nessas fórmulas.

O FATO TRISTE É QUE muitas pessoas são vítimas de mortes evitáveis relacionadas aos opioides. Com demasiada frequência, recebo e-mails, cartas, telefonemas e visitas de pais que perderam recentemente um filho devido ao que lhes foi descrito como uma overdose de opioide. Minhas interações com esses pais enlutados são de partir o coração. Como pai, não consigo me imaginar me recuperando desse tipo de perda. Sinto uma compaixão profunda por eles, e ofereço toda a ajuda que posso.

Lembro-me de encontrar Tatianna Paulino após a morte de seu filho Steven Rodriguez. Steven, também conhecido como A$AP Yams, foi o fundador do coletivo de hip-hop A$AP Mob. Nas primeiras horas de 18 de janeiro de 2015, sua mãe foi informada de sua morte enquanto corria por uma rodovia do Bronx em direção ao hospital do Brooklyn que recebeu o corpo. Steven sucumbira a uma aparente overdose de opioides. Isso parecia coerente com o fato de ele já ter feito tratamento para uso de drogas uma vez. Também era condizente com as histórias contadas à imprensa por alguns de seus amigos. A$AP Rocky, por exemplo, disse em uma entrevista ao *New York Times* que Steven "sempre lutou contra as drogas. Esse era o problema dele".

Consta que a droga escolhida por Steven era o *lean*, também conhecido como bebida roxa ou xarope. Trata-se de uma mistura de um refrigerante aromatizado com xarope para tosse à base de codeína e prometazina. A codeína é uma das substâncias químicas naturais encontradas na papoula. Na medicina, ela é usada como supressor da tosse e também como analgésico. Algumas pessoas também a utilizam para ficar chapadas, porque ela é capaz de aliviar o estresse e produzir sedação com euforia leve. Os opioides, inclusive a codeína, também estimulam a liberação de histamina, que pode causar coceira, náusea, vômito e outros sintomas desagradáveis.

A prometazina é um anti-histamínico usado para tratar sintomas de alergia, como coriza, espirros, irritação nos olhos ou lacrimejamento, urticária e erupções cutâneas com coceira; é também usada para reduzir náuseas, vômitos e insônia. Na prática, a prometazina, assim como outros anti-histamínicos, é capaz de eliminar muitos dos efeitos colaterais negativos produzidos pelos opioides. Mas suspeito que a principal razão para sua inclusão no *lean* sejam suas pronunciadas propriedades sedativas.

Tatianna sabia que o filho sofria de apneia do sono e se perguntou se isso havia desempenhado um papel em sua morte. Ela achava que a descrição da morte de Steven como um "problema com drogas" parecia simples demais, conveniente demais. Não explicava a causa real. Tampouco era exata o bastante para garantir que a experiência dele pudesse ser usada para evitar que algo semelhante acontecesse com o filho de outra pessoa. Parecia haver muito mais coisa envolvida naquilo. Com efeito, Tatianna descobriu que Steven estava sob pressão considerável para produzir gravações de sucesso. Ele também estava falido e, para piorar a situação, estava sendo expulso do grupo que havia formado. Diante dessas circunstâncias estressantes, não é difícil entender que o uso de opioides pode ter sido a forma encontrada por ele para descontrair. Os opioides são sem dúvida adequados para essa finalidade.

O problema, no entanto, é que a maioria das misturas de *lean* contém um opioide e um anti-histamínico. Se uma pessoa não tolerante tomar uma grande dose de um opioide combinado com um anti-histamínico, sobretudo um mais antigo, como a prometazina, que é fortemente sedativa, as chances de sofrer uma depressão respiratória fatal aumentam muito. Na noite anterior à sua morte, Steven tomou *lean*. Além disso, seu relatório toxicológico revelou que ele também tomou oxicodona (um opioide) e alprazolam (um benzodiazepínico conhecido no Brasil como Frontal). Ambos também são conhecidos por seus efeitos euforigênicos e de alívio da ansiedade. Mas, quando combinados com outros sedativos, especialmente em grandes doses, esses medicamentos podem se tornar mortais.

Não posso dizer se Steven estava ciente dos perigos potenciais de misturar opioides com outros sedativos. Se não estava, certamente não estava sozinho. Várias celebridades morreram em decorrência desse tipo de combinação: DJ Screw, Pimp C, Heath Ledger, Cory Monteith, Philip Seymour Hoffman e Tom Petty, entre outros. As manchetes que anunciam essas mortes quase sempre destacam o opioide como o assassino, o que não é apenas inexato, mas também incrivelmente irresponsável.

Com certeza, é possível morrer de overdose de um opioide puro, mas essas overdoses são responsáveis por uma minoria das milhares de mortes relacionadas à substância. A maioria é causada quando se combina um opioide com álcool, um anticonvulsivo, um anti-histamínico, um benzodiazepínico ou outro sedativo. As pessoas não estão morrendo por causa dos opioides; estão morrendo por causa da ignorância.

Explicar esses fatos para Tatianna foi difícil porque eu estava triste por ela. Também me sentia afortunado de ter tido a oportunidade de conhecê-la e saber mais sobre seu filho. Lembro-me de ela me dizer que Steven era capaz de iluminar uma sala com seu sorriso, que era deliciosamente travesso, que todo o seu corpo tremia quando ele ria. Ela também conheceu meu filho Damon, que era apenas alguns anos mais jovem do que Steven. Ela me falou que eu era sortudo em tê-lo. Em um de nossos encontros, ela se virou para mim e disse com tristeza que gostaria que as campanhas de saúde pública simplesmente informassem: "Não combine opioides com outros sedativos". "Talvez meu filho estivesse vivo hoje", completou. Eu estava mortificado e sem palavras. Não conseguia imaginar o que faria se estivesse no lugar dela.

Sua mensagem simples era certeira. Eu estava decidido a ajudar a espalhá-la. Estava cada vez mais frustrado com os políticos que exageram os malefícios dos opioides. Isso apenas desvia atenção e recursos das verdadeiras preocupações e diminui nossa capacidade de tomar as medidas mais adequadas para manter as pessoas saudáveis e seguras. O fato inegável é que os opioides foram usados com segurança durante séculos. Eles foram usados não só para diminuir o sofrimento das pessoas, mas também como instrumentos importantes da maleta do médico. Nossa sociedade deveria reconhecer que as pessoas jamais deixarão de usar essas drogas, quer as autoridades gostem ou não.

A primeira vez que usei heroína, eu tinha bem mais de quarenta anos. Não foi um deslize juvenil, como muitos políticos afirmam falsamente sobre seu próprio uso de drogas. Foi deliberado. Foi também um acontecimento nada notável. Minha amiga Kristen me perguntou se eu estaria interessado em experimentar heroína com ela. Ela nunca tinha feito isso, mas queria experimentar. Eu também. Então, numa sexta-feira à noite, nós experimentamos. Ao contrário dos filmes, não usamos agulhas. (A propósito, a maioria dos usuários de heroína também não usa.) Cada um de nós cheirou uma carreira curta e fina. De imediato, detectamos os efeitos opioides característicos e agradáveis, entre os quais uma sedação leve e onírica, livre de estresse. Conversamos, recordamos momentos do passado, rimos, trocamos ideias e documentamos cuidadosamente os efeitos da droga em nós. Depois que eles passaram, encerramos a noite e fomos para casa.

Fiquei impressionado ao ver como minha experiência era incongruente com as cenas caóticas de uso de heroína retratadas na cultura popular. Isso reforçou minha crença de que consequências horríveis são muitas vezes equivocadamente atribuídas à heroína. Eu não temia mais a droga, nem imaginava um resultado desastroso se a usasse. Eu era agora um usuário de heroína. Na verdade, a heroína é provavelmente minha droga favorita, pelo menos no momento.

Mas, para deixar claro, não sou um usuário dependente, e não digo isso para me distanciar daqueles que talvez lutem contra a dependência de heroína. É apenas um fato. Não tenho fissura pela droga, nem a uso diariamente. Na verdade, a frequência do meu uso de heroína é quase tão ocasional quanto a do meu uso de bebidas alcoólicas. Nunca deixei de cumprir minhas obrigações devido à droga ou seus efeitos, nem experimentei involuntariamente sintomas que sugerissem que tenho um problema. Eu não me pico (não que haja nada de errado com a injeção) nem tenho marcas de seringa. Nunca cochilei ou falei arrastado depois de tomá-la. Ninguém poderia dizer que sou um usuário de heroína simplesmente olhando para mim. O mesmo é verdade para a maioria dos outros usuários dessa droga.

Meu uso de heroína é tão racional quanto meu uso de álcool. Como as férias, o sexo e as artes, a heroína é uma das ferramentas que uso para manter meu equilíbrio entre vida profissional e pessoal. Nossas vidas são repletas de dor, estresse e desgosto. Para me manter relativamente intacto do ponto de vista psicológico e ser uma pessoa humana, desenvolvi estratégias bem-sucedidas para mitigar os danos inevitáveis causados por pessoas difíceis, situações impossíveis, expectativas irrealistas e uma miríade de outros fatores de estresse. Mas, para deixar claro, também gosto de heroína pelo simples prazer de seus efeitos.

Há alguns anos, fui convidado a chefiar meu departamento por um período três anos. O convite foi uma honra para mim, mas preferi consultar outras pessoas antes de decidir. Muitos de meus amigos e colegas mais sábios — alguns dos quais já haviam ocupado funções administrativas semelhantes — me aconselharam a não aceitar o cargo. Eles temiam que eu me atolasse na mesquinharia política departamental e fosse desviado de meu próprio trabalho. Vários ecoaram o sentimento que com frequência é atribuído a Henry Kissinger: "A política acadêmica é tão viciosa precisamente porque o que está em jogo é tão pequeno".

No fim das contas, resolvi aceitar o cargo. Eu queria ajudar a moldar a missão futura do departamento. Queria ter certeza de que estávamos fazendo nossa parte para incluir em nosso corpo docente e discente indivíduos de grupos que haviam sido e continuam sendo excluídos das instituições de elite. Também queria retribuir um departamento que fora tão generoso e solidário comigo e com meu trabalho. Assumir a chefia do departamento seria minha maneira de dizer obrigado.

Durante minha gestão, toda aquela gratidão foi corroída. Para minha tristeza, descobri, por exemplo, que seria difícil, se não impossível, aumentar o número de professores negros além do nível simbólico. Os candidatos negros, ao que parecia, deviam não só ter um histórico acadêmico extraordinário, como também ser considerados não ameaçadores. Se um membro do corpo docente atual se sentisse ameaçado pela independência, intelecto, popularidade, sucesso, o que quer que fosse do candidato, então já era. Ele não tinha nenhuma chance. Está claro que "não ameaçador" é um fator vago e caprichoso que nunca é explicitamente declarado durante as discussões sobre contratação. Em vez de se concentrar no currículo do candidato, essas reuniões com enorme frequência se transformavam em insinuações e campanhas de sussurros baseadas em rumores de fontes anônimas. A informação anônima é, em geral, divulgada pelos membros do corpo docente que se declaram os maiores proponentes da "diversidade".

No ambiente universitário, o termo "diversidade" substituiu o espírito de reparação e passou a representar qualquer pessoa, de professores negros a veteranos militares. Ora, eu sou os dois, mas ainda não fui submetido a discriminação porque sou um veterano. Hoje, me encolho sempre que ouço colegas falando sobre a importância de ter uma comunidade diversificada no campus.

Atuar dentro desse contexto me causou muita dissonância cognitiva, especialmente porque grande parte do meu trabalho como chefe de departamento consistia em defender nosso corpo docente. Às vezes, significava apresentar a um comitê universitário um pedido de titularidade ou promoção em nome de uma colega. Outras vezes, significava tentar obter um cobiçado apartamento na universidade para ela ou ajudá-la a conseguir uma vaga para o filho na escola primária K-8 de Columbia. Eu muitas vezes me perguntava: "Como posso continuar a trabalhar em defesa de pessoas que minam ativamente meus esforços?". Era desanimador.

Uma das minhas maneiras favoritas de relaxar e rejuvenescer é assistir a shows de comédia. Isso me ajuda a não me levar muito a sério. Adoro rir, especialmente de mim mesmo. Isso me lembra de que também sou falível e imperfeito. Em consequência, tento ser mais compreensivo e indulgente com os outros, mesmo que eles me desapontem. A comédia me ajudou a ser uma pessoa melhor.

A heroína também. Não há muitas coisas na vida de que eu goste mais do que algumas carreiras junto à lareira no final do dia. A voz tocante de Billie Holiday cria a cena e o clima: "God bless the child that's got his own".* A própria Holiday era uma ávida consumidora de heroína. Foi criticada, é claro. Sua reação, de acordo com a biógrafa Farah Jasmine Griffin, era dizer que nenhum de seus pais usava drogas e que ela vivera

---

* "Deus abençoe a criança que já tem as suas." (N. T.)

mais tempo do que ambos: "A heroína não só me manteve viva — talvez também tenha me impedido de me matar".[8] Conheço bem essa sensação.

Nesses momentos de serenidade, penso sobre o meu dia, na esperança de não ter sido a fonte da angústia de ninguém. Repasso minhas interações interpessoais com o objetivo de tentar ver as coisas do ponto de vista da outra pessoa. Estou perfeitamente ciente do meu papel e das minhas responsabilidades, e reconheço que minhas interações com outras pessoas, sobretudo subordinados, podem causar ansiedade ou sentimentos feridos, impactando de maneira negativa as interações subsequentes daquele indivíduo com seus entes queridos ou com outras pessoas.

A heroína me permite suspender a preparação perpétua para a guerra que se passa em minha cabeça. Estou frequentemente em estado de hipervigilância, numa tentativa de prevenir ou minimizar os danos causados pela vida diária em minha própria pele. Quando ela se liga aos receptores opioides mu (μ) em meu cérebro, eu "deixo cair meu fardo" e "minha espada e escudo", exatamente como descrito no spiritual "Down by the Riverside".

Fico de bem com o mundo. Sinto-me ótimo. Revigorado. Preparado para enfrentar mais um dia, mais uma reunião de docentes ou algum outro compromisso obrigatório. Todas as partes se beneficiam.

Reconheço que minha experiência com a heroína entra em conflito radical com as representações da droga como causadora de entorpecimento emocional. Certo, doses extremamente elevadas podem produzir esse efeito e até deixar a pessoa inconsciente. Mas esses efeitos são praticamente inexistentes e definitivamente indesejados pela maioria daqueles que procuram desfrutar dos efeitos relacionados à heroína. Declarações que atestam o "entorpecimento" causado por essa substância são descaracterizações grosseiras. Elas reduzem os efeitos da heroína a algo como uma privação de sentimentos. São precisamente os sentimentos produzidos pela droga que me inspiram a ser uma pessoa mais empática. Em outras palavras, a heroína aumenta minha capacidade de sentir.

Além disso, quero deixar claro que meu uso de heroína — ou de qualquer outra droga — não costuma ser um passatempo solitário. Habitualmente, alguns de meus amigos mais próximos e eu estreitamos nossos laços tendo como pano de fundo o cheiro doce e terroso de ópio queimando.

"Falei algumas besteiras para ela." Fabrice me fez rir enquanto contava um relato passo a passo de uma noite embaraçosa que passara com uma amiga em comum em Paris. Ele havia bebido demais e agora gostaria de poder retirar suas palavras. Não era possível.

Fabrice e eu estávamos num hotel em Praga. Fôramos convidados para fazer apresentações num congresso sobre drogas. Nenhum de nós estava particularmente animado com a perspectiva de falar para aquele público, composto na maior parte de psiquiatras que se autodenominam "viciologistas". Se alguma vez existiu um grupo de indivíduos resistentes ou imunes a evidências sólidas contrárias à sua própria visão de mundo, é justo esse.

Eu acabara de chegar de Nova York após um voo de nove horas. Estava exausto. Nas duas semanas anteriores, proferira palestras em Los Angeles, Lubbock e Boston. Além disso, ainda dava meu curso duas vezes por semana em Columbia e meu curso de sexta à noite em Sing Sing. Àquela altura, eu estava com uma infecção respiratória e me sentia ligeiramente febril e com o corpo dolorido. Uma tosse persistente só piorava a minha garganta.

Fazia quase um ano que eu havia estado com Fabrice. Estava com saudades dele. Não importa quanto tempo se passe entre nossos encontros, sempre retomamos do último, sem dificuldade ou estranheza. Fabrice é da família.

Sentados naquele quarto de hotel sem graça, fumamos ópio e rimos quase sem parar. Relembramos histórias sobre gafes que havíamos cometido. Fizemos planos de nos ver com mais frequência, apesar de morarmos em países diferentes. Trocamos novas informações sobre nossas pesquisas e nossas drogas preferidas. Perguntamos sobre as famílias um do outro e planejamos passar um feriado juntos em breve.

As horas passaram voando. Felizmente, o ópio havia diminuído meus sintomas bem a tempo do jantar, onde nos encontramos com outros participantes do congresso. Muitos deles beberam vinho ou outra bebida alcoólica durante a refeição. Isso, sem dúvida, os relaxou e facilitou suas interações sociais. Fabrice e eu já estávamos nesse clima. Foi uma noite adorável, e o congresso também não foi ruim.

Minha experiência em curso com opioides me forçava a atualizar continuamente meu pensamento. Pouco depois de terminar meu doutorado, um ex-professor sugeriu que eu assistisse a *Trainspotting*, de 1996. Ele deu a entender que eu aprenderia algo importante sobre a abstinência de heroína. Depois de assistir ao filme, pensei que estava informado.

Em 2017, voltei a assisti-lo. Dessa vez me encolhi, sobretudo durante as cenas de abstinência. Eram sensacionalistas e cafonas demais. Ao retratar a abstinência de opioides como uma experiência quase mortal, o filme reforçava estereótipos incorretos e prejudiciais sobre a droga e seus usuários. Eu sabia que esse retrato não era representativo da experiência da maioria dos usuários, porque àquela altura já havia passado por uma abstinência moderada de heroína em mais de uma ocasião. Nunca fui aterrorizado por alucinações visuais durante a desintoxicação. Nunca experimentei a dor atroz que supostamente leva os usuários a fazer qualquer coisa para obter outra dose. Não experimentei absolutamente nenhuma daquelas besteiras de *Trainspotting*.

É verdade que, no passado, eu só havia consumido doses pequenas de heroína, e por não mais do que cerca de dez dias consecutivos a cada vez. Mesmo assim, esse padrão de uso foi suficiente para produzir alguns sintomas de abstinência quando parei abruptamente de usar a droga. Os sintomas começavam cerca de doze a dezesseis horas após a última dose. No máximo, eu sentia como se tivesse uma gripe de 24 horas: calafrios, coriza, náusea, vômito, diarreia e algumas dores leves. Era uma experiência desagradável, mas certamente não dramática ou ameaçadora.

Contudo, eu tinha de enfrentar a questão do motivo pelo qual as descrições da mídia da interrupção do uso de heroína eram tão inconsistentes com o que eu sabia por experiência própria e com o que havia lido na literatura científica. A quantidade de heroína que eu estava usando era baixa demais? Ou eu precisava usar a droga em mais dias consecutivos? Eu também sabia que usuários entusiastas costumam relatar que a abstinência de opioides de ação prolongada, como a metadona, é muito pior do que a de heroína. Levando essas questões em consideração, lembrei-me de que tinha um grande frasco de comprimidos de morfina de liberação prolongada, que haviam pertencido a um parente que as tomava para dor antes de morrer. Não parecia certo jogar os comprimidos no lixo.

Assim, como parte de meu experimento, comecei a tomar doses orais diárias de morfina, cerca de 30 mg a 45 mg, e continuei por aproximadamente três semanas. Também usei heroína durante esse período. Planejei abandonar as drogas cerca de 48 horas antes de uma grande palestra que eu tinha programada. Desse modo, teria pelo menos uma noite inteira para lidar com os sintomas. Eu iria provar, de uma vez por todas, pelo menos para mim mesmo, que a abstinência era um inconveniente que eu poderia resolver sem deixar de cumprir obrigações importantes.

A noite da abstinência

Era quase meia-noite, mas eu não conseguia dormir. Estava experimentando um dos piores sintomas de abstinência que já senti. Não era a náusea, o vômito, nem mesmo a diarreia. Tudo isso já havia diminuído. E, de qualquer forma, já não havia mais nada para botar pra fora. Não era a minha fissura pela droga. Eu poderia pegar ou largar. O que eu realmente queria era dormir.

Mas isso não estava na ordem do dia. A dor em meu abdômen era muito intensa para que eu pudesse cochilar. Era atroz e implacável. Era uma dor da qual não me esqueceria facilmente. Era uma dor nova, diferente de qualquer outra que eu já tivesse sentido. Era tão intensa que irradiou para todo o meu corpo. O leve toque das mãos de Robin na minha perna ou no meu braço para me acalmar apenas a exacerbava. Durou horas, e nada parecia aliviá-la. Tentamos aspirina e ibuprofeno: não funcionou. Maconha e triazolam: ambos também fracassaram. O triazolam é um benzodiazepínico usado para tratar a insônia. Não tive medo de tomá-lo porque tinha apenas uma pequena quantidade de opioide no organismo.

Àquela altura, Robin queria que eu fosse para o pronto-socorro. Ela delicadamente sugeriu a ideia. Mas a angústia estampada em seu rosto contava uma história diferente, mais urgente. Ela estava preocupada, profundamente preocupada. E isso me preocupou. É verdade, minha dor abdominal era terrível. Mas eu sabia que não era uma ameaça à minha vida e que acabaria por diminuir. Robin, no entanto, não sabia disso.

Eu precisava fazer alguma coisa. Agir rápido. Esmaguei dois comprimidos de triazolam de 0,25 mg e cheirei. Eu sabia que a droga alcançaria meu cérebro mais rápido se eu cheirasse os comprimidos do que se os engolisse. E também sabia que dois comprimidos sem dúvida me nocauteariam. Em quinze minutos, adormeci profundamente, e assim permaneci pelas seis horas seguintes. Robin, que vigiava meu estado o tempo todo, ficou aliviada.

Quando acordei, a dor abdominal ainda estava presente, mas não era nem de longe tão intensa. Pequenos sintomas, semelhantes aos da gripe, inclusive coriza e um leve enjoo, também persistiam. Nada disso me incomodava em especial. Fiquei aliviado ao ver que as coisas haviam funcionado como eu pensara e que estava acabado. Bem, quase acabado. Voltei minha atenção para a preparação da minha palestra, que aconteceria em menos de duas horas.

Depois que o anfitrião me apresentou, comecei uma palestra intitulada "Tudo que você pensava que sabia sobre a crise dos opioides está errado". Então, disse à plateia que aquele evento estava acontecendo num momento providencial, porque eu estava no meio de uma abstinência de opioides. Todos riram, é claro; ninguém parecia acreditar em mim. Ao que tudo indica, a apresentação correu muito bem. A sala estava cheia. Os participantes pareciam interessados e ficaram até o final. Seguiram-se perguntas e comentários relevantes. Em suma, o evento terminou sem problemas.

Passar pela abstinência de opioides não foi uma experiência particularmente agradável. E não tenho planos de voltar a fazer isso tão cedo. Mas estou contente por ter tido a experiência. Ela confirmou algumas coisas que eu já sabia. Em primeiro lugar, a abstinência de opioides não é uma ameaça à vida. O mesmo não pode ser dito sobre a abstinência do álcool. Você não vai ler nestas páginas que realizei um autoestudo sobre a abstinência do álcool. Em segundo lugar, os sintomas de abstinência não se equiparam à dependência. Apesar de ter passado por uma abstinência de opioides, nunca preenchi os critérios para dependência de opioides. Da mesma forma, não rotularíamos uma pessoa de dependente só por apresentar sintomas de abstinência após interromper de maneira abrupta o uso de um antidepressivo. Por fim, os retratos que a mídia apresenta sobre os opioides se concentram quase inteiramente em resultados negativos — e mesmo esses são com frequência exagerados. Essa situação me levou a agir e me manifestar. Quero ajudar as pessoas a não se deixarem iludir pela histeria da "crise dos opioides" e todos os danos que ela causa. Também quero assegurar que outras pessoas tenham oportunidades seguras de se beneficiar da bem-aventurança serena que os opioides podem oferecer, se assim o desejarem.

Epílogo
A jornada

> Você não pode saber o que descobrirá na jornada, o que fará com o que descobrir, ou o que aquilo que descobrir fará com você.
>
> James Baldwin

Em 4 de outubro de 2019, fiz a palestra de abertura do Simpósio de Saúde Mental Zarrow, em Tulsa, Oklahoma. Era minha primeira visita ao lugar. A sala estava lotada com um público de mais de quinhentos profissionais da saúde mental e pacientes. O título da minha palestra era "Conversa sobre drogas para adultos". Eu não sabia o que esperar, ainda mais daquela plateia. Como reagiriam quando percebessem que eu não estava lá para fazer das drogas um bode expiatório? Como reagiriam à minha conclusão de que as drogas recreativas deveriam ser legalmente regulamentadas e estar disponíveis para uso adulto?

Comecei explicando que minha carreira me levara a uma jornada intelectual e geográfica. Eu havia dirigido dezenas de estudos de laboratório investigando os efeitos comportamentais e neurobiológicos das drogas psicoativas e apresentado minhas descobertas em revistas científicas respeitadas. Tinha viajado de Nova York para Accra, em Gana; Salvador, no Brasil; Nassau, nas Bahamas; Edmonton, no Canadá; Chiang Mai, na

Tailândia; Tel Aviv, em Israel; Oslo, na Noruega. Com efeito, estivera em cinco continentes e em inúmeras cidades de todo o mundo como parte da minha pesquisa e educação continuada. Havia sido uma jornada e tanto.

Minhas descobertas

Descobri que os efeitos predominantes produzidos pelas drogas discutidas neste livro são positivos. Não importava se a droga em questão fosse maconha, cocaína, heroína, metanfetamina ou psilocibina. Em sua imensa maioria, os consumidores afirmavam se sentir mais altruístas, empáticos, eufóricos, concentrados, gratos e tranquilos. Eles também sentiam uma melhoria nas interações sociais, um maior senso de propósito e significado e melhor intimidade e desempenho sexual. Essa constelação de descobertas pôs em xeque minhas crenças originais sobre as drogas e seus efeitos. Eu fora doutrinado para sempre ver os efeitos negativos do uso de drogas. Mas, nas últimas duas décadas, adquiri uma compreensão mais profunda e elaborada.

Com certeza, efeitos negativos também eram possíveis. Mas eles representavam uma minoria, e eram previsíveis e prontamente mitigados. Por exemplo, o tipo de uso de drogas descrito neste livro deve ser limitado a adultos saudáveis e responsáveis. Esses indivíduos cumprem seus deveres como cidadãos, pais, parceiros e profissionais. Alimentam-se de forma saudável, se exercitam habitualmente e dormem um número suficiente de horas. Tomam medidas para aliviar os níveis de estresse excessivo crônico. Essas práticas asseguram a boa forma física e reduzem consideravelmente a probabilidade de ocorrência de efeitos adversos. Tão importante quanto isso, aprendi que as pessoas que passam por crises agudas e as que sofrem de doenças psiquiátricas devem no geral evitar o uso de drogas, pois podem correr maior risco de sofrer efeitos indesejáveis.

A enorme quantidade de efeitos previsivelmente favoráveis das drogas me intrigou, tanto que expandi meu próprio uso para tirar proveito da ampla gama de resultados benéficos que drogas específicas podem oferecer. Para colocar em termos pessoais, minha posição como chefe de departamento (de 2016 a 2019) foi muito mais prejudicial à minha saúde do que o uso de drogas. Com frequência, as demandas do cargo levavam a atividade física irregular e alimentação e sono inadequados, o que contribuía para níveis de estresse patológicos. Isso não era bom para minha saúde física ou mental. Meu consumo de drogas, entretanto, nunca foi tão perturbador ou problemático. Na verdade, ele tem me protegido contra as consequências negativas para a saúde de enfrentar ambientes produtores de patologia.

Eu não estou sozinho. Um grande número de pessoas usa substâncias proibidas pelo governo por motivos semelhantes. Nos Estados Unidos, uma pesquisa nacional recente revelou que 32 milhões de americanos haviam consumido pelo menos uma dessas drogas no mês anterior.[1] Ao contrário do que é retratado pela mídia popular, a maioria dos usuários de drogas não sofre de dependência. Eles são membros responsáveis de suas comunidades. Pagam suas contas e impostos em dia, cuidam de suas famílias e são voluntários em suas comunidades locais e globais. São artistas, engenheiros, bombeiros, donas de casa, juízes, advogados, pastores, médicos, políticos, professores, cientistas, assistentes sociais, motoristas de caminhão, escritores e muitos outros tipos de profissionais.

Mas a maioria não mede esforços para ocultar seu uso, o que faz com que levem uma vida dupla. O preço que um indivíduo paga por isso pode variar muito, dependendo de atributos pessoais e normas sociais. Alguns sentem uma enorme angústia devido à sua duplicidade, enquanto outros amenizam essa culpa com racionalizações que os satisfazem.

De qualquer modo, não é difícil entender por que tantas pessoas ficam no armário no que diz respeito ao uso de drogas. Nos últimos cem anos, as comunidades em todo o mundo foram inundadas com informações que enfatizam quase exclusivamente os efeitos prejudiciais, até mesmo mortais, causados por quase todas as substâncias discutidas aqui. Os usuários de drogas são aviltados e presos, às vezes mortos, apenas por serem identificados como tais. Mesmo quando especialistas respeitados e sérios levantam dúvidas sobre a veracidade das acusações e afirmações exageradas contra as drogas, os esforços para banir uma determinada substância e criticar usuários e vendedores específicos prosseguem com pouca resistência eficaz.

No final do século XIX, o álcool e seus consumidores foram o alvo nos Estados Unidos. Asseverava-se que a droga

> pega um marido e pai afetuoso e amoroso, apaga cada centelha de amor em seu coração e o transforma num miserável desalmado, fazendo-o roubar os sapatos dos pés de seu bebê faminto para comprar uma dose de bebida. Ela pega sua doce e inocente filha, rouba-lhe a virtude e a transforma numa prostituta descarada e devassa.[2]

Essas narrativas negativas se tornaram tão abundantes que o Congresso foi persuadido a emendar a Constituição, proibindo a fabricação, a venda e o transporte de bebidas alcoólicas. A Décima Oitava Emenda entrou em vigor em 17 de janeiro de 1920. Seria necessária quase uma década e meia — e a crença de que a receita do imposto sobre bebidas alcoólicas reduziria o imposto de renda — para que a razão prevalecesse. Em 5 de dezembro de 1933, a Vigésima Primeira Emenda revogou a Décima Oitava, tornando-a a única emenda à Constituição a ser revogada.

Hoje, cem anos depois, argumentos quase idênticos são apregoados para sustentar a proibição de outras drogas em vários países, inclusive nos Estados Unidos. A julgar pela reação dominante à atual situação dos opioides na América do Norte — aumento das restrições impostas à disponibilidade legal dessas drogas —, pouco se aprendeu com a experiência da proibição do álcool. Como aconteceu durante a Lei Seca, uma quantidade enorme de pessoas ainda consome as chamadas drogas proibidas, como opioides, cocaína e psicodélicos. Muitas delas são forçadas a conseguir suas substâncias preferidas em mercados ilícitos e não regulamentados, onde não há nenhum controle de qualidade. Assim, tal como durante a Lei Seca, milhares morrem devido ao uso de drogas contaminadas com venenos, impurezas e outras substâncias desconhecidas.

O álcool contaminado com grandes quantidades de metanol matou milhares de pessoas e cegou muitas outras durante a Lei Seca. Como Deborah Blum explica de forma magistral em *The Poisoner's Handbook*, o governo dos Estados Unidos causou impiedosamente muitas dessas mortes.[3] Antes mesmo da Lei Seca, já em 1906, as autoridades federais exigiam que os produtores de álcool industrial — usado em antissépticos, medicamentos e solventes — adicionassem metanol e outros produtos químicos a seus produtos para que eles se tornassem impotáveis. Essa política foi implementada para lidar com fabricantes que buscavam evitar o pagamento de impostos sobre o álcool potável. A era da Lei Seca trouxe consigo traficantes sofisticados que obtinham álcool industrial, o redestilavam para que pudesse ser bebido e o vendiam ao público e a bares clandestinos. As autoridades não ficaram satisfeitas. O álcool foi proibido, mas as pessoas continuaram a beber.

Em meados da década de 1920, os policiais federais estavam fartos. Ordenaram então que os fabricantes de álcool industrial adicionassem ainda mais metanol — até 10% — aos seus produtos, o que se mostrou particularmente letal. Os traficantes foram pegos de surpresa, e a redestilação do álcool industrial passou a exigir muito mais esforço. A maioria das pessoas, certamente a maioria dos bebedores, desconhecia essas manobras. As pessoas continuaram a beber, e o número de mortes por envenenamento por álcool continuou a subir. Quando a Lei Seca terminou, centenas de milhares de pessoas haviam sido mutiladas ou mortas pelo consumo de álcool contaminado. Estima-se que 10 mil desses indivíduos tenham morrido em consequência do programa governamental de envenenamento do álcool. Nem o acúmulo de mortes nem o clamor público fizeram o governo mudar sua política mortal de envenenamento. Essa tática de guerra ao álcool permaneceu em vigor até a revogação da Lei Seca.

Pensando nesses acontecimentos, não posso deixar de ver a hipocrisia do nosso enfoque atual, que permite ao governo processar como assassino qualquer pessoa que tenha fornecido a droga a uma vítima de overdose fatal. O fato é que muitos traficantes, sobretudo os de nível mais baixo, desconhecem a composição integral das substâncias que vendem. É verdade que algumas drogas comercializadas por esses indivíduos podem conter adulterantes prejudiciais. Mas, ao contrário das autoridades da Lei Seca, eles certamente não têm a intenção de matar ou prejudicar os consumidores. Se nosso governo atual — ou qualquer governo — estivesse mesmo preocupado com a saúde e a segurança dos usuários de drogas, asseguraria a ampla disponibilização de serviços de testagem de segurança de drogas gratuitos e anônimos. Essa abordagem prática informa aos usuários sobre o conteúdo do que estão tomando e diminui a probabilidade de ingerirem quantidades fatais de substâncias desconhecidas.[4]

Os paralelos entre a política governamental de envenenamento por metanol e a prática atual de combinar um opioide com acetaminofeno em uma única pílula são assustadores. Várias empresas farmacêuticas oferecem esses produtos aprovados pela FDA. O analgésico Percocet, por exemplo, contém uma dose baixa do opioide oxicodona e uma quantidade muito maior de acetaminofeno, mais conhecido como paracetamol. Alega-se que essa formulação oferece um alívio da dor mais eficaz do que o opioide puro. Mesmo que isso seja verdade, o que não acredito que seja, a relação risco-benefício não é favorável quando se considera a potencial letalidade e toxicidade do acetaminofeno. A toxicidade induzida por essa substância é a causa mais comum de insuficiência hepática aguda, que pode ser fatal. Cerca de seis a dez gramas de acetaminofeno tomados por dois dias consecutivos são suficientes para causar danos ao fígado.[5]

A dose prescrita típica de Percocet contém 325 mg de acetaminofeno e apenas 5 mg de oxicodona. Isso significa que vinte comprimidos por dia tomados durante vários dias podem produzir acetaminofeno suficiente para causar toxicidade hepática. Porém, o mesmo número de comprimidos fornece apenas uma quantidade relativamente pequena de oxicodona (100 mg) para o usuário experiente de opioides. Muitos consumidores de analgésicos opioides nem sabem que esses medicamentos costumam conter paracetamol.[6] Para mim, a solução é simples: retirar o paracetamol das fórmulas de opioides para a dor. Os riscos superam em muito os benefícios.

Também observei que a aplicação das leis de combate às drogas, qualquer que seja o país, é muitas vezes realizada de forma seletiva. Indivíduos de grupos desprezados e marginalizados são desproporcionalmente visados, detidos e encarcerados por violações da legislação antidrogas, embora o uso de drogas recreativas seja comum em todos os estratos da sociedade. Em sua esmagadora maioria, o alvo são pessoas com poucos recursos, cuja capacidade de obter representação legal apropriada é praticamente inexistente. Para piorar a situação, moralistas e outros culpam as drogas pelos problemas dos pobres, inclusive a pobreza. Essa lógica mal concebida ignora o fato de que a maioria dos usuários de drogas não é pobre e muitos gozam de uma renda considerável. Pense nisso. O tráfico de drogas é uma indústria multibilionária. "Os pobres sozinhos não conseguem sustentar o orçamento operacional dos cartéis de drogas", disse uma vez meu amigo Rafael. Estávamos discutindo o nó górdio que é a política brasileira de guerra às drogas, numa noite amena no bairro nobre onde ele mora no Rio de Janeiro. Também estávamos desfrutando da melhor cocaína do Brasil.

Epílogo

Um homem mudado

Essas observações me forçaram a dar uma longa e incômoda olhada no espelho. Precisei reconhecer meu próprio uso de drogas. Como tantas outras pessoas privilegiadas, passei anos me escondendo no armário. Ao contrário dos desprivilegiados, não fui submetido a humilhação, perseguição e morte só por ser identificado como usuário. Será que eu estava protegido *porque* fiquei no armário? Não sei. O que sei é que minha consciência não me permite mais ficar calado sobre o assunto, e que não posso mais ficar em silêncio sobre o absurdo de punir as pessoas pelo que põem em seus próprios corpos. Como poderia? Até hoje, milhares de pessoas são submetidas a duras punições pelo consumo de drogas. Que tipo de homem eu seria se não manifestasse publicamente solidariedade a esses indivíduos? Um hipócrita e um covarde. Eu deveria saber, pois vivi assim por muitos anos. Recuso-me a fazer isso por mais tempo.

Minha jornada me mudou profundamente. Redescobri a Declaração de Independência e os nobres ideais que ela expressa. Ela garante a cada um de nós "certos direitos inalienáveis", entre eles os da "vida, liberdade e busca da felicidade", contanto que não violemos os direitos dos outros. Dito de maneira simples, tenho o direito inato de usar substâncias em minha busca pela felicidade. Usar ou não uma droga é uma decisão *minha*, não do governo. Além disso, meu consumo responsável de drogas não deveria ser submetido a punições por parte das autoridades. Essas ideias estão no centro de nossas noções de autonomia e liberdade pessoal. A abordagem punitiva atual para lidar com usuários de drogas recreativas é totalmente antiamericana.

Ela deixa evidente o fato de que nossa nação nem sempre vive de acordo com seus ideais virtuosos. Isso ficou particularmente claro durante a época da escravidão. Muitos heróis americanos — como Harriet Tubman, Nat Turner e Henry David Thoreau — lideraram atos de rebeldia para conciliar as ações do governo com a promessa de um país de liberdade para todos os cidadãos. Pessoas como Fannie Lou Hamer e Martin Luther King citavam frequentemente a Declaração de Independência em seus esforços para erradicar o racismo. King afirmou, em seu discurso *Eu tenho um sonho*, "que todos os homens, tanto negros quanto brancos, deveriam ter garantidos os direitos inalienáveis de vida, liberdade e busca da felicidade".

Sim, eu sei que lembrar a nação de sua promessa, de seus princípios fundamentais, não vai criar uma sociedade perfeita — seria uma exigência absurda —, mas, fazendo isso, podemos indicar uma direção clara para os ideais que devemos tentar alcançar. Espero que este livro mostre claramente que a proibição das drogas recreativas pelo governo viola o espírito e a promessa do documento de fundação do país.

As drogas descritas neste livro devem ser regulamentadas e estar legalmente disponíveis para consumo adulto. Já adotamos esse enfoque para o álcool, o tabaco e, mais recentemente, em alguns estados, para a maconha. Os benefícios são vários. Para começar, a disponibilidade legal de drogas cumpre a promessa da Declaração de Independência de permitir que adultos responsáveis busquem a felicidade como acharem adequado. Além disso, um programa de drogas regulamentadas criaria empregos e geraria centenas de milhões de dólares por ano em receitas fiscais. Ao mesmo tempo, reduziria significativamente as mortes relacionadas com drogas causadas por overdoses acidentais. Grande parte dessas mortes é provocada por substâncias adulteradas adquiridas no mercado ilícito. Um mercado regulamentado, com padrões de qualidade estabelecidos, praticamente acabaria com o consumo de drogas contaminadas e reduziria as overdoses acidentais e fatais.

"Você é foda!" foi o primeiro comentário que ouvi quando terminei de falar para o público de Tulsa. Uma mulher na casa dos quarenta anos se dirigiu alegremente ao microfone quando a sessão abriu para perguntas. Ela disse que compartilhava do meu ponto de vista, mas que havia permanecido em silêncio até então porque temia ser ridicularizada. Outros questionadores entusiasmados expressaram sentimentos semelhantes. Alguns queriam saber as medidas específicas que poderiam ser tomadas para facilitar os esquemas regulatórios que permitiriam o uso de drogas por adultos.

Minhas respostas foram semelhantes a muitos dos pontos que enfatizei nestas páginas. Reiterei a importância de exigir que as pessoas sustentassem suas afirmações sobre drogas com evidências confiáveis. Com demasiada frequência, histórias anedóticas e interpretações equivocadas dos dados conduzem a relatos irrealistas e imprecisos apresentados ao público. Por exemplo: apesar de praticamente não existirem dados indicando que o uso de drogas recreativas causa doenças cerebrais, muitas pessoas, inclusive alguns cientistas da área, *acreditam* no contrário. Mas crenças por si sós não bastam para orientar os esforços de educação sobre drogas e políticas de saúde baseadas em evidências.

Também recomendei que usuários respeitáveis de classe média parassem de esconder sua situação. Se mais pessoas seguissem esse conselho, seria extremamente difícil classificar todos os usuários como apenas membros irresponsáveis e problemáticos da nossa sociedade. Expliquei que minha perspectiva era fortemente influenciada pela *Carta da cadeia de Birmingham* de Martin Luther King, na qual ele apresenta uma incontestável defesa da desobediência de leis injustas.[7] Eu os instei a sair do armário e a desrespeitar as leis que proíbem o uso de drogas por adultos porque essas leis são implacavelmente injustas. Expliquei que espero que meus escritos e discursos inspirem desobediência civil em massa da classe privilegiada. Pedi que fizessem protestos em massa sempre que a polícia divulgasse mitos sobre "pessoas enlouquecidas pelas drogas" para justificar seu uso excessivo de força.

Por fim, afirmei que permitimos que nossa nação construísse um enorme aparato policial numa tentativa equivocada de combater as drogas. Seria necessário um esforço hercúleo para desmantelá-lo, sem falar na perda de milhões de empregos. Assim, em vez disso, sugeri que defendêssemos um novo treinamento e o redirecionamento dos esforços dessa burocracia antidrogas. Os policiais não recebem nenhuma formação em farmacologia comportamental. No entanto, muitas vezes exigimos que eles lidem com questões relacionadas às drogas e eduquem o público sobre o que elas fazem ou não. Dar aos agentes de segurança algumas informações básicas — por exemplo, que não existem drogas criadoras de força sobre-humana e que seus efeitos são determinados pela interação entre o usuário e o ambiente — ajudaria muito a dissipar os mitos sobre drogas que eles costumam perpetuar. Além disso, a primeira prioridade da aplicação da lei deve ser manter os usuários seguros, não os encarcerar.

Se as ideias expressas neste livro forem adotadas, poderemos continuar nos dedicando à tarefa de tratar melhor uns aos outros e desfrutar de uma vida mais significativa e gratificante. Não é o que todos nós queremos?

Agradecimentos

Não foi uma decisão fácil divulgar meu uso de drogas, mesmo sabendo que fazia isso como um ato de desobediência civil. Se não fosse pelo apoio e encorajamento de alguns indivíduos profundamente humanos, *Drogas para adultos* teria ficado no armário, indisponível para exibição pública.

Estou em dívida com Scott Moyers, meu editor, que me incentivou a escrever um livro que testasse minha própria integridade e ao mesmo tempo afrontasse algumas das noções mais básicas que as pessoas têm sobre drogas e usuários. A orientação paciente, o conhecimento sobre o assunto e o brilho humilde de Scott eram exatamente aquilo de que eu precisava para levar este projeto até o fim. Agradeço a Mia Council, editora assistente supereficiente, e a Plaegian Alexander, preparadora de texto extraordinária, por me fazerem ultrapassar a linha de chegada.

Meus agentes Sascha Alper e Larry Weissman merecem um agradecimento especial. Eles defenderam este livro desde o início e nunca vacilaram em seu apoio, mesmo diante de um longo hiato de escrita causado por minha decisão imprudente de assumir a chefia do departamento. Devo agradecimentos e elogios a Claire Wachtel por me colocar em contato com Larry e por ser uma amiga franca e honesta.

Muitas das informações apresentadas nestas páginas foram coletadas durante minhas viagens pelo mundo. Um agradecimento especial às inúmeras pessoas que compartilharam comigo casas, conhecimentos e generosidade. Muitos de vocês foram verdadeiros terapeutas para mim e restauraram minha fé na humanidade. Sou especialmente grato a Pat O'Hare, Barbara Boers, Anne François, Fabrice Olivet, Sebastian Saville, Lynne Lyman, Carla Shedd, Rick Doblin, Amir Bar-Lev, Iain (Buff) Cameron, Chris Rintoul, Katy MacLeod, Kirsten Horsburgh, Liliana Galindo, Guy Jones, Inez Feria Jorge, Marc Grifell, Nuria Calzada, Mireia Ventura, Kasia Malinowska-Sempruch, Julita Lemgruber,

Bruno Torturra, Leon Garcia, Maria-Goretti Loglo, Pam Lichty, Teri Krebs, Julian Quintero, Annahita Mahdavi, Gamjad Paungsawad, Michael Schneider, Donald MacPherson e Dean Wilson. Além disso, eu seria negligente se não agradecesse à Fundação Brocher em Genebra e à Open Society Foundation pelos fundos usados durante os retiros para escrever.

Meu lar acadêmico me proporciona a oportunidade de aprender com alguns dos pensadores mais críticos da neuropsicofarmacologia. Tenho uma dívida enorme com meus coautores, colegas e alunos. Muitas das ideias compartilhadas aqui vieram direto de nossas interações. Sou profundamente grato a Elias Dakwar, Christopher Medina-Kirchner, Kate Y. O'Malley, Tiesha Gregory, Kristen Gwynne, Susie Swithers, Charles Ksir, James Rose, Samantha Santoscoy, Valerie Fendt e Lynn Paltrow. Algumas dessas pessoas leram e reagiram aos primeiros rascunhos do manuscrito.

Por fim, gostaria de agradecer à minha família por seu amor e apoio incondicional. Malakai, Damon, Alise e Tabius, seus comentários sobre partes selecionadas de rascunhos anteriores foram inestimáveis; eles muitas vezes me lembraram de por que faço o que faço. Robin, você leu cada página do manuscrito — e sei que esse é um trabalho árduo. O produto final é consideravelmente mais humano por sua causa. Verdade seja dita: eu nunca teria concluído este livro sem a sua ajuda e o seu incentivo constante.

Querida Dexie, sem o seu amor cheio de energia e sua alegria permanente, eu seria uma pessoa amarga, egoísta e improdutiva.

Notas

Prólogo: Hora de crescer (pp. 13-29)

1. Locke, J. *An Essay concerning Human Understanding*. Londres: Impresso por Eliz. Holt para Thomas Basset, 1690. 4 v.
2. Miller, L. L.; Cornett, T. L. "Marijuana: Dose Effects on Pulse Rate, Subjective Estimates of Intoxication, Free Recall and Recognition Memory". *Pharmacology, Biochemistry, and Behavior*, n. 9, pp. 573-7, 1978.
3. Zorumski, C. F.; Mennerick, S.; Izumi, Y. "Acute and Chronic Effects of Ethanol on Learning-Related Synaptic Plasticity". *Alcohol*, n. 48, pp. 1-17, 2014; Mintzer, M. Z.; Griffiths, R. R. "Triazolam and Zolpidem: Effects on Human Memory and Attentional Processes". *Psychopharmacology*, n. 144, pp. 8-19, 1999; Roy-Byrne, P. et al. "Effects of Acute and Chronic Alprazolam Treatment on Cerebral Flow, Memory, Sedation, and Plasma Catecholamines". *Neuropsychopharmacology*, n. 8, pp. 161-9, 1993.
4. Haney, M. et al. "Dronabinol and Marijuana in HIV+ Marijuana Smokers: Caloric Intake, Mood, and Sleep". *Journal of Acquired Immune Deficiency Syndrome*, n. 45, pp. 54-554, 2007; Hill, K. P. "Medical Marijuana for Treatment of Chronic Pain and Other Medical and Psychiatric Problems: A Clinical Review". *Journal of the American Medical Association*, n. 313, pp. 2474-83, 2015.
5. Edwards, E.; Bunting, W.; Garcia, L. *The War on Marijuana in Black and White*, relatório da American Civil Liberties Union, 2013.
6. U.S. Sentencing Commission, Datafile, USSCFY17, 2017. Disponível em: <www.ussc.gov/sites/default/files/pdf/research-and-publications/annual-reports-and-sourcebooks/2017/Table34.pdf>. Acesso em: 13 nov. 2019.
7. Relatórios e tabelas detalhadas da pesquisa nacional de 2018 sobre uso de drogas e saúde. Disponível em: <www.samhsa.gov/data/nsduh/reports-detailed-tables-2018-NSDUH>. Acesso em: 13 nov. 2019.
8. Riley, K. J. *Crack, Powder Cocaine, and Heroin: Drug Purchase and Use Patterns in Six U.S. Cities*, 1997. Disponível em: <www.ncjrs.gov/pdffiles/167265.pdf>. Acesso em: 13 nov. 2019.

9. Elkind, M. S. et al. "Moderate Alcohol Consumption Reduces Risk of Ischemic Stroke: The Northern Manhattan Study". *Stroke*, n. 37, pp. 13--9, 2006; Poli, A. et al. "Moderate Alcohol Use and Health: A Consensus Document", *Nutrition, Metabolism, and Cardiovascular Diseases*, n. 23, pp. 487-504, 2013; Lee, S. J. et al. "Moderate Alcohol Intake Reduces Risk of Ischemic Stroke in Korea". *Neurology*, n. 85, pp. 1950-6, 2015; Bell, S. et al. "Association between Clinically Recorded Alcohol Consumption and Initial Presentation of 12 Cardiovascular Diseases: Population--Based Cohort Study Using Linked Health Records". *British Medical Journal*, n. 356, p. 909, 2017; Costanzo, S. et al. "Alcohol Consumption and Lower Total Mortality Risk: Justified or Established Facts?". *Nutrition, Metabolism, and Cardiovascular Diseases*, n. 29, pp. 1003-8, 2019.
10. Anthony, J. C.; Warner, L. A.; Kessler, R. C. "Comparative Epidemiology of Dependence on Tobacco, Alcohol, Controlled Substances, and Inhalants: Basic Findings from National Comorbidity Survey". *Experimental and Clinical Psychopharmacology*, n. 2, pp. 244-68, 1994; Warner, L. A. et al. "Prevalence and Correlates of Drug Use and Dependence the United States. Results from the National Comorbidity Survey". *Archives of General Psychiatry*, n. 52, pp. 219--29, 1995; O'Brien, M. S.; Anthony, J. C. "Extra-medical Stimulant Dependence among Recent Initiates". *Drug and Alcohol Dependence*, n. 104, pp. 147-55, 2009; Substance Abuse and Mental Health Services Administration, *Results from the 2011 National Survey on Drug Use and Health: Summary of National Findings*, NSDUH Series H-44, HHS publication n. (SMA) 12-4713 (Rockville, MD: SAMHSA, 2012); Csete, J. et al. "Public Health and International Drug Policy". *The Lancet*, n. 387, pp. 1427-80, 2016; Santiago Rivera, O. J. et al. "Risk of Heroin Dependence in Newly Incident Heroin Users". *Journal of the American Medical Association Psychiatry*, n. 75, pp. 863-4, 2018.
11. Bakken, K.; Landheim, A. S.; Vaglum, P. "Axis I and II Disorders as Long--Term Predictors of Mental Distress: A Six-Year Prospective Follow-Up of Substance-Dependent Patients". *BMC Psychiatry*, n. 7, p. 29, 2007; Moore, E. et al. "The Impact of Alcohol and Illicit Drugs on People with Psychosis: The Second Australian National Survey of Psychosis". *Australian and New Zealand Journal of Psychiatry*, n. 46, pp. 864-78; Tsemberis, S.; Kent, D.; Respress, C. "Housing Stability and Recovery among Chronically Homeless Persons with Co-occurring Disorders in Washington, DC". *American Journal of Public Health*, n. 102, pp. 13-6,

2012; Tolliver, B. K.; Anton, R. F. "Assessment and Treatment of Mood Disorders in the Context of Substance Abuse". *Dialogues in Clinical Neuroscience*, n. 17, pp. 181-90, 2015; Grant, B. F. et al. "Epidemiology of DSM-5 Drug Use Disorder: Results from the National Epidemiologic Survey on Alcohol and Related Conditions-III". *JAMA Psychiatry*, n. 73, pp. 39-47, 2016; Lee, J. O. et al. "The Association of Unemployment from age 21 to 33 with Substance Use Disorder Symptoms at Age 39: The Role of Childhood Neighborhood Characteristics". *Drug and Alcohol Dependence*, n. 174, pp. 1-8, 2017; Thern, E.; Ramstedt, M.; Svensson, J. "Long-term Effects of Youth Unemployment on Alcohol-Related Morbidity". *Addiction*, 16 out. 2019 [epub antes da impressão]. Disponível em: <doi.org/10.1111/add.14838>.

1. A guerra contra nós: como entramos nessa encrenca (pp. 31-59)

1. National Drug Control Budget, *FY2020 Funding Highlights*, mar. 2019. Disponível em: <www.whitehouse.gov/wp-content/uploads/2019/03/FY-20-Budget-Highlights.pdf>. Acesso em: 13 nov. 2019.
2. Hogan, H. L.; Walke, R. "CRS Report for Congress". *Federal Drug Control: President's Budget Request for Fiscal Year 1988*, 1 jun. 1987. Disponível em: <www.everycrsreport.com/files/19870601_87-479GO-V_865e7ff39b27164e727c5c60bb87d2c89334d7aa.pdf>. Acesso em: 13 nov. nov. 2019.
3. Shumlin, P. State of the State Speech, 2014. Disponível em: <www.governing.com/topics/politics/gov-vermont-peter-shumlin-state-address.html>.
4. U.S. Department of Health and Human Services, Public Health Service, *National Household Survey on Drug Abuse, 1993*. Rockville, MD: Substance Abuse and Mental Health Services Administration, 1995; Riley, K. J. *Crack, Powder Cocaine, and Heroin: Drug Purchase and Use Patterns in Six U.S. Cities*, 1997. Disponível em: <www.ncjrs.gov/pdffiles/167265.pdf>. Acesso em: 13 nov. 2019.
5. United States Sentencing Commission (USSC), *Special Report to the Congress — Cocaine and Federal Sentencing Policy*, maio 2002. Disponível em: <www.ussc.gov/sites/default/files/pdf/news/congressional-tes-

timony-and-reports/drug-topics/200205-rtc-cocaine-sentencing-policy/200205_Cocaine_and_Federal_Sentencing_Policy.pdf>. Acesso em: 13 nov. 2019.
6. Drucker, E. "Population Impact of Mass Incarceration under New York's Rockefeller Drug Laws: An Analysis of Years of Life Lost". *Journal of Urban Health: Bulletin of the New York Academy of Medicine*, n. 79, pp. 1-10, 2002.
7. Schatz, A. "The War Within: Portraits of Vietnam Veterans Fighting Heroin Addiction". *Life*, jul. 1971. Disponível em: <time.com/3878718/vietnam-veterans-heroin-addiction-treatment-photos>. Acesso em: 13 nov. 2019.
8. Nixon, R. M. Special Message to the Congress on Drug-Abuse Prevention and Control, 17 jun. 1971. Disponível em: <www.presidency.ucsb.edu/ws/?pid=3048>. Acesso em: 13 nov. 2019.
9. Ranzal, E. "Mayor Seeks $9.2-Million for Methadone". *The New York Times*, 5 mar. 1971.
10. Hart, C. L.; Hart, M. Z. "Opioid Crisis: Another Mechanism Used to Perpetuate American Racism". *Cultural Diversity and Ethnic Minority Psychology*, n. 25, pp. 6-11, 2019.
11. U.S. Sentencing Commission, Datafile, USSCFY17, 2017. Disponível em: <www.ussc.gov/sites/default/files/pdf/research-and-publications/annual-reports-and-sourcebooks/2017/Table34.pdf>. Acesso em: 13 nov. 2019; Riley, K. J. *Crack, Powder Cocaine, and Heroin: Drug Purchase and Use Patterns in Six U.S. Cities*, 1997. Disponível em: <www.ncjrs.gov/pdffiles/167265.pdf>. Acesso em: 13 nov. 2019.
12. O discurso de James Baldwin de 10 de dezembro de 1986 pode ser acessado em <www.loc.gov/rr/record/pressclub/baldwin.html>.
13. Baldwin, J. *The Price of the Ticket: Collected Nonfiction, 1948-1985*. Nova York: St. Martin's, 1985.
14. Hart, C. L.; Ksir, C. *Drugs, Society, and Human Behavior*. 17. ed. Nova York: McGraw-Hill, 2018.
15. Holmes, J. M. *Thomas Jefferson Treats Himself: Herbs, Physicke, and Nutrition in Early America*. Fort Valley, VA: Loft Press, 1997.
16. Hart, C. L.; Ksir, C. *Drugs, Society, and Human Behavior*. 17. ed. Nova York: McGraw-Hill, 2018.
17. Kane, H. H. *Opium Smoking in America and China: A Study of Its Prevalence and Effects, Immediate and Remote, on the Individual and the Nation* (Nova York: G. P. Putnam's Sons, 1882).

18. Williams, E. H. "Negro Cocaine Fiends Are a New Southern Menace". *The New York Times*, 8 fev. 1914.
19. Substance Abuse and Mental Health Services Administration, *The DAWN Report: Benzodiazepines in Combination with Opioid Pain Relievers or Alcohol: Greater Risk of More Serious ED Visit Outcomes*. Rockville, MD: SAMHSA, 2014. Disponível em: <www.samhsa.gov/data/sites/default/files/DAWN-SR192-BenzoCombos-2014/DAWN-SR192-BenzoCombos-2014.pdf>.
20. Santiago Rivera, O. J. et al. "Risk of Heroin Dependence in Newly Incident Heroin Users". *Journal of the American Medical Association Psychiatry*, n. 75, pp. 863-4, 2018; Edlund, M. J. et al. "The Role of Opioid Prescription in Incident Opioid Abuse and Dependence among Individuals with Chronic Noncancer Pain: The Role of Opioid Prescription". *Clinical Journal of Pain*, n. 30, pp. 557-64, 2014; Noble, M. et al. "Long-term Opioid Management for Chronic Noncancer Pain", *Cochrane Database Systematic Review*, n. 20, 2010. Disponível em: <www.ncbi.nlm.nih.gov/pmc/articles/PMC6494200>. Acesso em: 24 dez. 2019.
21. King, S. *The Dark Tower III: The Waste Lands*. Hampton Falls, NH: Donald M. Grant, 1991. [Ed. bras.: *A torre negra: Terras devastadas*. Trad. de Alda Porto. Rio de Janeiro: Suma, 2005.]
22. Goldensohn, R. "They Shared Drugs. Someone Died. Does That Make Them Killers?". *The New York Times*, 25 maio 2018. Disponível em: <www.nytimes.com/2018/05/25/us/drug-overdose-prosecution-crime.html>. Acesso em: 13 nov. 2019.
23. Gladwell, M. "Is Marijuana as Safe as We Think? Permitting Pot Is One Thing; Promoting Its Use Is Another". *The New Yorker*, 14 jan. 2019.
24. Os comentários do ex-governador Paul LePage foram feitos num fórum da prefeitura e podem ser vistos em: <www.cnn.com/videos/us/2016/01/08/maine-governor-paul-lepage-shifty-d-money-drugs-sot.wmtw>.
25. U.S. Sentencing Commission, Datafile, USSCFY17, 2017. Disponível em: <www.ussc.gov/sites/default/files/pdf/research-and-publications/annual-reports-and-sourcebooks/2017/Table34.pdf>. Acesso em: 13 nov. 2019; Martins, S. S. et al. "Changes in U.S. Lifetime Heroin Use and Heroin Use Disorder: Prevalence from 2001-2002 to 2012-2013 National Epidemiologic Survey on Alcohol and Related Conditions". *Journal of the American Medical Association Psychiatry*, n. 74, pp. 445-55, 2017.

26. De escritos não publicados de James Baldwin apresentados no documentário de 2016 *I Am Not Your Negro*.

2. Saiam do armário: parem de se comportar como crianças (pp. 60-79)

1. Greenwood, M. "Bernie Sanders: Marijuana Isn't Heroin". *The Hill*, 4 jan. 2018. Disponível em: <thehill.com/homenews/senate/367422-bernie-sanders-marijuana-isnt-heroin>. Acesso em: 13 nov. 2019.
2. Gramlich, J. *What the Data Says about Gun Deaths in the U.S.* Pew Research Center Report, 16 ago. 2019. Disponível em: <www.pewresearch.org/fact-tank/2019/08/16/what-the-data-says-about-gun-deaths-in-the-u-s>. Acesso em: 13 nov. 2019.
3. Scholl, L. et al. "Drug and Opioid-Involved Overdose Deaths: United States, 2013-2017". *Morbidity and Mortality Weekly Report*, n. 67, p. 1419--27, 2019. Disponível em: <dx.doi.org/10.15585/mmwr.mm675152e1>.
4. Occupational Health and Safety, *2018 Third Consecutive Year of at Least 40,000 Motor Vehicle Deaths*, 18 fev. 2019. Disponível em: <ohsonline.com/Articles/2019/02/18/NSC-Motor-Vehicle-Deaths.aspx?Page=1>. Acesso em: 13 nov. 2019.
5. Centers for Disease Control and Prevention (CDC), *Fact Sheets: Alcohol Use and Your Health*, 3 jan. 2018. Disponível em: <www.cdc.gov/alcohol/fact-sheets/alcohol-use.htm> Acesso em: 13 nov. 2019.
6. Kristof, N. "How to Win a War on Drugs: Portugal Treats Addiction as a Disease, Not a Crime". *The New York Times*, 22 set. 2017. <www.nytimes.com/2017/09/22/opinion/sunday/portugal-drug-decriminalization.html> Acesso em: 13 nov. 2019.
7. Da redação (7 jan. 1972). "Bush is Dead at Age 51, Was Psychology Professor", *Columbia Daily Spectator* CXVI, n. 49.

3. Para além dos danos causados pela redução de danos (pp. 80-106)

1. Keneally, M. "Opioids Responsible for Two-thirds of Global Drug Deaths in 2017: UN", *ABC News*, 27 jun. 2019. Disponível em: <abcnews.go.com/International/opioids-responsible-thirds-global-drug-deaths-2017/story?id=63987167>.

2. Jalal, H. et al. "Changing Dynamics of the Drug Overdose Epidemic in the United States from 1979 through 2016". *Science*, n. 361, p. 6408, 2018.
3. White, A. M. et al. "Using Death Certificates to Explore Changes in Alcohol-Related Mortality in the United States, 1999 to 2017". *Alcoholism: Clinical and Experimental Research*, n. 44, pp. 178-87, 2020.
4. Van der Schrier, R. et al. "Influence of Ethanol on Oxycodone-induced Respiratory Depression: A Dose-escalating Study in Young and Elderly Individuals". *Anesthesiology*, v. 126, pp. 534-42, 2017.
5. Klein, D. "Mother Shocked as Task Force Recovers Enough Fentanyl to Kill 32,000 People". *WSAZ News*, 8 ago. 2018. Disponível em: <www.wsaz.com/content/news/Man-arrested-on-drug-charges-in-Grayson-Ky-490416851.html>.
6. Chason, R. "Fentanyl-Related Deaths Continue 'Staggering' Rise in Maryland". *The Washington Post*, 26 jul. 2018. Disponível em: <www.washingtonpost.com/local/md-politics/fentanyl-related-deaths-continue-staggering-rise-in-maryland/2018/07/26/cd33f406-90fc-11e-8-8322-b5482bf5eof5_story.html>.
7. Healy, M. "Fentanyl Overdose Deaths in the U.S. Have Been Doubling Every Year". *The Los Angeles Times*, 20 mar. 2019. Disponível em: <www.latimes.com/science/sciencenow/la-sci-sn-fentanyl-overdose-deaths-skyrocketing-20190320-story.html>.
8. Presidente Rodrigo Duterte, discurso feito em Davao City, Filipinas, 11 ago. 2017. Disponível em: <www.youtube.com/watch?v=qq_P3Yx8NAs>.
9. Barratt, M. et al. *Global Review of Drug Checking Services Operating in 2017*. Drug Policy Modelling Program Bulletin, n. 24. Sydney: National Drug & Alcohol Research Centre, UNSW, 2018.
10. Goldmacher, S. "Planned Parenthood and Fired Former Chief Mired in Escalating Dispute". *The New York Times*, 14 set. 2019. Disponível em: <www.nytimes.com/2019/09/14/us/politics/planned-parenthood-leana-wen.html>.
11. Hart, C. L.; Ksir, C. *Drugs, Society, and Human Behavior*. 17. ed. Nova York: McGraw-Hill, 2018.
12. Monnat, S. M. "Factors Associated with County-Level Differences in U.S. Drug-Related Mortality Rates". *American Journal of Preventive Medicine*, n. 54, pp. 611-9, 2018.
13. Schatz, E.; Nougier, M. *Drug Consumption Rooms: Evidence and Practice*. Relatório do International Drug Policy Consortium, 2018.

Disponível em: <fileserver.idpc.net/library/IDPC-Briefing-Paper_Drug-consumption-rooms.pdf>. Acesso em: 24 dez. 2019.
14. Lit, L.; Schweitzer, J. B.; Oberbauer, A. M. "Handler Beliefs Affect Scent-Detection — Dog Outcomes". *Animal Cognition*, n. 14, pp. 387--94, 2011.

4. A dependência de drogas não é uma doença cerebral (pp. 107-34)

1. Hart, C. L. et al. "Is Cognitive Functioning Impaired in Methamphetamine Users? A Critical Review". *Neuropsychopharmacology*, n. 37, pp. 586-608, 2012.
2. Leshner, A. I. "Addiction Is a Brain Disease, and It Matters". *Science*, n. 278, pp. 45-7, 1997.
3. Hart, C. L. et al. "Comparison of Intravenous Cocaethylene and Cocaine in Humans". *Psychopharmacology*, n. 149, pp. 153-62, 2000.
4. United States Department of Health and Human Services. Disponível em: <www.hhs.gov/programs/prevention-and-wellness/mental-health-substance-abuse/index.html>. Acesso em: 10 jan. 2020.
5. Wallis, C. "Pain Patients Get Relief from War on Opioids". *Scientific American*, 19 abr. 2019. Disponível em: <www.scientificamerican.com/article/pain-patients-get-relief-from-war-on-opioids1>.
6. Salaverria, L. B. "Duterte Insists Shabu Can Cause Brain Damage". *Philippine Daily Inquirer*, 10 maio 2017. Disponível em: <newsinfo.inquirer.net/895885/duterte-insists-shabu-can-cause-brain-damage>. Acesso em: 13 nov. 2019.
7. Volkow, N. D.; Koob, G. F.; McLellan, A. T. "Neurobiologic Advances from the Brain-Disease Model of Addiction", *The New England Journal of Medicine*, n. 374, pp. 363-71, 2016.
8. American Psychiatric Association. *Diagnostic and Statistical Manual of Mental Disorders*. 5. ed. American Psychiatric Association: Washington, DC, 2013. p. 483.
9. Hart, C. L. "Viewing Addiction as a Brain Disease Promotes Social Injustice". *Nature: Human Behaviour*, 2017. Disponível em: <www.nature.com/articles/s41562-017-0055>; Hart, C. L. "Reply to: 'Addiction as a Brain Disease Does Not Promote Injustice'". *Nature: Human Behaviour*, n. 1, p. 611, 2017. Disponível em: <www.nature.com/arti-

cles/s41562-017-0216-0.epdf>; Grifell M.; Hart, C. L. "Is Drug Addiction a Brain Disease? This Popular Claim Lacks Evidence and Leads to Poor Policy". *American Scientist*, pp. 160-7, maio-jun. 2018.
10. Gilman, J. M. et al. "Cannabis Use Is Quantitatively Associated with Nucleus Accumbens and Amygdala Abnormalities in Young Adult Recreational Users". *Journal of Neuroscience*, n. 34, pp. 5529-38, 2014.
11. Schweitzer, J. B. et al. "Prenatal Drug Exposure to Illicit Drugs Alters Working Memory-Related Brain Activity and Underlying Network Properties in Adolescence". *Neurotoxicology and Teratology*, n. 48, pp. 69-77, 2015.
12. McAllister, D.; Hart, C. L. "Inappropriate Interpretations of Prenatal Drug Use Data Can Be Worse Than the Drugs Themselves". *Neurotoxicology and Teratology*, n. 52 (parte A), p. 57, 2015.
13. Johanson, C. E. et al. "Cognitive Function and Nigrostriatal Markers in Abstinent Methamphetamine Abusers". *Psychopharmacology*, n. 185, pp. 327-38.

5. Anfetaminas: empatia, energia e êxtase (pp. 135-58)

1. Walmsley, R. *World Female Imprisonment List: Women and Girls in Penal Institutions, Including Pre-trial Detainees/Remand Prisoners*. 3. ed. Institute for Criminal Policy Research, Birkbeck, Universidade de Londres, 2015, pp. 1-15.
2. Jeffries, S.; Chuenurah, C. "Gender and Imprisonment in Thailand: Exploring the Trends and Understanding the Drivers". *International Journal of Law Crime and Justice*, n. 45, pp. 1-28, 2015.
3. Vongchak, T. et al. "The Influence of Thailand's 2003 'War on Drugs' Policy on Self-reported Drug Use among Injection Drug Users in Chiang Mai, Thailand". *International Journal of Drug Policy*, n. 16, pp. 115-21, 2005; United Nations Office on Drugs and Crime Regional Centre for East Asia and the Pacific (UNODC), *Patterns and Trends of Amphetamine-type Stimulants (ATS) and Other Drugs of Abuse in East Asia and the Pacific 2006: A Report from Project TDRASF97 Improving ATS Data and Information Systems*, publicação n. 2, pp. 121-8, 2007.
4. Salaverria, L. B. "Duterte Insists Shabu Can Cause Brain Damage". *Philippine Daily Inquirer*, 10 maio 2017. Disponível em: <newsinfo.inquirer.net/895885/duterte-insists-shabu-can-cause-brain-damage>. Acesso em: 13 nov. 2019.

5. Bueza, M. "In Numbers: The Philippines' 'War on Drugs'". *Rappler*, 2017. Os números são atualizados periodicamente no *Rappler*. A Anistia Internacional acessou a página da web pela última vez em 21 jan. 2017.
6. Kirkpatrick, M. G. et al. "Comparison of Intranasal Methamphetamine and D-Amphetamine Self-Administration by Humans". *Addiction*, n. 107, pp. 783-91, 2012.
7. Kirkpatrick, G. et al. "Comparison of Intranasal Methamphetamine", pp. 783-91. Disponível em: <https://onlinelibrary.wiley.com/doi/abs/10.1111/j.1360-0443.2011.03706.x>.
8. Hart, C. L. et al. "Methamphetamine Attenuates Disruptions in Performance and Mood During Simulated Night Shift Work". *Psychopharmacology*, n. 169, pp. 42-51, 2003.
9. Caldwell, J. A.; Caldwell, J. L. "Fatigue in Military Aviation: An Overview of U.S. Military-Approved Pharmacological Countermeasures". *Aviation Space & Environmental Medicine*, v. 76, pp. C39-51, 2005.
10. Hart, C. L. et al. "Methamphetamine Self-administration by Humans". *Psychopharmacology*, n. 157, pp. 75-81, 2001.
11. Kirkpatrick, G. et al. "Comparison of Intranasal Methamphetamine", pp. 783-91. Disponível em: < https://onlinelibrary.wiley.com/doi/abs/10.1111/j.1360-0443.2011.03706.x>.
12. Kirkpatrick, M. G. et al. "A Direct Comparison of the Behavioral and Physiological Effects of Methamphetamine and 3,4-Methylenedioxymethamphetamine (MDMA) in Humans". *Psychopharmacology*, n. 219, pp. 109-22.

6. Novas substâncias psicoativas: em busca da pura felicidade (pp. 159-86)

1. Papaseit, E. et al. "Human Pharmacology of Mephedrone in Comparison with MDMA". *Neuropsychopharmacology*, n. 41, pp. 2704-13, 2016.
2. Luscombe, R. "Miami Man Shot Dead Eating a Man's Face May Have Been on LSD-like Drug". *The Guardian*, 29 maio 2012. Disponível em: <www.theguardian.com/world/2012/may/29/miami-man-eating-face-lsd>. Acesso em: 14 nov. 2019.
3. Da redação. "New 'Bath Salts' Zombie-drug Makes Americans Eat Each Other". *RT*, 7 jun. 2012. Disponível em: <www.rt.com/usa/drug-

bath-salt-zombie-321>; Tienabeso, S. "Face-Eating Attack Possibly Prompted by 'Bath Salts', Authorities Suspect". *ABC News*, 29 maio 2012. Disponível em: <abcnews.go.com/US/face-eating-attack-possibly-linked-bath-salts-miami/story?id=16451452>.

4. Swalve, N.; DeFoster, R. "Framing the Danger of Designer Drugs: Mass Media, Bath Salts, and the 'Miami Zombie Attack'". *Contemporary Drug Problems*, n. 43, pp. 103-21, 2016.

5. Firger, J. "What Is Flakka? Florida's Dangerous New Drug Trend". *CBS News*, 2 abr. 2015. Disponível em: <www.cbsnews.com/news/flakka-floridas-dangerous-new-drug-trend> Acesso em: 14 nov. 2019.

6. Sullum, J. "The Legend of Zombie Drugs Will Not Die". *Reason*, 13 nov. 2017. Disponível em: <reason.com/2017/11/13/the-legend-of-zombie-drugs-will-not-die>. Acesso em: 14 nov. 2019.

7. Southall, A.; Ferre-Sadurni, L. "K2 Eyed as Culprit after 14 People Overdose in Brooklyn". *The New York Times*, 20 maio 2018. Disponível em: <www.nytimes.com/2018/05/20/nyregion/k2-drug-overdose-brooklyn.html>. Acesso em: 14 nov. 2019.

8. Miller, M. "Synthetic Marijuana Overdose Turns Dozens into 'Zombies' in NYC". *CBS News*, 13 jul. 2016. Disponível em: <www.cbsnews.com/news/synthetic-marijuana-overdose-turn-dozens-into-zombies-in-nyc>. Acesso em: 14 nov. 2019.

9. Ibid.

10. Rosenberg, E.; Schweber, N. "33 Suspected of Overdosing on Synthetic Marijuana in Brooklyn". *The New York Times*, 12 jul. 2016. Disponível em: <www.nytimes.com/2016/07/13/nyregion/k2-synthetic-marijuana-overdose-in-brooklyn.html>.

11. Santora, M. "Drug 85 Times as Potent as Marijuana Caused a 'Zombielike' State in Brooklyn". *The New York Times*, 14 dez. 2016. Disponível em: <www.nytimes.com/2016/12/14/nyregion/zombie-like-state-was-caused-by-synthetic-marijuana.html>.

12. Adams, A. J. et al. "'Zombie' Outbreak Caused by the Synthetic Cannabinoid Ambfubinaca in New York". *The New England Journal of Medicine*, v. 376, pp. 235-42, 2017.

13. St. Pierre, A. "Oh, the Irony: Speaker of the House John Boehner Continues to Support Marijuana Prohibition". *NORML Blog*, 15 set. 2011. Disponível em: <blog.norml.org/2011/09/15/oh-the-irony-speaker-of-the-house-john-boehner-continues-to-support-marijuana-prohibition>. Acesso em: 14 nov. 2019.

14. Breslow, J. "John Boehner Was Once 'Unalterably Opposed' to Marijuana. He Now Wants It To Be Legal". *National Public Radio*, 16 mar. 2019. Disponível em: <www.npr.org/2019/03/16/704086782/john-boehner-was-once-unalterably-opposed-to-marijuana-he-now-wants-it-to-be-leg>. Acesso em: 14 dez. 2019.
15. Assari, S. et al. "Racial Discrimination during Adolescence Predicts Mental Health Deterioration in Adulthood: Gender Differences among Blacks". *Frontiers in Public Health*, n. 5, p. 104, 2017.
16. Dolezsar, C. M. "Perceived Racial Discrimination and Hypertension: A Comprehensive Systematic Review". *Health Psychology*, n. 33, pp. 20-34, 2014.

7. Cannabis: fazendo germinar as sementes da liberdade (pp. 187-209)

1. Transcrição dos testemunhos ouvidos pelo júri encarregado de determinar se o policial Darren Wilson seria indiciado por matar Michael Brown. Disponível em: <edition.cnn.com/interactive/2014/11/us/ferguson-grand-jury-docs/index.html>.
2. Da redação. "Charlotte Police Release Official Footage of Fatal Keith Lamont Scott Shooting". *Complex*, 24 set. 2016. Disponível em: <www.complex.com/life/2016/09/charlotte-police-release-keith-scott-footage>.
3. Hart, C. L. "Reefer Madness, an Unfortunate Redux". *The New York Times*, 11 jul. 2013. Disponível em: <www.nytimes.com/2013/07/12/opinion/reefer-madness-an-unfortunate-redux.html?_r= 0>.
4. Hart, C. L. et al. "Effects of Acuted Smoked Marijuana on Complex Cognitive Performance". *Neuropsychopharmacology*, n. 25, pp. 757-65, 2001; Hart, C. L. et al. "Effects of Oral THC Maintenance on Smoked Marijuana Self-Administration", *Drug and Alcohol Dependence*, n. 67, pp. 301-9, 2002; Hart, C. L. et al. "Comparison of Smoked Marijuana and Oral Δ9-Tetrahydrocannabinol in Humans". *Psychopharmacology*, n. 164, pp. 407-15, 2002; Hart, C. L. et al. "Neurophysiological and Cognitive Effects of Smoked Marijuana in Frequent Users". *Pharmacology, Biochemistry, and Behavior*, n. 96, pp. 333-41, 2010; Keith. D. R. et al. "Smoked Marijuana Attenuates Performance Disruptions during Simulated Night Shift Work". *Drug and Alcohol Dependence*, n. 178, pp. 534-43, 2017.

5. Anslinger, H. J.; Cooper, C. R. "Marijuana: Assassin of Youth". *The American Magazine*, n. 124, pp. 19, 153, 1937.
6. Berenson, A. *Tell Your Children: The Truth about Marijuana, Mental Illness, and Violence*. Nova York: Free Press, 2019.
7. Associated Press. "Even Infrequent Use of Marijuana Increases Risk of Psychosis by 40 Percent". *Fox News*, 29 jul. 2007. Disponível em: <www.foxnews.com/story/study-even-infrequent-use-of-marijuana-increases-risk-of-psychosis-by-40-percent>.
8. Mustonen, A. et al. "'Smokin' Hot: Adolescent Smoking and the Risk of Psychosis". *Acta Psychiatrica Scandinavica*, n. 138, pp. 5-14, 2018.
9. Moran, L. V. et al. "Prescription Stimulant Use Is Associated with Earlier Onset of Psychosis". *Journal of Psychiatric Research*, n. 71, pp. 41-7, 2015.
10. Torrey, E. F.; Simmons, W.; Yolken, R. H. "Childhood Cat Ownership a Risk Factor for Schizophrenia Later in Life?". *Schizophrenia Research*, n. 165, pp. 1-2, 2015.
11. Ksir, C.; Hart C. L. "Cannabis and Psychosis: A Critical Overview of the Relationship". *Current Psychiatry Reports*, n. 18, p. 12, 2016; Ksir, C.; Hart, C. L. "Correlation Still Does Not Imply Causation". *The Lancet*, n. 3, p. 401, 2016.
12. Tabelas detalhadas da pesquisa nacional de 2018 sobre uso de drogas e saúde. Disponível em: <www.samhsa.gov/data/sites/default/files/cbhsq-reports/NSDUHDetailedTabs2018R2/NSDUHDetailedTabs2018.pdf>. Acesso em: 14 jan. 2020.
13. Audiência perante a Subcomissão de Operações Governamentais da Comissão de Supervisão e Reforma da Câmara dos Representantes, 113º Congresso, segunda sessão, 20 jun. 2014. Início em 8:10. Disponível em: <https://www.youtube.com/watch?v=M6CSc4nl--Q>.
14. McLeod, E.; Friedman, A.; Soderberg, B. "Structural Racism and Cannabis: Black Baltimoreans Still Disproportionately Arrested for Weed Decriminalization". *A Baltimore Fishbowl Report*, dez. 2018. Disponível em: <baltimorefishbowl.com/stories/structural-racism-and-cannabis-black-baltimoreans-still-disproportionately-arrested-for-weed-after-decriminalization>. Acesso em: 14 nov. 2019.
15. Hannon, E. "Baltimore Will Stop Prosecuting Marijuana Possession Cases, as State's Attorney Moves to Vacate Thousands of Prior Convictions". *Slate*, 29 jan. 2019. Disponível em: <slate.com/news-and-politics/2019/01/baltimore-stop-prosecuting-marijuana-possession-cases-states-attorney-marilyn-mosby-vacate-prior-convictions.html>.

16. McCarthy J. "Two in Three Americans Now Support Legalizing Marijuana". *Gallup*, 22 out. 2018. Disponível em: <news.gallup.com/poll/243908/two-three-americans-support-legalizing-marijuana.aspx>.
17. "Mayor LaGuardia's Committee on Marijuana". In: Solomon, D. (Org.). *The Marihuana Papers*. Nova York: New American Library, 1966.
18. Tabelas detalhadas da pesquisa de 2019 Monitorando o Futuro (MTF). Disponível em: <www.monitoringthefuture.org/data/19data/19drtbl1.pdf>. Acesso em: 14 jan. 2020.
19. Miech, R. A. et al. "Monitoring the Future National Survey Results on Drug Use, 1975-2018: Volume 1, Secondary School Students". Ann Arbor: Institute for Social Research, Universidade de Michigan, 2019. Disponível em: <www.monitoringthefuture.org//pubs/monographs/mtf-vol1_2018.pdf>.
20. Informações sobre vendas de maconha e receita tributária obtidas da Secretaria da Fazenda do Colorado: <www.colorado.gov/pacific/revenue/colorado-marijuana-tax-data>; <www.colorado.gov/pacific/revenue/colorado-marijuana-sales-reports>. Acesso em: 24 out. 2019.
21. Hopkins, E. "Childhood's End: What Life Is Like for Crack Babies". *Rolling Stone*, 18 out. 1990. Disponível em: <www.rollingstone.com/culture/culture-news/childhoods-end-what-life-is-like-for-crack-babies-188557>.
22. Chasnoff, I. J. "Medical Marijuana Laws and Pregnancy: Implications for Public Health Policy". *American Journal of Obstetrics and Gynecology*, n. 216, pp. 27-30, 2017.
23. Torres, C. A.; Hart, C. L. "Marijuana and Pregnancy: Objective Education Is Good, Biased Education Is Not". *American Journal of Obstetrics and Gynecology*, n. 217, p. 227, 2017; Torres, C. A. et al. "Totality of the Evidence Suggest Prenatal Cannabis Exposure Does Not Lead to Cognitive Impairments: A Systematic and Critical Review". *Frontiers in Psychology*, n. 11, p. 816, maio 2020. Disponível em: <doi.org/10.3389/fpsyg.2020.00816>.
24. Doyle, J. J. "Child Protection and Adult Crime: Using Investigator Assignment to Estimate Causal Effects of Foster Care". *Journal of Political Economy*, n. 116, pp. 746-70, 2008.
25. Ko, J. Y. et al. "Prevalence and Patterns of Marijuana Use among Pregnant and Nonpregnant Women of Reproductive Age". *American Journal of Obstetrics and Gynecology*, n. 213, p. 201, 2015.
26. Stadterman, J. M.; Hart, C. L. "Screening Women for Marijuana Use Does More Harm Than Good". *American Journal of Obstetrics and Gynecology*, n. 213, pp. 598-9, 2015.

8. Psicodélicos: somos a mesma coisa (pp. 210-28)

1. Berman, R. M. et al. "Antidepressant Effects of Ketamine in Depressed Patients". *Biological Psychiatry*, n. 47, pp. 351-4, 2000; Newport, D. J. et al. "Ketamine and Other NMDA Antagonists: Early Clinical Trials and Possible Mechanisms in Depression". *American Journal of Psychiatry*, n. 172, pp. 950-66, 2015; Dakwar, E. et al. "The Effects of Sub-anesthetic Ketamine Infusions on Motivation to Quit and Cue-induced Craving in Cocaine Dependent Research Volunteers". *Biological Psychiatry*, n. 76, pp. 40-6, 2014; Griffiths, R. R. et al. "Psilocybin-occasioned Mystical-type Experience in Combination with Meditation and Other Spiritual Practices Produces Enduring Positive Changes in Psychological Functioning and in Trait Measures of Prosocial Attitudes and Behaviors". *Journal of Psychopharmacology*, n. 32, pp. 49-69, 2018; Johnson, M. W.; Griffiths, R. R. "Potential Therapeutic Effects of Psilocybin". *Neurotherapeutics*, n. 14, pp. 734-40, 2018.
2. Pollan, M. *How to Change Your Mind*. Nova York: Penguin, 2018. [Ed. bras.: *Como mudar sua mente*. Rio de Janeiro: Intrínseca, 2018.]
3. Waldman, A. *A Really Good Day: How Microdosing Made a Mega Difference in My Mood, My Marriage, and My Life*. Nova York: Alfred A. Knopf, 2017.
4. Fadiman, J. *The Psychedelic Explorer's Guide: Safe, Therapeutic, and Sacred Journey*. Rochester, VT: Park Street Press, 2011.
5. Divisão de Comunicações do Senado. "Senator Asks Governor to Apologize for Racial Comments; Dickerson Calls Keating Statements Inappropriate, Offensive", 12 nov. 1999. Disponível em: <www.oksenate.gov/news/press releases/press releases1999/PR991112.html>. Acesso em: 24 out. 2019.
6. Domino, E. F.; Luby, E. D. "Phencyclidine/Schizophrenia: One View toward the Past, the Other to the Future". *Schizophrenia Bulletin*, n. 38, pp. 914-9, 2012.
7. Brecher, M. et al. "Phencyclidine and Violence: Clinical and Legal Issues". *Journal of Clinical Psychopharmacology*, n. 8, pp. 397-401, 1988.
8. Gorner, J. "PCP Found in Body of Teen Shot 16 Times by Chicago Cop". *Chicago Tribune*, 15 abr. 2015.
9. Ford, Q. "Cops: Boy, 17, Fatally Shot by Officer after Refusing to Drop Knife". *Chicago Tribune*, 21 out. 2014.
10. Kalven, J. "Sixteen Shots: Chicago Police Have Told Their Version of How 17-Year-Old Black Teen Laquan McDonald Died. The Autopsy

Tells a Different Story". *Slate*, 10 fev. 2015. Disponível em: <slate.com/news-and-politics/2015/02/laquan-mcdonald-shooting-a-recently-obtained-autopsy-report-on-the-dead-teen-complicates-the-chicago-police-departments-story.html> Acesso em: 14 nov. 2019.
11. Entrevista com Anita Alvarez no documentário *16 Shots*.

9. Cocaína: todo mundo ama a luz do sol (pp. 229-56)

1. Em janeiro de 2019, Jean Wyllys deixou o país e desistiu de assumir seu terceiro mandato no Congresso, temendo pela própria vida depois de ter recebido ameaças.
2. Boiteux, L. "Brazil: Critical Reflections on a Repressive Drug Policy". *Sur International Journal of Human Rights*, n. 12, 2015; Izsak-Ndiaye, R. *Report of the Special Rapporteur on Minority Issues on Her Mission to Brazil*, 9 fev. 2016. Disponível em: <digitallibrary.un.org/record/831487?ln=en>. Acesso em: 14 nov. 2019.
3. Morrison, T. *Paradise*. Nova York: Alfred A. Knopf, 1997. [Ed. bras.: *Paraíso*. São Paulo: Companhia das Letras, 1998.]
4. Mena, F. "Neurocientista negro diz ter sido barrado em hotel em SP". *Folha de S.Paulo*, 29 ago. 2015. Disponível em: <www1.folha.uol.com.br/cotidiano/2015/08/1675340-neurocientista-negro-e-barrado-em-hotel-onde-ministraria-palestra-em-sp.shtml>. Acesso em: 14 nov. 2019.
5. Frank, D. A. et al. "Growth, Development, and Behavior in Early Childhood Following Prenatal Cocaine Exposure: A Systematic Review". *Journal of the American Medical Association*, n. 285, pp. 1613--25, 2001; Frank, D. A. et al. "Level of Prenatal Cocaine Exposure and Scores on the Bayley Scales of Infant Development: Modifying Effects of Caregiver, Early Intervention, and Birth Weight". *Pediatrics*, n. 110, pp. 1143-52, 2002; Beeghly, M. et al. "Prenatal Cocaine Exposure and Children's Language Functioning at 6 and 9.5 Years: Moderating Effects of Child Age, Birthweight, and Gender". *Journal of Pediatric Psychology*, n. 31, pp. 98-115, 2006; Lewis, B. A. et al. "The Effects of Prenatal Cocaine on Language Development at 10 Years of Age". *Neurotoxicology Teratology*, n. 33, pp. 17-24, 2011; Betancourt, L. M. et al. "Adolescents with and without Gestational Cocaine Exposure: Longitudinal Analysis of Inhibitory Control, Memory and Receptive Language". *Neurotoxicology Teratology*, n. 33, pp. 36-46, 2011.

6. Cooper, B. M. "Kids Killing Kids: New Jack City Eats Its Young". *The Village Voice*, 1 dez. 1987.
7. Ebert, R. Crítica do filme *A gang brutal*, 1 maio 1991. Disponível em: <www.rogerebert.com/reviews/new-jack-city-1991>.
8. Anthony, J. C.; Warner, L. A.; Kessler, R. C. "Comparative Epidemiology of Dependence on Tobacco, Alcohol, Controlled Substances, and Inhalants: Basic Findings from the National Comorbidity Survey". *Experimental and Clinical Psychopharmacology*, n. 2, pp. 244-68, 1994; Warner, L. A. et al. "Prevalence and Correlates of Drug Use and Dependence in the United States. Results from the National Comorbidity Survey". *Archives of General Psychiatry*, n. 52, pp. 219-29, 1995; O'Brien, M. S.; Anthony, J. C. "Extra-medical Stimulant Dependence among Recent Initiates". *Drug and Alcohol Dependence*, n. 104, pp. 147-55, 2009; Substance Abuse and Mental Health Services Administration, *Results from the 2011 National Survey on Drug Use and Health: Summary of National Findings*, NSDUH Series H-44, HHS publicação n. (SMA) 12-4713. Rockville, MD: SAMHSA, 2012; Csete, J. et al. "Public Health and International Drug Policy". *The Lancet*, n. 387, pp. 1427-80, 2016; Santiago Rivera, O. J. et al. "Risk of Heroin Dependence in Newly Incident Heroin Users". *Journal of the American Medical Association Psychiatry*, n. 75, pp. 863-4, 2018.
9. Hart, C. L. et al. "Alternative Reinforcers Differentially Modify Cocaine Self-Administration by Humans". *Behavioural Pharmacology*, n. 11, pp. 87-91, 2000; Foltin, R. W. et al. "The Effects of Escalating Doses of Smoked Cocaine in Humans". *Drug and Alcohol Dependence*, n. 70, pp. 149-57, 2006; Hart, C. L. et al. "Smoked Cocaine Self-Administration by Humans Is Not Reduced by Large Gabapentin Maintenance Doses". *Drug and Alcohol Dependence*, n. 86, pp. 274-7, 2007; Hart, C. L. et al. "Smoked Cocaine Self-Administration Is Decreased by Modafinil". *Neuropsychopharmacology*, n. 33, pp. 761-8, 2008.
10. Rosales, K.; Barnes, T. "New Jack Rio". *Foreign Policy*, 14 set. 2011. Disponível em: <foreignpolicy.com/2011/09/14/new-jack-rio>. Acesso em: 14 nov. 2019.
11. Barbara, V. "The Men Who Terrorize Rio". *The New York Times*, 22 maio 2018. Disponível em: <www.nytimes.com/2018/05/22/opinion/rio-janeiro-terrorize-militias.html>.
12. *GloboNews*. "Rio de Janeiro tem média de 4 mortes por dia causadas por intervenção policial em 2018", 28 ago. 2018. Disponível em: <g1.globo.com/rj/rio-de-janeiro/noticia/2018/08/28/rj-tem-media-de-4-mortes-por-dia-causadas-por-intervencao-policial-em-2018.ghtml>.

13. Londono, E.; Andreoni, M. "'They Came to Kill': Almost 5 Die Daily at Hands of Rio Police". *The New York Times*, 26 maio 2019. Disponível em: <www.nytimes.com/2019/05/26/world/americas/brazil-rio-police-kill.html>.

10. A ciência das drogas: a verdade sobre os opioides (pp. 257-84)

1. Edlund, M. J. et al. "The Role of Opioid Prescription in Incident Opioid Abuse and Dependence among Individuals with Chronic Noncancer Pain: The Role of Opioid Prescription". *Clinical Journal of Pain*, n. 30, pp. 557-64, 2014; Noble, M. et al. "Long-term Opioid Management for Chronic Noncancer Pain". *Cochrane Database Systematic Review*, n. 20, 2010. Disponível em: <www.ncbi.nlm.nih.gov/pmc/articles/PMC6494200>.
2. Santiago Rivera, O. J. et al. "Risk of Heroin Dependence in Newly Incident Heroin Users". *Journal of the American Medical Association Psychiatry*, n. 75, pp. 863-4, 2018.
3. Webster, L. R. "Risk Factors for Opioid-Use Disorder and Overdose". *Anesthesia & Analgesia*, n. 125, pp. 1741-8, 2017.
4. Khan, R. et al. "Understanding Swiss Drug-Policy Change and the Introduction of Heroin Maintenance Treatment". *European Addiction Research*, n. 20, pp. 200-7, 2014.
5. Stephenson, C. "Heroin Suspected in 20 Deaths in 2 Weeks". *Milwaukee Journal Sentinel*, 11 ago. 2016. Disponível em: <www.jsonline.com/story/news/crime/2016/08/11/fentanyl-deaths-spike/88580884>.
6. Yoon, E. et al. "Acetaminophen-Induced Hepatotoxicity: A Comprehensive Update". *Journal of Clinical and Translational Hepatology*, n. 4, pp. 131-42, 2016.
7. Serper, M. et al. "Risk Factors, Clinical Presentation, and Outcomes in Overdose with Acetaminophen Alone or with Combination Products: Results from the Acute Liver-Failure Study Group". *Journal of Clinical Gastroenterology*, n. 50, pp. 85-91, 2016.
8. Griffin, F. J. "Returning to Lady: A Reflection on Two Decades 'In Search of Billie Holiday'". National Public Radio, 23 ago. 2019. Disponível em: <www.npr.org/2019/08/23/748740849/returning-to-lady-a-reflection-on-two-decades-in-search-of-billie-holiday>. Acesso em: 14 nov. 2019.

Epílogo: a jornada (pp. 285-96)

1. Substance Abuse and Mental Health Services Administration, *Key Substance Use and Mental Health Indicators in the United States: Results from the 2018 National Survey on Drug Use and Health* (HHS publicação n. PEP19-5068, NSDUH Series H-54). Rockville, MD: Center for Behavioral Health Statistics and Quality, SAHMSA, 2019. Disponível em: <www.samhsa.gov/data>.
2. Clark, N. H. *The Dry Years: Prohibition and Social Change in Washington*. Seattle: University of Washington Press, 1965.
3. Blum, D. *The Poisoner's Handbook: Murder and the Birth of Forensic Medicine in Jazz Age*. Nova York: Penguin, 2010.
4. Measham, F. C. "Drug-safety Testing, Disposals and Dealing in an English Field: Exploring the Operational and Behavioural Outcomes of the UK's First Onsite 'Drug Checking' Service". *International Journal of Drug Policy*, n. 67, pp. 102-7, 2019.
5. Yoon, E. et al. "Acetaminophen-Induced Hepatotoxicity: A Comprehensive Update". *Journal of Clinical and Translational Hepatology*, n. 4, pp. 131-42, 2016.
6. Saad, M. H. et al. "Opioid Deaths: Trends, Biomarkers, and Potential Drug Interactions Revealed by Decision-Tree Analyses". *Frontiers in Neuroscience*, n. 12, p. 728, 2018; Hopkins, R. E.; Dobbin, M.; Pilgrim, J. L. "Unintentional Mortality Associated with Paracetamol and Codeine Preparations, with and without Doxylamine, in Australia". *Forensic Science International*, n. 282, pp. 122-6, 2018.
7. King, M. L. "Letter from Birmingham Jail", 16 abr. 1963. Disponível em: <https://www.africa.upenn.edu/Articles_Gen/Letter_Birmingham.html>.

Índice remissivo

As páginas indicadas em *itálico* referem-se às figuras e tabelas

2C-B (2,5-dimetoxi-4-bromofenetilamina), 71, *93*, 215
2-FMA (2-fluorometanfetamina), 144
2-metilmetcatinona, 170
4-acetoxi-DMT, 215
6-(2-aminopropil) benzofurano (6-APB), 144, 159-63; estrutura química, *160*; uso pelo autor, 159-60, 162, 185

abstinência do álcool, 284
acepromazina, 183
acetaminofeno (paracetamol), 269, 291
acidentes de automóvel, 75
Acreage Holdings, 178
Adams, Paul, 166
Adderall, 117, 144, 146-7, 149
"Addiction Is a Brain Disease, and It Matters" (Leshner), 113
Administration for Children's Services (ACS), 61-3
Aguilar, Armando, 166, 168
Aids *ver* HIV/aids
AK-47 24 Karat Gold, 176
Alasca: legalização da maconha, 190, 202
álcool (bebidas alcoólicas), 27, 99, 170; cocaína e, 114-5; derrame e doença cardíaca, 22; fumo e, 123; heroína e, 28, 76, 87; Lei Seca, 53, 269, 288-90; metanfetaminas e, 129; regulamentação do, 38, 66, 74
alprazolam, 222, 272
Alvarez, Anita, 223
AMB-Fubinaca, *173*, 176
American Journal of Obstetrics and Gynecology, 207

análise de risco-benefício, 74-5
Anexo 1, drogas do, 19, 63, *198*
anfetaminas, 135-58; classes farmacológicas e efeitos, 214, 216-7; Cranston sobre, 147; *d*-anfetamina, 144, 148-9; estrutura química, *148*; estudos do autor, 149-56; na Tailândia, 136-7; nas Filipinas, 135, 137-42; uso pelo autor, 144-5; *ver também* metanfetaminas
"Angola, Louisiana" (canção), 95
Annucci, Anthony, 33
Anslinger, Harry J., 194
antidepressivos, 148, 176, 218, 284
anti-histamínicos, 176, 183-4, 271-2
antipsicóticos, 259-61
anúncios de utilidade pública, 41, 48, 116, 146
Appalachia, taxas de mortalidade, 102
armas de fogo, uso de, 75
assassinatos pela polícia, 180, 191, *198*; no Brasil, 252-3; mito do "homem negro enlouquecido por PCP", 218-26
autocontrole, 119
autopercepção, 181, 214
Ayers, Roy, 231
Azar, Alex, 113

Bajrakitiyabha, 137
Baldwin, James, 46-8, 57, 285
Baltimore, comissária da Saúde de, 90-2
Baltimore, legalização da maconha, 200
Barcelona, 161, 164, 170

Bar-Lev, Amir, 212-3
Barnes, Nicky, 245
Bayer, Laboratórios, 260
Behavioral Pharmacology Society, 21
Belfast, 102, 104
benzodiazepínico, 78, 176
Berenson, Alex, 194
Bergman, Jack, 22
biologia e ambiente, 154
Black Caucus (Congresso), 46
Bland, Sandra, 191
Blum, Deborah, 289
boca seca, 146
bodes expiatórios, 53
Boehner, John, 177
Bolsonaro, Jair, 252-3, 255
Boom (Festival), 67-73, 162
Boston Globe, 122-3
Brasil: paradoxo da descriminalização das drogas, 229-37; política do crack e guerra às drogas, 236-7, 246-56, 292; taxas de homicídio, 251-2
Breaking Bad (série de TV), 146-7
Brisbon, Rumain, 191
Broers, Barbara, 258-62, 266
Brown, Michael, 191
Burning Man, 67
busca da felicidade, 14, 50, 84, 228, 293-4
Bush, Robert, 77-8

Califórnia, legalização da maconha, 190, 202
Callamard, Agnès, 139-40
Calloway, William, 224
Camden, Pat, 221
canabidiol (CBD), 171
canabinoides sintéticos, 171-7; proibição, 172-6, *173*; surto de "zumbis", 174-6
Canadá: legalização da maconha, 201; locais para consumo de heroína, 104; mortes por heroína contaminada com fentanil, 89

cannabis *ver* maconha
Capra, Michael, 33
carfentanil, 88, 164
Carolina do Norte, sexo antes do casamento, 66
Carta da cadeia de Birmingham (King), 296
"Case of You, A" (canção), 132
Cash, Johnny, 267
Castile, Philando, 191
catinona, 165, 167-8, 170
causalidade, 21, 126, 196-7
CBS News, 169
Centros de Controle e Prevenção de Doenças (CDC), 85
cérebro: receptores de drogas, 64, 154, 172; via de administração, 98-100
"cesto de anistia", 105
cetamina, 213, 217; estrutura química, *218*; uso pelo autor, 215
Chasnoff, Ira, 207
Chicago Tribune, 220-1
Cialis, 144
cláusula dos três quintos, 37
Cleveland, James, 142
clorpromazina, 184
Coca-Cola, 51
cocaetileno, 114-5
cocaína, 229-56; diferenciação racial, 40-1, 52, 246; drogas e leis de sentenciamento, 40-1, 46, 66, 118, 133, 239, 246; exposição pré-natal, 207; história do uso, 50, 52; "luz do sol para iluminar seu dia", 254-6; modelo de doença cerebral, 114-5, 118; paradoxo brasileiro, 229-37, 246-56; em Portugal, 67; *set* e *setting*, 100-2; teoria da "porta de entrada" para as drogas e, 21; *ver também* crack
codeína, 260, 271
cogumelos mágicos, 210
colonoscopia, 60-1, 78

Colorado: legalização da maconha, 172, 190, 202; venda de maconha, 204; visita do autor, 209
Columbia, Universidade, 13-4, 31-2, 60, 77, 152, 162, 187, 210, 242, 275
Como mudar sua mente (Pollan), 213
Conferência Internacional de Reforma das Políticas de Combate às Drogas (2013), 229
Connolly, Gerald, 199
Constituição americana, 37, 49, 74, 289
controle de natalidade, 15
Convenção Batista do Sul, 80
Cooper, Barry Michael, 238, 244
coroners, 85
correlação, 21, 197
crack: no Brasil, 236-7, 246-56, 292; cobertura da mídia, 28, 239; drogas e leis de sentenciamento, 40-1, 46, 117-8, 133, 239, 245-6; nos Estados Unidos, 237-41; narrativa de raça e patologia, 40-1, 111, 134, 239-40; *New Jack City: A gangue brutal* (filme), 229, 239-40, 242-5; pesquisa do autor, 240-1
Crack Is Wack (mural), 238
cracolândias, 246-54
"cracudos", 112, 217
Cranston, Bryan, 146-7
crioulo, 179, 182
"crise do crack", 40-1
"crise das drogas", 27-8, 37-41
"crise da heroína", 39, 41, 265
"crise dos opioides", 37, 54-5, 57-8, 284; cobertura da mídia, 27, 55, 284; crise de coleta de dados e informação, 84, 86-7
Crowley, Aleister, 229
Crutcher, Terence, 225
Cuomo, Andrew, 33
Cuomo, Mario, 40
custódia de crianças, 61-3

Daily Show, The (programa de TV), 147

d-anfetamina, 144, 148-9
Dead Heads, 212
Décima Oitava Emenda, 53, 289
Declaração de Direitos, 49
Declaração de Independência dos Estados Unidos, 13, 49, 51, 84, 228, 293-4
DeFoster, Ruth, 167
"demônio negro da cocaína", 53, 219
dependência de drogas (vício), 24-6, 241; diferenças raciais, 39, 41, 238; modelo de doença cerebral *ver* modelo de doença cerebral causada pela dependência de drogas; uso do termo, 24-5; *ver também drogas específicas*
depressão, 213; antidepressivos, 148, 176, 218, 284; cetamina para, 213, 218; heroína e, 268; MDMA e Suicide Tuesday, 154; *ver também* depressão respiratória
depressão respiratória, 64, 76, 87, 89, 96, 272
descriminalização: no Brasil, 229-37; legalização versus, 66 (*ver também* legalização da maconha); em Portugal, 67-73, 76
desemprego, 58, 103, 111, 117, 140, 237, 250
desobediência civil, 66, 220, 296
despenalização, 233
diabetes, 74, 258
Dickinson, Emily, 135
dieta rica em açúcar, 74
dimetiltriptamina (DMT), 210, 225
disenteria, 65
dissonância cognitiva, 254, 277
Doblin, Rick, 226-8
dopamina, 112, 130, 147, 154, 217, 260-1
dor, 19, 55, 64-5, 214
dosagem, 96-7; MDMA (ecstasy), 94, 214-5
Dostoiévski, Fiódor, 31
"Down by the Riverside" (canção), 278
drogas psicodélicas, 210-28; benefícios das, 213-4; classes farmacoló-

gicas e efeitos, 214, 216-7; defensores das, 211-3, 224-8; dosagem, 215; na Espanha, 162, 164-5; experiência do Grateful Dead, 212-3, 227-8; mito do "homem negro enlouquecido por PCP", 218-26; uso pelo autor, 214-5
Duterte, Rodrigo, 88, 118-9, 133, 135, 137-8, 140-1, 143-4, 158

Ebert, Roger, 240
economia da prisão, 36
ecstasy *ver* MDMA
efeitos benéficos das drogas, 286-8
efeitos colaterais, 286-8; benéficos, 286-8; da heroína, 76, 261; no Boom Festival, 68-70; Parklife Festival, 93-4; *set* e, 101
efeitos favoráveis das drogas, 286-8
efeitos negativos das drogas, 286-7
Einstein, Albert, 199
Emanuel, Rahm, 37, 222
"endurecimento com os opioides", políticas de, 56
Energy Control, 161, 164-5
"entorpecimento", 279
escitalopram, 218
Espanha, 161, 164-5, 170
esquizofrenia, 195, 260
Estados Unidos, bombardeio da Líbia (1986), 47
Eugene, Rudy, 166-9
"Everybody Loves the Sunshine" (canção), 231
excepcionalismo da droga, 211-2
exposição pré-natal a drogas, 125, 127; cocaína, 207; maconha, 204-9

Fadiman, James, 213
falácias lógicas, 197
favelas, 247-54
felicidade *ver* busca da felicidade
fentanil, 55, 88-9, 268
fígado, 76, 99-100
Filipinas, 118, 135-42, 158

flexibilidade cognitiva, 42, 178
Flórida: caso Trayvon Martin, 192, 194
fluoxetina, 218
Food and Drug Administration (FDA), 88, 226
Força Aérea dos Estados Unidos, 47, 111
Força-Tarefa Contra a Pena de Morte, 135-6
Ford, Quinn, 221
frequência cardíaca, 149, 153
Freud, Sigmund, 51
fumar heroína, 99-100
fumar metanfetamina, 150
fumar tabaco, 123, 196

Garcia, Jerry, 212, 227-8
Gawin, Frank, 117
Genebra, 242, 258-60, 262-3
Gitlow, Stuart, 122-3
Gladwell, Malcolm, 56
glutamato, 217-8
"God Bless the Child" (canção), 277
Graham, Ramarley, 191
"Grandma's Hand" (canção), 159
Grateful Dead, 212, 227
Gray, Freddie, 141
Green, Al, 82-3, 156-7
Griffin, Farah Jasmine, 277
guerra às drogas, 35-7, 118, 206, 238; opinião de Baldwin sobre, 46-9

Hamer, Fannie Lou, 294
Haring, Keith, 238
Harris, Juizado de Menores do condado de, 189-90
Harrison, Lei de Tributação de Narcóticos, 52
Harvard, Faculdade de Medicina de, 22
Hayes, Isaac, 31
"Heaven Must Be Like This" (canção), 143
"helicoca", 255

hepatite, 104, 263
heroína, 257-84; cérebro e, 64; classes e efeitos, 214, 264; depressão respiratória e, 64, 76, 87, 89, 272; drogas e leis de sentenciamento, 56-7, 63, 74; efeitos colaterais, 76, 260-1; estrutura química, 260; racismo e, 54-7; representações populares da, 267-8, 281-2, 284; *set* e tolerância, 101; sintomas de abstinência, 76, 257, 280, 282-4; uso de álcool e, 76, 87; uso pelo autor, 28, 59, 257, 274-5, 277-84; via de administração, 98-100
heroína, overdoses, 76-8, 270-3; contaminada com fentanil, 75, 88, 268
heroína, vício em, 42, 132, 242, 262, 264-7, 269, 274
hexedrona, 165, 169-70
hidrocloridrato de diamorfina, 98-9
hipocrisia, 178
hispânicos e prisões por maconha, 21
histamina, 271
HIV/aids: agulhas contaminadas e, 99-100, 263; maconha medicinal, 19
Hoffman, Philip Seymour, 272
Holiday, Billie, 277
Huffman, John W., 171
"Hurt" (canção), 267-8

"I Don't Feel No Ways Tired" (canção), 143
I'm New Here (álbum), 96
"I'm New Here" (canção), 95-6
Idaho, sexo antes do casamento, 66
Illinois, legalização da maconha, 202
imagens do cérebro, 110, 120, 122, 124-7; interpretação errada e mau uso dos dados, 26, 121-31
imigrantes chineses, 51
injeção, equipamento de, 81, 99
injetar heroína, 81, 99-100, 103, 263
Irlanda do Norte, 103-4

Isley Brothers, 158
Ivins, Molly, 159

Jefferson, Thomas, 13, 51
Jesus, 80
"Jesus Is Waiting" (canção), 156-7
Jobim, Antonio Carlos, 233
Jogos Olímpicos Rio 2016, 248
"Johannesburg" (canção), 95
Johanson, Chris-Ellyn, 129
Jones, Quincy, 245
"Just Say No" (campanha), 206, 238
JWH-018, *173*, 174, 176

K2 (Spice), 172, 174
Kalven, Jamie, 221, 224
Keating, Frank, 216
khat (arbusto), 165
"Kids Killing Kids: New Jack City Eats Its Young" (Cooper), 244
King, Martin Luther, 33, 60, 72, 107, 198, 294, 296
King, Rodney, 219-20
King, Stephen, 55
Kissinger, Henry, 275
Koon, Stacey, 220
Kosmicare, 67, 69-70
Ksir, Charles, 197

LaGuardia, Fiorello, 203
lean, 271-2
Ledger, Heath, 272
legalização, descriminalização versus, 66
legalização da maconha, 172, 177, 190, 198-204; apoio à, 201, *202*; *ver também estados específicos*
Lei contra Abuso de Drogas de 1986, 40, 46-8, 118, 239
Lei contra Abuso de Drogas de 1988, 40, 239
Lei da Liberdade de Informação, 221, 224
Lei das Substâncias Controladas, 19, 198-9

Lei de Prevenção ao Abuso de Drogas Sintéticas (2012), 169
Lei de Sentenciamento Justo (2010), 118, 246
lei para os problemas dos opioides (2018), 39
Lei Patriótica, 58
Lei Seca, 53, 269, 288-90
leis de combate às drogas, 66, 163, 178, 292; canabinoides sintéticos, 172-4, *173*; cocaína e crack, 40-1, 46, 66, 117-8, 239, 245-6; desobediência civil, 66, 220; discriminação racial nas, 20-1, 36, 41, 44-6, 52, 134, 178, 190-1, 200, 292; história das, 52-3; na Tailândia, 136-7; *ver também* descriminalização; legalização da maconha
Lemgruber, Julita, 229, 231-2, 234
LePage, Paul, 56
Leshner, Alan, 113
liberdade, 13, 50, 58, 72-8, 293-4
lidocaína, 65
Lindsay, John, 42
Locke, John, 13
Long Strange Trip (documentário), 212
Loop, The, 81-2, 93-4, 105
Los Angeles, distúrbios de, 220
"Love and Happiness" (canção), 82, 83
LSD (ácido lisérgico), 70, 210, 212-3; benefícios do, 211, 213-4
Luciano, 187

maconha, 187-209; caso Trayvon Martin, 192-4; cérebro e, 64-5, 122-4; cobertura da mídia, 194, 196; discriminação racial e, 20-1, 190, 192-4, 200; dose e dosagem, 97; droga e leis de sentenciamento, 19, 63, 189-90, 194, 198-9, 203; estudos do autor, 15, 17-9, 21-2, 193-4, 197; exalação ritmada, 16; exposição pré-natal, 204-9; medidas de psicose, 195-7; retórica da *reefer madness*, 194-8; teoria da "porta de entrada" para as drogas, 20-1; uso pelo autor, 61, 63, 110, 187-8, 209
maconha medicinal, 19, 20, 199-200
Maine: legalização da maconha, 190, *202*; política de combate às drogas, 56
Malcolm X, 183
Manila Times, 140
Manual diagnóstico e estatístico de transtornos mentais (DSM-5), 24, 264
Marcha da Maconha (Brasil), 231-2
Marijuana Text Act (1937), 194, 203
Marley, Bob, 187
Martin, Trayvon, 180, 192-3
Massachusetts, legalização da maconha, 190, *202*
Massachusetts, Hospital Geral de, 122
Maze, 227
McAllister, Delon, 128
McCance-Katz, Elinore, 113
McDonald, Laquan, 220-2, 224
McKenna, Terence, 210
MDMA (3,4-metilenodioximetanfetamina — ecstasy): aprovação pela FDA para o tratamento do transtorno de estresse pós-traumático, 224; contaminada com fentanil, 89; dosagem, 94, 214-5; estrutura química, 144, *151*, 159, *160*; estudo do autor, 150, 152-4; no Parklife Festival, 94; em Portugal, 66, 70; uso pelo autor, 144-5, 155-7
médicos-legistas, 85
mefedrona, 163, 166, 169
memória, 17-8, 127-8
Mencken, H. L., 73, 145
metabolismo de primeira passagem, 99
metadona, programas de, 42, 175, 264
metanfetamina, dependência, 147, 149-50
metanfetaminas: cérebro e, 113, 117, 119, 129-30, 140, 147; classes farma-

cológicas e efeitos, 215-6; efeitos colaterais, 146; estrutura química, 144, 148, 151; estudos do autor, 108-9, 136, 149-54; nas Filipinas, 135, 136, 137-42, 158; uso pelo autor, 144-5, 155-6, 215-6

metanol, 289, 290

Miami, ataque canibal em, 166-8

Michigan, legalização da maconha, 202

mídia (cobertura): do crack, 28, 41, 239-40; da "crise dos opioides", 27, 55, 284; da heroína, 258, 281; da maconha, 194, 196; mito do "homem negro enlouquecido por PCP", 218, 220-2; surto de "zumbis", 167, 174-6

Mississippi, sexo antes do casamento, 66

Mitchell, Joni, 132

mito do "homem negro enlouquecido por PCP", 218, 220-3, 225

modelo de doença cerebral causada pela dependência de drogas, 107-34, 295; crack e política de combate às drogas, 117-9; estudo da cocaína e do cocaetileno, 114-5; exposição pré-natal a drogas, 125, 127; interpretação errada e mau uso dos dados de imagens do cérebro, 26, 120-31; uso de maconha, 15, 17-9, 21-2, 64, 122-3, 125; uso de metanfetamina, 113, 117, 119, 130-1, 140, 147-8; Volkow e a visão do Nida, 107-10, 119, 199

Monteith, Cory, 272

moralismo, 15, 174, 208, 237, 292

Morgan, John, 219

Morrison, Toni, 234

mortes por heroína contaminada com fentanil, 75, 88-9, 96, 268

Mosby, Marilyn, 201

Multidisciplinary Association for Psychedelic Studies (Maps), 226-7

Murphy, Billy, 141

Murphy, Eddie, 245

naloxona, 91

narcolepsia, 117, 148

National Advocates for Pregnant Women (NAPW), 204

National Institute on Drug Abuse (Nida), 14, 17, 19-20, 119, 126, 129, 151, 199; modelo de doença mental causada pela dependência de drogas, 107-10

"Needle and the Damage Done, The" (canção), 267-8

"negligência parental", 61-3

N-etilpentedrona, 166, 170

neurônios, 111n, 113

neurotransmissores, 112, 217, 261

Nevada, legalização da maconha, 202

New England Journal of Medicine, 119, 131, 176

new jack, 243

New Jack City: A gangue brutal (filme), 229, 239-40, 242-5

New York Times, 171, 174, 176, 270

Nichols, David, 186

Nine Inch Nails, 267

Ninoy Aquino (aeroporto internacional), 135, 141-2, 158

Nixon, Richard, 42

N-metil-D-aspartato (NMDA), receptor, 217

NoBox (Filipinas), 135

Northwestern, Universidade, 122

Nova York: drogas e leis de sentenciamento, 40-1, 203; economia da prisão, 36; maconha medicinal, 61; surto de "zumbis", 174-5

novas substâncias psicoativas, 159-86; proibição, 173-5, 177; uso da expressão, 160; uso pelo autor, 159-60, 169-70

núcleo accumbens, 112, 121, 124

Obama, Barack, 246

obesidade, 117, 148

Oklahoma, taxas de mortalidade, 102

Onze de Setembro, ataques de (2001), 58
ópio: antros de, 51; história do uso, 50-1, 53; papoula, 260, 271; uso pelo autor, 170, 279-80
opioides, 257-84; abstinência, 258, 280, 282-4; dependência, 54-6, 257-8, 262, 284; nos Estados Unidos hoje, 54-7; overdoses, 38, 54, 56, 270-3; pavor do fentanil, 87, 89; rastreamento e relatórios, 84, 86-7; *ver também* heroína
Oregon, legalização da maconha, 202
overdoses, 35; pavor do fentanil, 87, 89; rastreamento e relatórios, 84, 86-7; taxas de mortalidade, 86, 102; *ver também* heroína, overdoses; opioides, overdoses
Owen, Frank, 168
oxicodona, 28, 272, 291

Paltrow, Lynn, 204
Paraíso (Morrison), 234
Parke, Davis & Company, 217
Parklife Festival, 80-1, 83, 93-4, 102-5
Parks, Rosa, 66, 79
Paulino, Tatianna, 270-1, 273
PCP (fenciclidina), 216-7, 219; estrutura química, 218
Pensilvânia, economia da prisão, 37
Percocet, 269, 291
Perrella, Gustavo, 255
Perrella, Zezé, 255
"pessoas descartáveis", 36
Petty, Tom, 272
Planned Parenthood, 92
pó de anjo *ver* PCP
pobreza, 15, 112, 140, 249-50
poderoso chefão, O (filme), 244-5
Poisoner's Handbook, The (Blum), 289
Polícia Militar (Brasil), 249
política (políticos), 39, 55, 63, 117, 131, 177
política tributária, 35, 203-4, 289, 294

Pollan, Michael, 213
Poppo, Ronald, 166
Portugal: Boom Festival, 67-73; descriminalização em, 66-73, 76
potência e dosagem, 96-7
Powell, Laurence, 220
Praga, 279-80
"predisposições implícitas", 46
pregação do medo, 133, 200
Prince, 269
privilégio dos brancos, 43-5
"problema das drogas", 37, 112, 125, 131, 271
prometazina, 184, 271-2
psiconautas, 216, 225, 227
psicose, 195-7, 260-1
psilocibina, 210-1, 215, 225; benefícios da, 213-4
Psychedelic Explorer's Guide, The (Fadiman), 213
Psychopharmacology (revista), 130
Punisher, 94-5
puritanismo, 145, 266

racismo, 43-9; no Brasil, 233, 235-6; cocaína e crack, 40-1, 52, 134, 239, 246; "demônio negro da cocaína", 53, 219; filho do autor e a palavra "crioulo", 178-86; guerra às drogas, 38-42; leis de combate às drogas e, 20-1, 36, 41, 44-6, 52, 134, 178, 190-1, 200, 292; mito do "homem negro enlouquecido por PCP", 218-26; opioides e, 54-7; uso de maconha e prisões, 20-1, 190-1, 193-4, 200; *ver também* assassinatos pela polícia
Ramirez, José, 168
Rangel, Charles, 40
Rappler Talk, 140
Reagan, Nancy, 206, 238
Really Good Day, A (Waldman), 213
receptores das drogas, 64, 154, 172, 217
redução de danos, 27, 80-106; acabar com a, 82-4; crise dos opioides, 84,

86-7; no Parklife Festival, 80-1, 83, 93-4, 102-4; pavor do fentanil, 87, 89; substituição da expressão, 83-4; testagem de segurança de drogas, 90-1, 93-4; uso da expressão, 81
religião e crenças religiosas, 80
replicação, 128, 217
responsabilidade e liberdade, 73-8
ressonância magnética (MRI), 120-2, 128
ressonância magnética funcional (fMRI), 121, 126-8
Reubens, Paul (Pee Wee Herman), 238
Reznor, Trent, 267-8
Rice, Tamir, 180
Rio de Janeiro, 229, 235, 246-54, 292
Robbins, Tom, 257
Rockefeller, Nelson, leis de combate às drogas de, 41-2
Rodrigues, Manoel Silva, 255
Rodriguez, Steven, 270-1, 273
rolling, 155
Rosell-Ubial, Paulyn Jean B., 139
Royal Air Force Fairford, 47
Ruenrurng, Supatta, 136

"sais de banho", 166-7
Sanders, Bernie, 63
São Paulo, massacre de 2015, 235
"saúde e felicidade", 83-4
Schneider, Mike, 189-90, 205
Schuster, Bob, 129, 183
Science (revista), 86, 113
Scott, Keith Lamont, 191
Scott-Heron, Gil, 94, 96
Segunda Emenda, 75
segurança de automóvel, 66, 81, 84
Semana Psicoativa (2018), 229
sentenças de prisão *ver* leis de combate às drogas
serotonina, 154, 217
Sessão Especial sobre Drogas da Assembleia Geral das Nações Unidas (UNGASS), 161

set, 100, 102, 154
setting, 102, 154
sexo antes do casamento, 66
Shelby, Betty Jo, 225
Shumlin, Peter, 39, 265
Simone, Nina, 72
Sing Sing, Penitenciária de, 31-4, 37, 59, 279
sistema endocanabinoide, 172
Smith, Bob, 107
Snipes, Wesley, 240
Sociedade Americana de Medicina da Dependência, 122
Soul Train (programa de TV), 156
"Soulsville" (canção), 31
Stewart, Jon, 147
Suíça, 242, 258-63
Suicide Tuesday, 154
Sullum, Jacob, 169
Sundance (festival de cinema), 243
Swalve, Natashia, 167

Tailândia, 136-7
TDAH (transtorno do déficit de atenção com hiperatividade), 117, 136, 144, 148
Tell Your Children (Berenson), 194
teoria da "porta de entrada" para as drogas, 20-1
testagem de segurança de drogas, 69, 90-1, 93-4, 164, 250, 269; desvantagens da, 105-6; no Parklife Festival, 80-1, 83, 93-4, 102-4
Texas, juizado de menores, 189-90, 205
THC (tetrahidrocanabinol), 16, 64, 97, 168, 193
Thoreau, Henry David, 294
tolerância, 25, 101
tomografia por emissão de pósitrons (PET), 121, 129
tráfico de drogas, 233, 251-2, 255, 292
Trainspotting (filme), 280
transtorno de estresse pós-traumático, 224

tratamento para heroína, 42, 175, 263, 265-7; clínica de Genebra, 242, 258-60, 262-4
triazolam, 283
Trump, Donald, 38, 133, 268
Tubman, Harriet, 294
Turner, Nat, 294

Udon Thani, Penitenciária Central de, 136
Universidade Columbia, 13-4, 31-2, 60, 77, 152, 162, 187, 210, 242, 275
Universidade da Califórnia em Davis, 126
Universidade de Genebra, 258
Universidade de Maryland, 126
Universidade do Mississippi, 19
Universidade Wayne State, 129
Universidade Yale, 113
uso de drogas: efeitos benéficos, 286-8; efeitos colaterais *ver* efeitos colaterais; história do, 50-3; *set*, 100-2; *setting*, 102; dosagem, 96, 97; usuários nas margens da sociedade, 102-4, 106; via de administração, 98

Van Dyke, Jason, 222
venlafaxina, 218, 222
Vermont, 39, 265; legalização da maconha, 202
via de administração, 98-100
Viagra, 144
"viciado" (dependente), uso do termo, 24-5
"vício" (dependência): uso do termo, 24-5; *ver também* dependência de drogas

"viciologistas", 279
Vicodin, 269
vieses cognitivos, 23-4, 46
Vietnã, Guerra do, 42
Vigésima Primeira Emenda, 289
Village Voice, 238, 244
Virgínia, sexo antes do casamento, 66
Volkow, Nora, 20, 107-10, 119, 199

Waldman, Ayelet, 213
Wallace, George, 40
Washington, legalização da maconha, 172, 190, 202
Washington, DC, legalização da maconha, 201, 202
"We Are One" (canção), 227
Wells, Ida B., 75
Wen, Leana, 90-2
Whitten, Danny, 267-8
"Why?" (canção), 72
Withers, Bill, 159, 256
Witzel, Wilson, 252
Woolley, Sarah, 151-2
Wright, Tom, 242-6
Wyllys, Jean, 231, 252

xamãs, 210, 216
Xanax, 78

Yanez, Jeronimo, 191
Young, Neil, 267-8

Zarrow, Simpósio de Saúde Mental (2019), 285-6, 295
Zimmerman, George, 192-4
"zumbis", surto de, 167, 174-6

1ª edição [2021] 2 reimpressões

esta obra foi composta por mari taboada em dante pro e impressa em ofsete pela geográfica sobre papel pólen da suzano s.a. para a editora schwarcz em maio de 2024

A marca FSC® é a garantia de que a madeira utilizada na fabricação do papel deste livro provém de florestas que foram gerenciadas de maneira ambientalmente correta, socialmente justa e economicamente viável, além de outras fontes de origem controlada.